Para Além da Produção

Multifuncionalidade e Agricultura Familiar

Maria José Carneiro e Renato S. Maluf
organizadores

Para Além da Produção

Multifuncionalidade e Agricultura Familiar

MAUAD

MAUAD Editora Ltda.
Av. Treze de Maio, 13, Grupo 507 a 509 — Centro
CEP: 20031-007 — Rio de Janeiro — RJ
Tel.: (21) 2533.7422 — Fax: (21) 2220.4451
www.mauad.com.br

Projeto Gráfico:
Núcleo de Arte/Mauad Editora

Fotos da Capa:
Letícia Grabois e Maria José Carneiro

Revisão:
Isabel Newlands

Tradução do texto de Jacques Rémy:
Ana Carneiro Cerqueira

Tradução dos textos de Philippe Bonal e Jean-Louis Fusillier; Bernard Roux e Estelle Fournel:
Gustavo Valente Serra

Dados Internacionais de Catalogação na Publicação (CIP)
(Câmara Brasileira do Livro, SP, Brasil)

Para além da produção : multifuncionalidade e agricultura familiar / Maria José Carneiro e Renato S. Maluf, organizadores. – Rio de Janeiro : MAUAD, 2003.

Vários autores.
Bibliografia.
ISBN 85-7478-113-4

1. Agricultura e Estado 2. Agricultura familiar 3. Desenvolvimento sustentável I. Carneiro, Maria José. II. Maluf, Renato S. . III. Título: Multifuncionalidade e agricultura familiar.

03-6457 CDD – 338.18

Índices para catálogo sistemático:

1. Multifuncionalidade e agricultura familiar : Políticas agrícolas : Economia 338.18

SUMÁRIO

SOBRE OS AUTORES

Ademir Antonio Cazella é doutor em Aménagement du territoire pela Universidade François Rabelais (Tours, França), professor-adjunto do Curso de Agronomia e do Mestrado em Agroecossistemas da Universidade Federal de Santa Catarina.

Ana Maria Galano Mochcovitch Linhart *(in memoriam)*, doutora em Economia e Sociologia Rural pela Universidade de Paris X, professora do IFCS da Universidade Federal do Rio de Janeiro.

Bernard Roux, agrônomo e economista, pós-graduado em Geografia pela Universidade de Paris Sorbonne, pesquisador do Instituto Nacional de Pesquisa Agronômica (INRA/UMR Economie publique, França) sobre economia agraria e desenvolvimento local.

Dione Moraes, socióloga, doutora em Ciências Sociais pela Universidade Estadual de Campinas, professora no CCHL/DCS e nos programas de Mestrado em Políticas Públicas e em Desenvolvimento e Meio Ambiente da Universidade Federal do Piauí.

Estelle Fournel, agrônoma, pesquisadora estagiária do Instituto Nacional de Pesquisa Agronômica (INRA/UMR Economie publique, França).

Georges Flexor, economista, doutor em Desenvolvimento, Agricultura e Sociedade pela Universidade Federal Rural do Rio de Janeiro, onde se encontra atualmente como professor do CPDA no contexto do programa de bolsas CAPES/PRODOC.

Jacques Rémy, sociólogo pela Universidade Sorbonne e pós-graduação na Universidade Paris X (Nanterre), pesquisador do Instituto Nacional de Pesquisa Agronômica (INRA/STEPE, França) sobre desenvolvimento rural, representações e identidades profissionais.

Jean-Louis Fusillier, economista, integrante do programa Recursos, Meio Ambiente e Viabilidade do Centro de Cooperação Internacional de Pesquisa Agronômica para o Desenvolvimento (CIRAD, França), baseado em Saint Denis, ilha da Reunião (França).

Joel Henrique Cardoso, doutor em Agroecologia, Sociologia e Desenvolvimento Rural Sustentável pela Universidade de Córdoba (Espanha). Técnico da Secretaria de Agricultura Familiar, Ministério do Desenvolvimento Agrário do Brasil.

Margarita Gaviria, mestre em Antropologia Social pelo PPGAS da Universidade Federal do Rio Janeiro, doutoranda do CPDA/UFRRJ.

Maria José Carneiro, antropóloga, doutora em Antropologia Social pela Ecole des Hautes Etudes en Sciences Sociales (Paris), professora do CPDA / Universidade Federal Rural do Rio de Janeiro, bolsista do CNPq.

Miguel Angelo da Silveira, doutor em Ciências da Comunicação pela Universidade de São Paulo, pesquisador da Embrapa Meio Ambiente (Jaguariúna, SP).

Philippe Bonnal, agro-economista, pesquisador no programa Agriculturas Familiares e Mundialização do Centro de Cooperação Internacional de Pesquisa Agronômica para o Desenvolvimento (CIRAD, França).

Renato Sérgio Maluf, doutor em Economia pela Universidade Estadual de Campinas, professor do CPDA da Universidade Federal Rural do Rio de Janeiro, onde coordena o Centro de Referência em Segurança Alimentar e Nutricional.

Sergio Vilela, engenheiro agrônomo, doutor em Ciências Sociais pela Universidade Estadual de Campinas, pesquisador da Embrapa Meio Norte (Teresina, PI), Secretário de Estado do Desenvolvimento Rural Piauí.

Wilson Schmidt, doutor em Estudos de Sociedades Latino-americanas pela Sorbonne Nouvelle (Paris III), é professor da área de Desenvolvimento Rural da Universidade Federal de Santa Catarina e pesquisador do Grupo de Estudos e Análises em Agricultura Orgânica (GEA_2O).

PREFÁCIO

O conceito de multifuncionalidade da agricultura familiar foi formalmente elaborado tendo em vista o recente contexto social da agricultura e do meio rural da União Européia e, particularmente, da França. Por esta razão, sua utilização entre pesquisadores brasileiros é, freqüentemente, vista como um modismo, ou exercício de transposição artificial, incapaz, portanto, de explicar a realidade do nosso país. No entanto, mesmo reconhecendo a origem "estrangeira", como, aliás, de tantos outros conceitos que nos são caros e úteis, tendo a discordar da recusa a esta problemática e gostaria de defender neste prefácio duas idéias centrais a este respeito. Em primeiro lugar, a de que a compreensão da agricultura familiar como uma realidade complexa e multifacetária faz parte da já antiga e profunda tradição dos estudos sobre o campesinato e a agricultura familiar no Brasil. Em segundo lugar, a afirmação de que o reconhecimento do caráter multifuncional da agricultura se inscreve neste quadro de análise, reforçando os argumentos de defesa e legitimação da agricultura familiar.

Boa parte dos estudos brasileiros sobre o campesinato e a agricultura familiar, inspirada nos seus clássicos, se fundamenta em dois pressupostos complementares. Por um lado, a convicção de que a condição de produtor de produtos agrícolas é apenas uma dimensão – central, sem dúvida – da unidade familiar, não esgotando, portanto, o seu caráter multifacetário. Por outro lado, a convicção de que o exercício da atividade produtiva, nestes casos, corresponde a um modo de funcionamento – produção e reprodução – ditado pelos interesses presentes e futuros da família camponesa. Assim, as pesquisas antropológicas em especial, mas também a de diversos outros cientistas sociais – vide a obra de Maria Isaura Pereira de Queiroz – se distinguem pela escolha do objeto de estudo ou, melhor dizendo, pelo olhar que escolhem lançar sobre ele. Mais do que focalizar a atividade agrícola, entendida pura e simplesmente como um setor econômico, o que se privilegia é a própria família de agricultores, em suas complexas relações com a natureza e a sociedade que moldam as formas particulares de produção e de vida social. Conceitos como modo de vida e economia moral assumem lugar proeminente para a explicação teórica, aos quais se acrescenta a busca de compreensão do cálculo econômico próprio do campesinato.

A esta abordagem, centrada na família, se contrapõe uma outra, cujo foco é a própria atividade agrícola. A agricultura familiar é, neste caso, considerada como um setor econômico ou uma forma de produção que se insere – ou deveria se inserir – nas regras gerais de funcionamento do mercado, tal qual se apresentam nas sociedades modernas capitalistas ou, mais particularmente, na sociedade brasileira. Ela é, assim, percebida, por uns, como uma "classe de bárbaros" na medida em que se revela incapaz de atender às exigências deste mercado e, por outros, como um setor portador de um grande potencial, que pode ser incorporado ao mercado através de políticas públicas adequadas.

No primeiro caso, a agricultura familiar é preterida em favor da dominação do modelo do grande empreendimento agropecuário, assentado sobre a grande propriedade fundiária e sobre o emprego em condições extremamente precárias de trabalhadores dedicados, em sua maioria, a atividades de caráter manual. O sucesso, medido em toneladas de produtos, não esconde o descompromisso deste modelo com a questão social – o crescente desemprego que afeta os trabalhadores agrícolas e a expulsão massiva da população rural –, com a questão ambiental – o desgaste dos recursos naturais – e com a questão fundiária – a permanência de terras improdutivas nas áreas rurais brasileiras.

O segundo caso dá origem a um outro modelo, que foi recentemente explicitado no Brasil nas fases iniciais da implementação do Pronaf. Trata-se da agricultura familiar vista, ela também, como um setor econômico (equivalente conceitualmente ao setor patronal). Sob este enfoque, embora o conceito de agricultor familiar adotado englobe todos aqueles que associam a família à propriedade, ao trabalho e à gestão direta do empreendimento, só seriam considerados efetivamente agricultores familiares, passíveis de receber os estímulos do programa proposto, aqueles que comprovassem sua viabilidade econômica. Assim, o modelo de agricultor que interessaria apoiar deveria atender a três exigências fundamentais. Em primeiro lugar, ser capaz de se inserir no mercado competitivo através do uso de tecnologias modernas, ditas "produtivistas" (mesmo que adaptadas). Não se trata, portanto, de uma proposta alternativa ao modelo da modernização conservadora, mas simplesmente da tentativa de sua extensão de forma a incluir um certo número de agricultores familiares previamente selecionados. Em segundo lugar, preconiza-se que a maior parcela da renda das famílias atendidas seja proveniente da atividade produtiva agropecuária, sob a forma monetária. O recurso ao autoconsumo, além de ser, na maioria dos casos, calculado de forma inadequada ou imprecisa, é entendido como um sinal negativo de inviabilidade econômica, portanto, de inaptidão para o real e pleno exercício da atividade agrícola. Finalmente, defende-se o tipo ideal do agricultor puro, isto é, monoativo. A pluriatividade, tanto como o autoconsumo, é percebida como uma perda de vitalidade do produtor, sua incapacidade de reprodução e um passo na direção do abandono puro e simples da condição de agricultor.

Se efetivamente adotado, esse modelo de agricultura familiar terminaria por excluir do acesso ao Pronaf cerca de quatro milhões de estabelecimentos familiares – os dados são do Censo Agropecuário de 1985 - cujos detentores sequer eram considerados agricultores. O Pronaf, concebido como uma política de inclusão social, reiteraria o seu avesso, a exclusão social, na medida em que se dirigiria apenas a uma pequena parcela dos agricultores familiares.

O debate se concentrou, portanto, em torno de duas questões centrais. Em primeiro lugar, trata-se de uma simples extensão da "modernização conservadora" a algumas parcelas até então excluídas da agricultura familiar ou de um projeto alternativo de desenvolvimento sustentável? Em segundo lugar, o que interessa assegurar é a viabilidade da agricultura familiar como um setor econômico ou a capacidade de reprodução dos agricultores familiares vistos em sua grande diversidade?

Na verdade, esse debate ainda permanece vivo. Independentemente de qualquer avaliação positiva ou negativa dos procedimentos e dos resultados do Pronaf (questão que escapa completamente aos objetivos do presente texto), a configuração de uma nova relação de forças resultante, em grande parte, da pressão social de movimentos e organizações sociais, bem como da contribuição de pesquisadores de várias procedências, já assegurou a reversão do modelo inicialmente proposto, favorecendo a incorporação, através de medidas específicas, de uma gama muito mais ampla de agricultores familiares, independentemente de sua viabilidade econômica imediata. Além disso – e certamente esse é o aspecto mais importante a registrar aqui – a inflexão no debate do enfoque setorial à ênfase na família dos agricultores, embora ainda timidamente adotada nas orientações políticas, vem estimulando a inclusão de novas dimensões ao campo da compreensão da realidade da agricultura familiar no Brasil e da intervenção do Estado em seu apoio. Citaria, em particular, entre outras, a questão ambiental que se expressa no comprometimento desses agricultores com a valorização e a preservação do meio ambiente; a afirmação de que eles são habitantes do meio rural, o que supõe a incorporação da problemática da construção de territórios (relações de proximidade e de integração) e de identidades referidas aos espaços rurais; a dimensão cultural, que impõe a exigência de valorização dos saberes tradicionais e o estabelecimento de relações mais simétricas entre os produtores e os agentes técnicos; a consideração das relações internas à coletividade familiar, que explicam problemas específicos de parentesco, de geração e de gênero, e finalmente a valorização da lógica específica que orienta e articula o leque das atividades produtivas, bem como as estratégias familiares referentes à sua produção e reprodução.

Recentemente, o debate brasileiro foi ampliado e reforçado, na medida em que a problemática presente foi incorporada no debate internacional. A primeira referência a esse respeito é, sem dúvida, a consagração, durante a Conferência Rio-92, da concepção do desenvolvimento sustentável no âmbito da agricultura e do meio rural, que fundamentou as críticas às conseqüências econômicas, sociais e ambientais da Revolução Verde.

É na França, no entanto, que a discussão sobre a multifuncionalidade da agricultura provoca um impacto maior, pelo fato de que este conceito servirá de fundamento à adoção de políticas públicas de grande repercussão social que se estenderão, posteriormente, à União Européia. Evidentemente, não pretendo dar conta, nesta apresentação, de toda a problemática da multifuncionalidade da agricultura naquele país, mas apenas registrar alguns aspectos que parecem necessários para entender a importância desta abordagem e suas implicações para além da experiência original francesa.

De fato, na França, a disseminação do chamado modelo produtivista de modernização da agricultura garantira a segurança alimentar interna e sua posição extremamente favorável no mercado internacional. No entanto, este mesmo modelo provocou efeitos nefastos aos níveis econômico (a superprodução), social (a redução dos efetivos agrícolas necessários à consecução das metas produtivas e a expansão de espaços socialmente vazios ou esvaziados) e ambiental (profundo desgaste dos recursos naturais). A necessidade de repensar os processos de modernização, num momento em que as pressões internacionais exigiam a eliminação dos subsídios vinculados aos preços e à quantidade dos produtos, até então praticados, repercutiu em um campo social particularmente fértil. Neste campo, a forte atuação de agricultores solidamente organizados, que dispunham de uma longa tradição de colaboração com as instituições públicas, se entrecruzava com a presença do governo, especialmente durante as gestões socialistas mais recentes. Este se revelou sensível não só às demandas dos agricultores, mas a uma certa representação, crescente no conjunto da sociedade, que associa o meio rural e a prática da agricultura às exigências da qualidade do quadro de vida e dos produtos alimentares. O resultado foi a construção de um campo que, alicerçado por alguns conceitos de profundo rigor teórico como o referente à multifuncionalidade da agricultura, favoreceu a adoção de políticas originais e inovadoras.

No centro do debate, portanto, a polarização entre duas concepções distintas da atividade agrícola. Por um lado, uma visão econômica da crise da agricultura – baseada na determinação das leis do mercado que, em última instância, se traduziria pela drástica redução do número de agricultores e pela extinção desta atividade em grande parte do território nacional – e, por outro lado, uma visão sociopolítica que defendia o princípio de que a atividade agrícola não se esgota na simples oferta de produtos ao mercado, mas que oferece igualmente outros bens à sociedade, inclusive bens considerados imateriais, o que faz da agricultura uma atividade com múltiplas funções, isto é, multifuncional. Assim sendo, seria socialmente justificável e legítimo apoiar diretamente os agricultores que assumissem o compromisso com uma presença "multifuncional" no conjunto da sociedade francesa.

Trata-se, de fato, de um compromisso, base de um contrato social que, reconhecendo direitos e deveres, tem como objetivo atender a demandas formuladas pela sociedade aos agricultores e, inversamente, por estes ao conjunto da sociedade. Estas demandas se expressam, fundamentalmente, em três níveis complementares. Em primeiro lugar, no que se refere ao meio ambiente, os agricultores devem assegurar a preservação dos recursos naturais e a conservação das paisagens. Isto implica abandonar toda iniciativa poluidora, em sua atividade produtiva e em seu estilo de vida, e, ao mesmo tempo, adotar medidas positivas de proteção ambiental. Em segundo lugar, quanto ao compromisso com a qualidade dos produtos, os consumidores devem ter confiança na qualidade dos alimentos que adquirem dos agricultores e, cada vez mais, demandam produtos associados a valores específicos – localidades, tradições, processos de produção técnica e socialmente aceitáveis etc. Finalmente, em terceiro lugar, considera-se o papel central dos agricultores nos processos de ocupação e dinamização dos espaços rurais. Rejeitando o esvaziamento e o abandono de vastas áreas rurais, a sociedade espera que os agricultores, como portadores da tradição local, possam assegurar que este mundo rural permaneça como um importante espaço de vida e de dinamismo social.

Decorre dessa concepção, a redefinição da atividade agrícola e, por conseguinte, da própria profissão de agricultor, incluída na legislação francesa nos termos que seguem: "são consideradas agrícolas todas as atividades correspondentes ao controle e à exploração de um ciclo biológico de caráter vegetal ou animal e constituindo uma ou várias etapas necessárias ao desenvolvimento deste ciclo, assim como as atividades exercidas por um produtor agrícola que constituem o prolongamento do ato de produção ou que tenham por suporte o estabelecimento" (Lei n° 88-1202 de 30 de dezembro de 1988). Através de "contratos territoriais de estabelecimento" – que o atual governo renomeou "contratos de agricultura sustentável" – a legislação francesa prevê formas de retribuição aos agricultores pela oferta destes bens imateriais, que não têm expressão mercantil.

O que interessa aqui, mais diretamente, é pensar como esse enfoque da agricultura pode ser incorporado às pesquisas sobre o Brasil, de forma a melhor compreender a realidade brasileira, levando em conta suas particularidades. Este é o objetivo do grupo de pesquisa franco-brasileiro que lança o presente livro, cujos autores são responsáveis por um já numeroso acervo de estudos sobre o tema no país. Não tenho dúvidas de que se trata de uma contribuição extremamente rica e promissora.

Os referidos pesquisadores privilegiaram quatro funções associadas ao exercício da atividade agrícola: a reprodução socioeconômica das famílias rurais; a promoção da segurança alimentar das próprias famílias e da sociedade; a manutenção do tecido social e cultural e a preservação dos recursos naturais e da paisagem rural. Reitera-se, aqui, a concepção de que os agricultores assumem responsabilidades sociais que deveriam merecer o reconhecimento da sociedade.

Permito-me supor que, ao contrário da França, onde a valorização das funções não diretamente mercantis da agricultura encontra eco numa certa visão da sociedade nacional a respeito da agricultura e do meio rural, no Brasil, como foi dito anteriormente, a legitimação da concepção da multifuncionalidade da agricultura poderá, antes de tudo, ajudar a fazer emergir a consciência sobre a ampla e diversificada contribuição dos agricultores para o dinamismo da sociedade. Meu sentimento é de que a sociedade brasileira, por diversas razões históricas, é até hoje pouco sensível a algumas destas dimensões imateriais da atividade agrícola. Assim, por exemplo, o rápido e intenso processo de esvaziamento populacional dos espaços rurais, provocado pelo avanço das grandes culturas, como a cana-de-açúcar e a soja, tem merecido muito pouca atenção, obscurecido que foi pelo impacto da extensão das plantações e do aumento vertiginoso das toneladas produzidas. Da mesma forma, tende-se a desconhecer ou mesmo a qualificar como descaracterizadoras da condição de agricultor as estratégias produtivas que incluem o autoconsumo, em muitos casos como uma atividade central dos estabelecimentos agrícolas mais fragilizados. O papel das famílias, no que se refere à educação dos filhos, à inculcação de valores e à socialização para o trabalho, raramente é levado em conta, num país que não enfrenta seriamente os desafios da educação rural e nem se dedica em profundidade à formação profissional de seus agricultores.

Não sendo uma panacéia – o que os pesquisadores aqui reunidos recusam com firmeza –, a referência à multifuncionalidade da agricultura tende a reforçar, também no Brasil, uma perspectiva inovadora do desenvolvimento rural. Há, no entanto, alguns cuidados a salvaguardar e alguns riscos a evitar, sobre os quais os autores deste livro parecem atentos. É preciso ter consciência de que este debate sobre a multifuncionalidade toma força num momento em que os agricultores familiares, finalmente, conseguem conquistar, mesmo que ainda de forma insuficiente e parcial, o reconhecimento da própria condição de produtor agrícola com uma contribuição significativa para o mercado. Não se trata, portanto, da substituição da produção de riquezas materiais pela de riquezas imateriais, mas da afirmação da simultaneidade desta dupla dimensão, inerente ao ato de produzir e de viver em sociedade dos agricultores familiares.

Um outro risco a evitar consiste em considerar a abordagem da multifuncionalidade em sua dimensão puramente econômica, como se ela representasse apenas uma outra porta de entrada dos agricultores no mercado, e como se os bens imateriais por eles produzidos só se explicassem se conseguissem expressar-se, de alguma forma, em valores mercantis.

Não é inútil insistir no grande interesse em estabelecer, especialmente no debate acadêmico, um campo de confluência dessas reflexões com as tradições teóricas já anteriormente citadas, que estão sempre a nos lembrar da pertinência de categorias como parentesco, memória coletiva, normas e valores, tradições, territórios, projetos de vida, construção do patrimônio familiar, entre tantas outras. A ruptura, por tantos tentada, entre um campesinato visto como atrasado e uma agricultura familiar de quem se cortam as raízes camponesas poderia ser assim superada pela percepção dos elementos de continuidade, observados na capacidade de adaptação e de resposta dos agricultores às demandas da sociedade moderna.

As pesquisas em áreas brasileiras, incluídas neste livro, às quais se acrescentam os artigos de renomados pesquisadores franceses, compõem um amplo leque de situações nas quais é possível apreender a riqueza explicativa do conceito de multifuncionalidade, cujo estudo certamente não se esgotará nesta obra, corajosa e pioneira, mas se desdobrará em estudos posteriores da mesma equipe e, tenho certeza, de outros pesquisadores por ela estimulados. Expresso minha adesão à proposta formulada, convencida que ela constituirá, de fato, uma referência positiva nos debates brasileiros sobre o mundo rural e o desenvolvimento da agricultura.

Maria de Nazareth Baudel Wanderley
Professora aposentada da Unicamp
Professora do PPGS/UFPE

INTRODUÇÃO

A presente coletânea tem sua origem nas pesquisas realizadas no âmbito do projeto *Estratégias de desenvolvimento rural, multifuncionalidade da agricultura e a agricultura familiar: identificação e avaliação de experiências em diferentes regiões brasileiras*, apoiado pelo CNPq/COAGR[1]. A pesquisa teve como objetivo explorar as possibilidades oferecidas pela noção de multifuncionalidade da agricultura, face às peculiaridades da realidade rural brasileira, com vistas a definir um referencial comum em torno desta noção e a apontar seus desdobramentos para a formulação de políticas públicas. Este objetivo traduziu-se em duas perguntas que orientaram os trabalhos da equipe, a saber:

a) como se expressa a dimensão multifuncional da agricultura familiar nas diferentes regiões do Brasil analisadas pelo projeto?

b) em quê o conceito de multifuncionalidade da agricultura pode contribuir para o processo de legitimação e reconhecimento da agricultura familiar no Brasil?

Em uma perspectiva interdisciplinar buscou-se verificar se e como a noção de multifuncionalidade da agricultura contribui para a compreensão de processos sociais, econômicos e culturais em curso no meio rural brasileiro. Foram realizados estudos de caso em comunidades localizadas em diferentes estados e regiões brasileiras, de modo que o universo de observação contemplou boa parte da significativa diversidade regional característica do país. Assim, as várias análises conformam uma matriz na qual as entradas, segundo as distintas realidades regionais, se cruzam com aquelas que refletem os interesses acadêmicos dos pesquisadores no aprofundamento de questões que abrangem um amplo leque de aspectos envolvidos na promoção de uma agricultura multifuncional de base familiar.

O objetivo da pesquisa e o enfoque da multifuncionalidade da agricultura adotado requerem que sejam contemplados três níveis de análise correspondendo, respectivamente, às famílias rurais, ao território e à sociedade. Contudo, optou-se, inicialmente, por orientar o foco da pesquisa para as famílias rurais e considerar, apenas parcialmente, o território de referência destas famílias. Assim, nesta etapa, a pesquisa procurou responder à primeira pergunta sobre como se expressa a dimensão multifuncional da agricultura familiar. Nas etapas subseqüentes, serão abordadas tanto a dimensão territorial como a da sociedade. Isto permitirá responder à questão sobre a adequação da noção de multifuncionalidade para a legitimação e reconhecimento da agricultura familiar no Brasil.[2]

Origens e desenvolvimento da noção

Lançada ao debate público há poucos anos, principalmente no âmbito da União Européia e mais especificamente na França, a visão da multifuncionalidade da agricultura permite recolocar os termos em que a agricultura é inserida na problemática do desenvolvimento sustentável, ao mesmo tempo em que oferece as bases para que sejam repensadas as políticas agrícolas em vigor no tocante às transferências sociais de benefícios aos agricultores. O surgimento desta noção e as circunstâncias que têm afetado sua difusão internacional refletem duas ordens de fatores distintos, porém, interligados. De um lado, a noção pretende realçar as demais funções que devem ser desempenhadas pela agricultura além da sua função primária de produzir bens (alimentos e fibras), em vista das conseqüências negativas em termos sociais, ambientais e culturais das formas predominantes em que é realizada a atividade agrícola. De outro lado, estabeleceu-se um vínculo indissociável entre a trajetória da noção de multifuncionalidade da agricultura e o debate internacional acerca das "considerações não comerciais sobre a agricultura" (*non-trade concerns on agriculture*) e da concessão de tratamento especial e diferenciado, no âmbito do acordo agrícola da Organização Mundial do Comércio, em contraste com a primazia quase que absoluta conferida aos aspectos mercantis do comércio agrícola.

O desenvolvimento conceitual da noção de multifuncionalidade da agricultura é, ainda, reconhecidamente, insuficiente em especial pelo fato de alguns usos da noção trazerem implícita a pretensão dela constituir uma nova síntese das múltiplas dimensões envolvidas nas atividades rurais agrícolas e não-agrícolas, na reprodução das famílias rurais e nas formas de ocupação social do espaço agrário. Pretensão semelhante à noção de "modernização da agricultura" sob o padrão de desenvolvimento urbano-industrial, paradigma ao qual a recente valorização de uma agricultura multifuncional se contrapõe. Noções como a de multifuncionalidade da agricultura são passíveis de diversas acepções por terem surgido como um objetivo de política pública.

Cabe fazer duas ressalvas aos termos empregados na própria denominação de "multifuncionalidade da agricultura". A primeira delas decorre do viés funcionalista da idéia de "múltiplas funções da agricultura", viés em parte explicado pela intenção inicial dos seus propositores de obter o reconhecimento social da concessão de uma retribuição monetária para as contribuições ("funções") não exclusivamente produtivas da agricultura. Há uma literatura antiga, vasta e plena de controvérsias a respeito das funções a serem preenchidas pela agricultura. Contudo, se o enfoque nas funções da agricultura não é novo, o que muda são as funções valorizadas nos diferentes contextos sócio-históricos.

A abordagem da multifuncionalidade da agricultura se diferencia das anteriores por valorizar as peculiaridades do agrícola e do rural e suas outras contribuições que não apenas a produção de bens privados, além dela repercutir as críticas às formas predominantes assumidas pela produção agrícola por sua insustentabilidade e pela qualidade duvidosa dos produtos que gera. A noção de multifuncionalidade rompe com o enfoque setorial e amplia o campo das funções sociais atribuídas à agricultura que deixa de ser entendida apenas como produtora de bens agrícolas. Ela se torna responsável pela conservação dos recursos naturais (água, solos, biodiversidade e outros), do patrimônio natural (paisagens) e pela qualidade dos alimentos.

A segunda dificuldade com os termos usados para compor a noção deve-se ao uso, no mínimo complacente, do vocábulo agricultura, cujo significado é ampliado até o ponto de englobar um conjunto diverso de elementos econômicos, sociais, culturais e ambientais presentes no mundo rural. Vale dizer, o recurso à noção de multifuncionalidade "da agricultura" mantém a controvérsia acerca da definição de "rural", seja porque este último comporta o não-agrícola, seja porque aquela noção tende a atribuir um peso excessivo à dimensão agrícola (e econômica) da reprodução das famílias rurais e do território onde elas se localizam.

Do esforço de romper com o recorte setorial e de levar em conta a heterogeneidade estrutural da agricultura familiar, propõe-se uma abordagem que integre a agricultura a outras organizações econômicas na análise do desenvolvimento local. Essa articulação territorial das atividades econômicas possibilita ampliar o foco de análise de duas maneiras: incorporando certos tipos de atividade agrícola considerados "não profissionais" (e, portanto, deixados fora das análises clássicas) e tornando endógenos à análise econômica certos fenômenos que são classicamente considerados como pertencentes ao meio sociocultural mas "que tendo uma função econômica podem se inscrever em diferentes domínios da vida (profissional, social, doméstico)..." (Laurent, 2000).

Do ponto de vista das ciências sociais, observa-se aí um viés economicista que apresenta o risco de reduzir a lógica e o significado das atividades e relações sociais que se realizam no âmbito de diferentes esferas sociais (como a do parentesco, por exemplo) à lógica do econômico, o que a nosso ver limita o potencial metodológico da noção de multifuncionalidade. A própria idéia de "reprodução familiar", nesse caso, ficaria dominada pelo seu componente econômico.

A elaboração da noção de multifuncionalidade da agricultura recolhe, portanto, contribuições com distintas origens e preocupações, isto é, aportes oriundos de abordagens que procuram responder a questões que vão desde a natureza do processo produtivo agrícola e seus impactos socioambientais até a dinâmica de reprodução das famílias rurais e de ocupação do espaço social agrário. Em termos conceituais, decorre o desafio colocado para a noção em pauta de unificar estes elementos de modo a oferecer uma nova compreensão sobre a inserção da agricultura e do mundo rural nos processos econômicos, sociais e políticos de médio e longo prazo, isto é, nos processos de desenvolvimento. Em outras palavras, a noção de multifuncionalidade da agricultura teria que ser capaz de unificar as diferentes demandas e preocupações em relação ao mundo rural e às unidades familiares que o compõem, numa espécie de nova síntese em substituição ao paradigma que esteve na base da "modernização da agricultura".

Enfim, a noção de multifuncionalidade favorece a passagem do "agrícola" para o familiar e o rural, olhados desde a ótica territorializada. Esta passagem não se faz, contudo, sem algumas ambigüidades presentes no uso da noção, como destacado nos debates entre a equipe da pesquisa. Pergunta-se porque um enfoque que recusa a abordagem setorial da agricultura não fala em multifuncionalidade "do território" ou da "área rural", ao invés de centrar o foco na agricultura, já que pretende chamar a atenção para as atividades não agrícolas associadas, ou não, à agricultura propriamente dita. Em algumas regiões, inclusive, pode haver relações conflituosas entre certos tipos de agricultura (e de agricultores) e atividades como a preservação ambiental e da paisagem e o turismo rural. Sendo a agricultura uma das possíveis atividades exercidas pelas famílias rurais e sendo o foco da análise a família, não haveria, em princípio, razão para continuar a se referir à multifuncionalidade da agricultura exceto para legitimar a transferência de recursos antes destinados à atividade agrícola para outras finalidades que não a agrícola. Esta parece ser uma ambigüidade inevitável no uso do termo.

Enfoque e metodologia da pesquisa

A noção de multifuncionalidade é, aqui, tomada como um "novo olhar" sobre a agricultura familiar que permite analisar a interação entre famílias e territórios na dinâmica de reprodução social. Isso implica considerar os modos de vida das famílias rurais na sua integridade, e não apenas seus componentes econômicos, como também incorporar à análise a provisão de bens públicos por parte destes agricultores relacionados com o meio ambiente, com a segurança alimentar e com o patrimônio cultural. Parece possível, portanto, ampliar o foco de análise indo mais longe do que o permitido pelo conceito de pluriatividade que se limita ao âmbito dos bens privados, enquanto que a multifuncionalidade engloba a geração de bens públicos.

Nesses termos, a noção de multifuncionalidade pode ser útil à realidade brasileira na medida em que for considerada como um instrumento de análise dos processos sociais agrários que permite enxergar dinâmicas e fatos sociais obscurecidos pela visão que privilegia os processos econômicos, ainda que se concorde que, no Brasil, a promoção da multifuncionalidade tenha de ser combinada com o estímulo à produção de alimentos.

Mais problemático é a aplicação da noção de multifuncionalidade para além das formas de agricultura familiar ou das unidades familiares rurais, formas estas que melhor expressam, efetiva e potencialmente, o que a noção pretende enquanto objetivo de políticas públicas. Neste sentido, essa noção não representaria uma mera atualização da antiga ótica das funções da agricultura, em geral, nos processos sociais e econômicos, isto porque supõe que há formas de agricultura que não são multifuncionais

O enfoque da multifuncionalidade permite colocar, no mesmo quadro analítico, diversos elementos e fatos sociais que compõem o universo social do mundo rural, favorecendo, assim, a compreensão da inserção de diferentes tipos de famílias rurais nesse universo. Mais do que isso, permite legitimar formas de produção e de fontes de renda que normalmente ficam fora dos quadros analíticos hegemônicos. Como se sabe, na maioria das vezes, as famílias que efetuam algum tipo de atividade agrícola combinam, em diferentes proporções, outras práticas, tais como: atividades não-agrícolas (rurais e urbanas) remuneradas; atividades diversas ligadas ao estabelecimento agrícola (transformação e venda direta da produção ou em circuitos curtos de comercialização, agroturismo, etc.); prestação de serviços utilizando o material do estabelecimento, ficando, por isso, fora das lentes das análises convencionais.

Com relação às múltiplas funções além da produtiva, mencionou-se, anteriormente, que a pesquisa está voltada, nesta etapa, para os aspectos relacionados ao fazer agrícola sem dar conta, plenamente, do que se poderia denominar de "multifuncionalidade do território ou dos espaços rurais". Contudo, os estudos de caso procuraram considerar, dentro das possibilidades permitidas pelas informações levantadas, as quatro dimensões principais abrangidas pelo enfoque da multifuncionalidade da agricultura, a saber:

a) dinâmica de reprodução das famílias e comunidades rurais;

b) características técnico-produtivas e sustentabilidade da atividade agrícola;

c) questões de identidade, integração social e legitimidade relativas às famílias rurais;

d) relações com o território e com a natureza.

Assim, centrou-se a observação e análise nas seguintes dimensões ou 'funções' da agricultura familiar:

a) Reprodução socioeconômica das famílias: os principais aspectos abordados são as fontes geradoras de ocupação e de renda para os membros das famílias rurais, as condições de permanência no campo, as práticas de sociabilidade, as condições de instalação dos jovens e as questões relativas à sucessão do chefe da unidade produtiva.

b) Promoção da segurança alimentar da sociedade e das próprias famílias rurais: este campo abrange a produção para o auto-consumo familiar e também a produção mercantil de alimentos, bem como as opções técnico-produtivas dos agricultores e os canais principais de comercialização da produção.

c) Manutenção do tecido social e cultural: esse campo se refere à preservação e ao melhoramento das condições de vida das comunidades rurais, levando em conta os processos de elaboração e legitimação de identidades sociais e de promoção de integração social.

d) Preservação dos recursos naturais e da paisagem rural: essa dimensão foi observada tendo como referência o uso dos recursos naturais, as relações entre as atividades econômicas e a paisagem, e a preservação da biodiversidade.

Coerente com o enfoque da multifuncionalidade da agricultura, antes apresentado, a unidade de observação da pesquisa deixa de ser a agricultura *stricto sensu* e passa a ser a família rural considerada como uma unidade social e não apenas como unidade produtiva. Por família rural entende-se a unidade que se reproduz em regime de economia familiar e que desenvolve qualquer processo biológico sobre um pedaço de terra, "situada" num território com determinadas características sócio-econômicas, culturais e ambientais.

Nestes termos, amplia-se o universo de análise para além das unidades tidas como economicamente relevantes, isto é, independentemente do estatuto sócio-profissional que lhes é atribuído. Esta escolha permite avaliar as diferentes participações da agricultura na renda familiar (em relação às demais atividades não-agrícolas), assim como sua relação com a dinâmica social das famílias. Uma tal opção metodológica conduz, não raro, a divergências em relação aos dados oficiais, uma vez que ela procura incluir aquelas situações que normalmente não se enquadram no modelo de estabelecimento agrícola concebido pelos serviços públicos.

Os estudos de caso têm se revelado o instrumento mais pertinente para analisar a evolução dos ajustes pelos quais a atividade agrícola vem passando na atualidade. A contextualização dos territórios tomados como referência para a análise permite identificar os processos econômicos e sociais de legitimação da agricultura familiar multifuncional, como também aqueles que contribuem (ou obstaculizam) para o desenvolvimento de uma agricultura familiar propícia a multifuncionalidade. Permite também identificar as características que podem dar margem a ações e políticas públicas na direção de uma agricultura multifuncional. Apesar do segmento da agricultura denominado de patronal não ser objeto da pesquisa, ele foi contemplado em alguns contextos na medida de suas implicações para a dinâmica de reprodução da agricultura familiar em certas regiões.

O principal instrumento de pesquisa de campo utilizado foi um questionário único aplicado aos responsáveis pelas famílias selecionadas. A pesquisa de campo nesse formato contribuiu para avaliar se a noção de multifuncionalidade da agricultura se aplica às diferentes realidades do país ou, desde outro ângulo, para apontar formas específicas de expressão da multifuncionalidade no contexto brasileiro. Pretendeu-se verificar, também, o que pensam os agricultores sobre a contribuição da agricultura para a sociedade e para o meio ambiente. Isto porque é preciso fazer aparecer não apenas o ponto de vista dos agricultores, como também a idéia de construção social da (ou subjacente à) multifuncionalidade. Entende-se que as diferenças quanto à compreensão do papel social dos agricultores por eles mesmos está relacionada à própria diversidade de sentidos atribuídos à atividade agrícola.

Recorrendo a uma noção de território adequada para o enfoque da multifuncionalidade, definiu-se o universo de pesquisa em cada estudo de caso como sendo constituído por uma unidade socioespacial (localidade, bairro, assentamento, comunidade, vilarejo, arraial, etc.) cuja amplitude é definida pelas famílias que a integram, isto é, o universo de pesquisa abrange todas as famílias que se consideram integrantes da unidade socioespacial considerada. Houve duas exceções a este critério geral que não comprometem a comparabilidade entre os estudos. No caso de Santa Rosa de Lima (SC), ao critério socioespacial como antes definido, acrescentou-se a condição das famílias fazerem parte de uma associação de produtores (Agreco). Já no caso de Araras (SP), a unidade de referência considerada foi o município (unidade político-administrativa).

A delimitação espacial do universo da pesquisa de campo é, portanto, flexível e reflete as peculiaridades de cada estudo de caso. Contudo, buscou-se assegurar uma amplitude mínima de modo a compor uma amostra representativa, ainda que por critérios não-paramétricos, de modo que as famílias selecionadas para serem entrevistadas contemplam a diversidade socioeconômica e cultural das famílias pertencentes ao universo correspondente. Quanto ao número de questionários aplicados, ele corresponde a 10% do total das famílias integrantes do universo de referência, dentro de uma faixa que vai do mínimo de 20 ao máximo de 50 questionários por estudo de caso.

Organização da coletânea

A presente coletânea integra artigos que sintetizam e problematizam, diferentemente, os resultados da pesquisa. Além desses foram incluías contribuições de nossos parceiros franceses que acompanharam algumas fases da pesquisa ao participarem de seminários intermediários de apresentação da metodologia e dos primeiros resultados e de algumas visitas ao campo.

Abrindo a coletânea, Jacques Rémy nos apresenta uma síntese da trajetória da problemática da multifuncionalidade, na sua interface política na França, tratando de uma questão extremamente atual que é a da curta vida dos Contratos Territoriais de Estabelecimento (*Contrats Territoriaux d'Exploitation* - CTE's)[3] e de sua "conversão inacabada" em Contratos de Desenvolvimento Sustentável (CAD)[4].

Ademir Cazela discute as possibilidades da multifuncionalidade da agricultura familiar de uma localidade de São José do Cerrito (SC), caracterizada como pertencente a uma "zona desfavorecida" em decorrência de sua precariedade de recursos econômicos e de infraestrutura. Analisando as funções de "inserção social" e de segurança alimentar, com destaque para o autoconsumo, discute as dimensões social e étnica da multifuncionalidade dessa agricultura.

No artigo seguinte apresenta-se uma outra realidade, no mesmo Estado de Santa Catarina, que se distingue das demais ao orientar o seu foco de análise não para uma localidade determinada, mas para um território conformado por uma rede de agricultores dispersos geograficamente, mas reunidos em torno de uma associação de agricultores orgânicos – a Agreco. Wilson Schmidt destaca dois componentes da multifuncionalidade no caso estudado: o econômico e social – contido na agregação de valor e na geração de empregos pela agricultura orgânica – e o ambiental e territorial promovido pela construção de redes e arranjos produtivos que contribuem para a conformação ou consolidação de um território.

Percorrendo também a problemática territorial, o artigo de Georges Flexor e Margarita Gavíria propõe uma interpretação da multifucionalidade do território centrada no lugar dos agricultores dentro do contexto rural de Paraty (RJ), e suas interações com os outros atores que configuram este espaço. Aqui, a dimensão ambiental que se expressa na disputa por diferentes usos da natureza em um assentamento localizado nos limites de uma área de proteção ambiental, conforma a paisagem onde a multifuncionalidade de uma agricultura "de fachada" é investigada.

Ainda no Estado do Rio de Janeiro, mas localizada em uma região serrana, a pesquisa de Maria José Carneiro discute o aspecto multifuncional de uma agricultura ameaçada pela exploração turística, pela política ambiental e pela concorrência de atividades não-agrícolas. Sobressai nesse contexto que a multifuncionalidade da agricultura praticada por pequenos produtores familiares se concentra na dimensão social com destaque para a manutenção de uma identidade social e para a inserção social.

O artigo seguinte apresenta a pesquisa realizada por Sergio Vilela e Dione Moraes em uma região do cerrado piauiense tendo como referência o uso dos recursos dos *baixões* e das *chapadas* na reprodução social camponesa e as ameaças à sustentabilidade dessa população devidas à restrição ao uso das áreas de chapadas em função da expansão da agricultura intensiva. Em um contexto de crise ecológica dessas populações delineia-se uma problemática que articula a territorialidade e as possibilidades de reprodução social e reconversões produtivas.

Também localizada em Santa Catarina, na região Oeste do Estado, a pesquisa de Joel Henrique Cardoso aborda a multifuncionalidade em famílias assentadas com foco na interação das funções socioeconômicas, culturais e ambientais vinculadas à existência e gestão dos estabelecimentos como indicadores de sustentabilidade. A agricultura aqui observada expressa sua multifuncionalidade na manutenção de hábitos e costumes dos indivíduos que habitam o "lugar" com destaque para os espaços lúdico-religiosos, que replicam uma tradição das comunidades rurais de onde saíram os assentados.

Uma realidade bastante peculiar nos é trazida pelo artigo de Miguel Ângelo da Silveira ao investigar as práticas agrícolas de famílias dispersas no município de Araras (SP), em um contexto de predominância das culturas intensivas de cana-de-açúcar e laranja. A abordagem do autor se volta para a identificação dos desafios colocados para a pesquisa agropecuária, como parte da construção de políticas públicas de desenvolvimento rural sustentável, de âmbito local, dirigidas para a agricultura familiar.

O artigo de Renato Sérgio Maluf constitui um esforço de síntese das contribuições dos estudos de caso da pesquisa em termos das possibilidades analíticas da noção de multifuncionalidade da agricultura em face das peculiaridades da realidade rural brasileira. Destaque é conferido à relação não linear entre a reprodução socioeconômica das famílias rurais e as atividades agrícolas por elas desenvolvidas, num contexto de elevada heterogeneidade social e de valorização da produção agroalimentar.

Na seqüência, temos dois artigos com contribuições de colegas franceses sobre temas próximos entre si. Bernard Roux e Estelle Fournel apresentam os resultados de uma análise realizada na região montanhosa de Languedoc Rousillon, na França, sobre uma amostra de unidades familiares agrícolas consideradas multifuncionais, focalizando os laços entre trabalho e emprego de um lado e a multifuncionalidade de outro. A contribuição de Phlipe Bonnal e Jean-Louis Fusillier vai em direção análoga ao explorar a relação entre agricultura e emprego, porém, num departamento ultramarino da França (Ilhas Reunião) e sob circunstâncias peculiares pela presença da pluriatividade e do trabalho informal dos responsáveis pelos estabelecimentos agrícolas.

Fechando a coletânea, prestamos uma homenagem póstuma a nossa querida colega Ana Maria Galano, publicando o relato de viagem de sua última incursão sociológico-etnográfica em Paraty (RJ), em companhia de Jacques Rémy e Eduardo Barcelos. Recebido por nós como um informe pouco antes de sua saúde obrigá-la a se afastar da equipe, o olhar aguçado e o estilo irônico tornam saborosa a justa homenagem.

Maria José Carneiro e *Renato S. Maluf*

Notas

[1] Cabe mencionar a cooperação e intercâmbio com colegas franceses, apoiada pelo projeto *A noção de multifuncionalidade da agricultura, aspectos analíticos e implicações nas políticas públicas: a experiência francesa e o caso do Brasil*, Acordo Capes-Cofecub.

[2] O enfoque sobre a multifuncionalidade da agricultura adotado pela equipe da pesquisa encontra-se sintetizado em artigo que consta de coletânea organizada por Lima, D. M. A. e Wilkinson, J. *Inovação nas tradições da agricultura familiar*. Brasília (DF), CNPq/Paralelo 15, 2002. Cf. Maluf, Renato S. O enfoque da multifuncionalidade da agricultura: aspectos analíticos e questões de pesquisa.

[3] Cabe esclarecer que o termo "exploitation" designa estabelecimentos familiares, daí considerarmos mais adequada a tradução para "contratos territoriais de estabelecimento".

[4] CAD – sigla para a expressão francesa *Contrats d' agriculture durable*.

A MULTIFUNCIONALIDADE AGRÍCOLA NUMA ZONA RURAL "DESFAVORECIDA": UM ESTUDO DE CASO NA REGIÃO SERRANA CATARINENSE

Ademir Antonio Cazella

Introdução

A escolha do município de São José do Cerrito para compor os estudos de casos sobre o caráter multifuncional da agricultura é explicada, em grande parte, por se tratar de uma região desfavorecida. Apesar da beleza da paisagem natural, a economia e a infra-estrutura local apresentam-se abaixo das condições médias do estado. O significado do termo "desfavorecida", empregado neste artigo, inspira-se na tipologia das zonas rurais francesas, adotada pelos serviços públicos daquele país para a gestão das políticas de desenvolvimento rural e agrícola. Em linhas gerais, as "zonas desfavorecidas" são compensadas por medidas especiais em relação às áreas "planas", que reúnem melhores condições para o exercício de uma agricultura de padrão tecnológico mais elevado. Para além do cruzamento de critérios geográficos, climáticos e agronômicos, a classificação dos diferentes tipos de zonas também leva em consideração aspectos sociais (Bazin *et al.*, 1999).

Para quem vem de outras regiões de Santa Catarina, os sinais de falta de dinamismo econômico da região tornam-se evidentes. O acesso principal ao município é uma rodovia federal, que corta o estado no sentido leste-oeste. A pavimentação dessa rodovia se deu nas décadas de 1970 e 1980, exceto no trecho de 100 km que cruza o município. Além disso, quem precisa pernoitar no local é obrigado a se hospedar em casas de famílias que alugam quartos, pois não existe hotel no município. Uma parte significativa da população utiliza cavalos como meio de transporte, como demonstra o número de animais encilhados que permanecem nos arredores do centro da cidade.

Diferente de parte significativa dos municípios catarinenses, a quase totalidade das famílias não é de origem européia. O tipo humano chamado, genericamente, de "caboclo" predomina. A ausência de "colonos" descendentes de europeus talvez explique a menor alocação de fundos públicos na região, a exemplo daqueles que incentivaram as empresas colonizadoras e, mais tarde, a instalação e o crescimento das principais agroindústrias privadas e cooperativas, localizadas noutras regiões do estado. Nenhuma agroindústria tem postos de serviços no local. As únicas indústrias existentes são as velhas e tradicionais serrarias, alvos de fiscalizações dos órgãos públicos de proteção ambiental, que procuram dificultar o corte ilícito de araucária e de outras espécies nativas. A economia do município depende, em grande parte, das atividades empreendidas em 2.042 estabelecimentos agropecuários, dos quais 91% têm menos de 100 ha, e das cerca de 2.300 aposentadorias, cujos beneficiados são, na sua maioria, agricultores. O baixo nível tecnológico do setor agrícola condiz com as precárias condições de vida de parte significativa das famílias rurais.

Mas esse cenário esconde alguns trunfos potenciais de desenvolvimento. O município encontra-se localizado numa zona rica em remanescentes de florestas de araucária. A presença de um relevo constituído por pequenas montanhas e a abundância de rios e córregos completam a exuberante paisagem natural. Percebe-se, também, que algumas ações locais de promoção do desenvolvimento, empreendidas ao longo dos anos 1990, começam a dar sinais de vitalidade.

A partir de parcerias entre o poder público municipal e ONGs organizou-se, por exemplo, uma unidade de ensino supletivo, denominada Casa Familiar Rural (CFR), que promove os preceitos da "agroecologia" entre os filhos de agricultores[1]. Da mesma forma, uma cooperativa de crédito rural é hoje o principal "banco" do município, além de atender municípios vizinhos com postos de serviços (Cazella, 2002a). Uma associação estadual de "permacultores" conta com a participação direta de interlocutores locais, em especial de professores de um colégio agrícola localizado no município, que mantém uma unidade demonstrativa no local. Por fim, um grupo de pecuaristas, organizados em torno de uma associação, promove duas feiras anuais de gado bovino, reunindo produtores de toda a região e fomentando o comércio local de bovinos.

Com este estudo de caso pretende-se conhecer melhor a realidade das famílias que, apesar da precariedade de infra-estrutura básica, permanecem residindo nas comunidades rurais do município. Em termos específicos são analisadas as funções de "inclusão social" e de "segurança alimentar", com destaque para o autoconsumo, cumpridas pela agricultura. Por inclusão social considera-se, principalmente, a capacidade que o setor apresenta de abrigar famílias ou indivíduos que vivem em condições sociais precárias. Para elaborar este artigo foi realizada uma pesquisa de campo na localidade de Vargem Bonita, onde vivem 92 famílias de agricultores. Desse total, 25 famílias foram selecionadas para compor a amostra da pesquisa.

No rastro da multifuncionalidade agrícola

Uma função da agricultura que perpassa o conjunto do texto refere-se ao tema do desenvolvimento. Por se tratar de uma zona desfavorecida, mais do que noutras regiões do estado, as diferentes formas de agricultura praticadas revelam-se fundamentais para a manutenção de um tecido social rural. Em São José do Cerrito residem pouco mais de 10 mil habitantes, cujas famílias praticam, na sua maioria, alguma atividade agropecuária ou dependem financeiramente de benefícios da previdência social rural e de "negócios" com agricultores. Como destaca Laurent (1992, 2000), a contribuição dos agricultores ao processo de desenvolvimento local se dá por mecanismos diversos. Assim, não se justifica a exclusão de nenhuma categoria de agricultor, quando o interesse consiste em compreender a dimensão territorial da atividade agrícola.

Com base nesse entendimento, procurou-se contemplar na pesquisa de campo as diversas formas de exercício da agricultura, independente da sua importância econômica. Na busca dessa diversidade foram selecionadas famílias de agricultores consideradas como as mais dinâmicas do ponto de vista econômico e de inserção nos mercados, bem como aquelas para quem a agricultura complementa a renda advinda de auxílios previdenciários ou de serviços prestados para terceiros. Em outras palavras, foram incluídos na análise os casos comumente considerados como "não significativos estatisticamente" e, portanto, pouco conhecidos ou ignorados pelos profissionais do desenvolvimento agrícola (Cazella, 2002b).

O texto encontra-se organizado em três partes principais. Inicialmente são analisadas as características socioeconômicas relevantes do município, com destaque para a identidade étnica "cabocla" da população local. Em seguida, é apresentada a comunidade estudada, tratando em especial das condições da infra-estrutura disponível e das ocupações econômicas dos membros das famílias. Por fim, é discutido o papel desempenhado pelos agricultores no tocante à segurança alimentar. Para tanto, a seção encontra-se subdividida em dois tópicos: a produção agropecuária destinada à comercialização e aquela orientada para o autoconsumo familiar.

Um território caboclo

Localizado a 280 km da capital do estado, São José do Cerrito situa-se acerca de 40 km do município de Lages, o mais próximo e importante núcleo urbano do planalto catarinense. O predomínio de fazendas de pecuária extensiva e o êxodo rural dos municípios vizinhos explicam, em grande parte, o elevado nível de urbanização de Lages. A migração da população rural desses municípios está diretamente associada aos baixos Índices de Desenvolvimento Humano Municipais (IDH-M)[2]. Em 2000, o IDH-M de São José do Cerrito era de 0,620, correspondendo ao quinto menor índice de desenvolvimento no estado de Santa Catarina. No seu entorno, três outros municípios encontram-se entre aqueles que apresentam os piores IDH-M do estado, configurando uma zona de concentração de pobreza rural.

A análise da evolução da distribuição populacional ao longo dos últimos 30 anos revela uma redução de quase um terço do número total de habitantes. Essa situação decorre, exclusivamente, do êxodo populacional, pois nenhum novo município foi constituído a partir de desmembramentos de São José do Cerrito. Em três décadas, houve um decréscimo populacional da ordem de 4.675 pessoas. Segundo os preceitos analíticos construídos por Veiga *et al.* (2001), São José do Cerrito é um município rural "esvaente", a exemplo da maior parte (+60%) dos municípios da região Sul do país, considerados rurais pelo autor[3].

A localização do município compreende uma área de transição dos campos nativos, onde predomina a pecuária extensiva, para uma zona de terras mais propícias à agricultura. Apesar dos solos serem originalmente férteis[4], o terreno dobrado, a intensa cobertura com pinheiro brasileiro e a abundância de rios explicam a ocupação posterior, sobretudo, a partir das últimas décadas do século XIX (Locks,1998).

Uma das peculiaridades desse processo de ocupação se expressa no tipo humano predominante na região serrana do estado. Em Santa Catarina, essa região se diferencia das demais pela forte presença de uma população de origem "cabocla"[5]. A antiga zona do "Contestado" concentra uma importante população desse grupo étnico[6]. Fundamentado em ampla bibliografia sobre o tema, Locks (*op. cit.*, p. 65) destaca que o termo "caboclo" é utilizado em todo o país, existindo, portanto, uma grande diversidade social quanto ao seu significado. Em São José do Cerrito, esse vocábulo assumiu uma conotação depreciativa no imaginário da maior parte dos habitantes. Ele expressa uma condição de inferioridade, sendo preterido em favor do termo "brasileiro". A preferência da população local em assumir a identidade genérica "somos todos brasileiros" representa uma resposta aos estereótipos pejorativos "elaborados na situação de contato interétnico com os imigrantes italianos ou alemães" e seus descendentes[7].

As condições naturais pouco propícias ao desenvolvimento da pecuária extensiva facilitaram a ocupação das imensas áreas inabitadas de São José do Cerrito por uma população de origem cabocla. A quase totalidade dos habitantes e, sobretudo, das famílias de agricultores cerritenses faz parte desse grupo étnico que, na origem, se instalou na condição de posseiro ou como empregado de serrarias. Essa situação se distingue da maioria dos municípios catarinenses, onde essa etnia é minoritária e, boa parte, não reside mais na zona rural, concentrando-se nas periferias das cidades, trabalhando como diaristas e bóias-frias, quase sempre vivendo no limite da indigência.

Vargem Bonita: de serraria à condição de comunidade rural

Os principais critérios adotados para a escolha da comunidade de Vargem Bonita para a realização deste estudo de caso foram as condições de acesso e a distância da cidade. Sendo São José do Cerrito um dos maiores municípios catarinenses em extensão territorial, com um orçamento público deficitário, as condições de tráfego das estradas da zona rural nem sempre são as ideais. A comunidade de Vargem Bonita localiza-se a 12 km da sede do município e, a exemplo das trinta e seis outras, as vias de acesso não são pavimentadas.

Sua origem data de 1920, quando um fazendeiro do município de Lages recebeu de herança cerca de 4.000 ha, onde hoje se encontra a comunidade de Vargem Bonita. Mais tarde, duas serrarias, cujos proprietários vieram do município de Passo Fundo (RS), foram instaladas na área. Iniciava-se o processo de retirada predatória, sobretudo do pinheiro brasileiro, exigindo a abertura das primeiras estradas e o recrutamento de mão-de-obra para o trabalho na mata. O nome atual foi adotado pelos habitantes inspirados na impressionante paisagem formada pelo cultivo de trigo nas várzeas desmatadas. Na atualidade, essa cultura existe apenas na memória dos moradores mais idosos, apesar do clima ser propício ao seu cultivo.

Até início da década de 1980, Vargem Bonita era desprovida de salão comunitário e de igreja ou capela para os cultos religiosos. O atraso na dotação desse tipo de infra-estrutura, presente na maioria das comunidades rurais de outras regiões do estado, é comum nos lugarejos formados nos entornos de serrarias. Com a escassez de matéria-prima e o fechamento ou deslocamento dessas indústrias para outras zonas, muitas dessas aglomerações populacionais se desfazem, não logrando a constituição de uma comunidade rural com vida própria.

Esse não foi o destino de Vargem Bonita, onde a agricultura e a pecuária subsistiram juntamente com as atividades de exploração da mata. O esgotamento da indústria madeireira não implicou o êxodo da maior parte das famílias, nem a constituição de unidades de produção voltadas para a pecuária extensiva. Ao contrário, o parcelamento das terras em pequenos e médios estabelecimentos, certamente, assegurou a sua existência.

No entanto, a persistência do retardamento na dotação de infra-estrutura básica é notória pelo número de famílias da comunidade que não dispõe de energia elétrica. Dados recentes da Secretaria Municipal de Saúde revelam que, de um total de 92 famílias residentes, 42 (46%) não possuem eletricidade nos seus estabelecimentos. Essa situação contrasta com aquela disponível em comunidades rurais de municípios, onde agroindústrias privadas, cooperativas agropecuárias, agentes econômicos diversos e agricultores, na maioria descendentes de imigrantes europeus, se beneficiam de uma infra-estrutura de serviços, senão ideal, bem acima da encontrada.

Além disso, três aspectos que influenciam a dinâmica da economia local fazem-se presentes na comunidade[8]. Praticamente um terço das famílias (32,5%) está cadastrado na secretaria municipal de Assistência Social como famílias carentes, sendo consideradas público-alvo do antigo programa de auxílio à alimentação através da doação de "cestas básicas". Da mesma forma, pouco mais de um terço do número total de famílias (34%) apresenta pelo menos um membro na condição de pensionista ou aposentado da previdência social. Por fim, segundo informações da agente comunitária de saúde[9] e de uma liderança local, o trabalho externo ao estabelecimento agrícola compreende 35% das famílias. Em números absolutos, 32 famílias possuem um ou mais membros desenvolvendo a tempo integral ou a tempo parcial atividades remuneradas externas. A Tabela I, a seguir, sistematiza esses dados gerais referentes às famílias da comunidade.

Dentre as ocupações remuneradas externas, as atividades de "diaristas", principalmente nas plantações de *pinus* (plantio, desbaste e corte) comuns na região, são as mais freqüentes (65,5% famílias). As demais ocupações não agrícolas identificadas são as seguintes: carpinteiros e pedreiros (12,5%), professores e agentes de saúde (9,5%), prestação de serviços com "serra-fitas", espécie de serraria artesanal (6,5%), oficina mecânica e borracharia (3%) e comerciante (3%). A Tabela II, a seguir, apresenta as principais ocupações externas das famílias. Convém assinalar que durante as entrevistas com os agricultores foi possível identificar outras atividades remuneradas menos corriqueiras, a exemplo de serviços de bordados, transportes diversos com auxílio de uma camionete, prestação de serviços de máquinas agrícolas e animais de tração (aração, semeadura, transporte, etc.), arrendamento de terra e a animação de bailes (músico) nos finais de semana.

Tabela I:
Dados gerais das famílias da comunidade de Vargem Bonita

Descrição	Nº	%
População	286	-
Total de famílias	92	-
Famílias com aposentados/pensionistas	31	34
Aposentados/pensionistas	47	-
Famílias com trabalho externo	32	35
Famílias sem energia elétrica	42	45,5
Famílias inscritas no programa "cesta básica"	30	32,5

Fonte: Cadastros das secretarias municipais da Saúde e da Assistência Social e entrevistas com a agente comunitária de saúde e uma liderança local.

Tabela II:
Atividades externas das famílias

Ocupação	N° de famílias	%
Diarista e empreiteiro	21	65,5
Carpinteiro e pedreiro	4	12,5
Professor e ag. de saúde	3	9,5
Serra-fita	2	6,5
Oficina e borracharia	1	3,0
Comércio	1	3,0
Total	32	100

Fonte: Entrevistas com a agente comunitária de saúde e liderança local.

Promoção da segurança alimentar...

Das 25 famílias que participaram da pesquisa, oito (32%) têm algum membro aposentado ou pensionista; três (12%) faziam parte do programa "cestas básica"; nove (36%) não se beneficiam de energia elétrica; e 11 (44%) apresentam membros que executam algum tipo de atividade externa ao estabelecimento agrícola. Além desses aspectos, cinco (20%) são proprietárias de tratores e apenas uma declarou possuir um empregado permanente. Trata-se do proprietário de uma "serra-fita", que fabrica mourões e beneficia madeira para a vizinhança. Treze famílias (52%) contratam diaristas em determinados períodos do ano agrícola e 18 (72%) costumam trocar dias de trabalho com parentes e vizinhos, nos períodos de pico das atividades agrícolas.

A totalidade reside na comunidade e mais de 70% herdaram a propriedade atual da família. A maioria (76%) é proprietária e tem menos de 50 ha de terras, sendo que as áreas dos estabelecimentos variam de um máximo de 168 ha a uma pequena gleba cedida pelo neto à avó viúva, cuja dimensão é imprecisa[10].

Apenas dois agricultores arrendam terras de terceiros, sendo que um depende desse artifício para a totalidade dos 3 ha que explora e o outro toma arrendado 2 ha como complemento aos 4,8 ha adquiridos através do programa de crédito fundiário denominado Banco da Terra[11]. Quatro cultivam áreas cedidas por parentes, sem a obrigatoriedade formal de pagar algo em troca, sendo que dois possuem terras próprias compradas de terceiros. Todos os demais são proprietários da totalidade das unidades de produção. Nove agricultores (36%) alteraram as áreas dos estabelecimentos nos últimos cinco anos. Um diminuiu o patrimônio ao vender uma gleba para um irmão e oito aumentaram seus domínios, adquirindo terras de vizinhos e parentes.

Da sociedade...

Todos os agricultores entrevistados produzem, fundamentalmente, alimentos que compõem, direta ou indiretamente, a cesta básica alimentar, com destaque para o feijão, milho, arroz, leite, ovos, mel e carnes de aves, porcos e bovinos. Apenas dois agricultores distinguem-se dos demais: um por plantar soja e outro por criar ovelhas, em complemento às explorações já mencionadas.

Com exceção de uma senhora idosa, os demais cultivam algum tipo de lavoura em áreas que variam de 0,5 a 35 ha. Da mesma forma, possuem glebas com pastagens com dimensões de 1 a 80 ha, onde criam bovinos, quase sempre, de aptidão mista (leite e carne) e sem raça zootécnica definida. As matas e capoeiras estão presentes em 22 estabelecimentos (88%), sendo que em 16 (64%) são consideradas Áreas de Preservação Permanente (APP), cujas extensões variam de 1 a 20 ha.

Dentre as explorações comerciais, o feijão é o principal produto. Somente dois entrevistados não o cultivam (8%), dois outros produzem exclusivamente para o autoconsumo (8%) e 21 vendem anualmente essa leguminosa (84%). A quantidade média produzida é da ordem de 32 sacos por família. A produção pode variar de dois sacos, destinados para o consumo familiar, a um máximo de 100 sacos. O montante comercializado nunca é total, uma vez que todos guardam o suficiente para o consumo alimentar da família e para ser utilizado como semente na safra seguinte. A quantidade referente a essas duas finalidades varia de um saco e meio para uma família de até quatro membros a quatro sacos e meio para uma família numerosa ou que cultiva mais áreas, necessitando de um maior volume de sementes e de provisão alimentar.

Até o ano de 1997, São José do Cerrito era o maior produtor de feijão dentre os municípios catarinenses, graças à extensão da sua área plantada. Na atualidade, ele ocupa a quinta posição, com uma produtividade média de 15 sc/ha. Esse índice, além de estar abaixo da média do estado (18 sc/ha), representa pouco menos da metade daquele encontrado no município vizinho de Campos Novos (31 sc/ha), maior produtor estadual. A menor utilização de insumos industrializados pelos agricultores locais explica esse quadro.

A criação de bovinos representa a segunda exploração comercial em ordem de importância e está presente em todos os estabelecimentos. O número de animais pode variar de uma vaca, cuja produção de leite é destinada para o autoconsumo, a um rebanho de 70 cabeças, das quais 30 são vacas de leite. Mais de um terço dos agricultores entrevistados (36%) produz leite para fins comerciais. Desses, seis vendem para uma agroindústria sediada no município de Lages, que realiza a coleta na comunidade. Os outros três transformam o leite em queijo, comercializando nas mercearias do município e diretamente com os consumidores. Nenhum deles possui unidades de beneficiamento que respeitem as normas sanitárias exigidas pelos órgãos de inspeção. A maioria dos agricultores que produzem leite para o autoconsumo não tem a tradição de transformar a matéria-prima em derivados. Apenas um afirmou produzir manteiga com as sobras, sendo predominante o consumo na forma *in natura*.

A venda de bovinos vivos é praticada por mais da metade dos agricultores (56%), ao passo que o abate para autoconsumo é feito por 28% dos entrevistados. Os animais são comercializados na própria comunidade, com destaque para os negócios entre vizinhos. A falta de infra-estrutura para conservar a carne explica, em grande parte, o reduzido número de agricultores que abatem bovinos. Além disso, tendo o município uma tradição na pecuária, demonstrada pela realização de duas feiras anuais de gado, a venda de animais representa uma alternativa econômica, mesmo para os agricultores que não dispõem de grandes extensões de terras e não participam da associação de pecuaristas responsável pela organização das referidas feiras (Furlanetto, 2003).

... E das próprias famílias de agricultores

A maioria mantém uma horta para a produção de legumes e hortaliças, com exceção de três agricultores. Entretanto, o principal da produção para autoconsumo não provém dessas unidades, mas das criações de animais (leite, carnes e ovos) e das lavouras (feijão e arroz). Alguns cultivam "miudezas" (batata-doce, mandioca, cebola, batatinha...) nas áreas de lavouras. Dentre as atividades que se orientam, prioritariamente, para o autoconsumo encontram-se as culturas de arroz de sequeiro e de milho e as criações de suínos, aves e abelhas. Na última safra, por exemplo, somente dois agricultores venderam pequenas quantidades de arroz para vizinhos. A produção média é de cinco sacos por família, variando de um a 13 sacos, segundo a família. Em geral, a quantidade de arroz produzida numa safra assegura o consumo familiar durante dois anos.

O milho está presente na maioria dos estabelecimentos agrícolas pesquisados e sua finalidade principal está associada, de forma indireta, ao autoconsumo. Trata-se de um cultivo voltado para a alimentação animal que, por sua vez, tem um peso importante na dieta das famílias. Dos 25 agricultores, apenas dois (8%) não plantaram milho na última safra. A quantidade média produzida é de aproximadamente 70 sacos por família, variando de um mínimo de sete a um máximo de 300 sacos. Doze famílias (48%) produzem exclusivamente para a alimentação das diferentes espécies de animais existentes no estabelecimento e as outras 11 (44%) vendem esse produto. Dessas, apenas uma comercializa a totalidade da produção. A forma de transação predominante está associada à figura do intermediário, que revende para atacadistas da região.

Na criação de suínos, a estocagem dos animais abatidos é mais fácil quando comparada a dos bovinos, por se tratar de animal de porte menor e por propiciar formas alternativas de conservação da carne. O sistema tradicional da "cozinha de fogo de chão", freqüente na região, além de servir como fonte de aquecimento durante o inverno, é utilizado para defumar embutidos e cortes especiais de carne de suínos. Dezoito agricultores (72%) criam e abatem suínos para o sustento da família. Desses, apenas cinco vendem, esporadicamente, alguns animais para vizinhos. O rebanho pode variar de 20 a apenas um exemplar, que será engordado para o abate. O máximo de suínos consumidos ao longo do ano pode chegar a 10, para uma média de cinco por família. As pocilgas são rústicas, sendo comum encontrar porcos soltos nos arredores das residências.

A criação de galinhas segue a mesma lógica descrita anteriormente, com a diferença que nessa atividade todos os estabelecimentos possuem um pequeno lote. Em geral, as aves são criadas soltas e alguns possuem abrigos que servem de proteção durante a noite. Apenas dois agricultores vendem galinhas vivas diretamente para consumidores do município. A produção média anual é de 55 cabeças por família, variando de um mínimo de seis a um máximo de 300 aves.

A produção de ovos para o consumo familiar é comum em quase todos os estabelecimentos. Apenas um agricultor declarou não produzir e outros cinco vendem parte da produção para consumidores locais. A quantidade média produzida é da ordem de 95 dúzias por ano, variando de um mínimo de 12 dúzias, das quais 50% são para o autoconsumo, a um máximo de 300 dúzias, sendo 20% comercializados.

Por se tratar de uma região composta de áreas de campo nativo e de remanescentes de Floresta Atlântica, as condições são propícias à produção de mel silvestre. Entre os agricultores entrevistados, nove (36%) possuem caixas de abelhas, dos quais sete vendem parte da quantidade produzida. O maior produtor tem 12 caixas e comercializa de forma direta ao consumidor cerca de 90 kg/ano de um total de 100 kg/ano. Já o menor tem apenas uma caixa e a produção média de 2 kg/ano é destinada ao autoconsumo.

Além das produções já analisadas, a maioria dos agricultores (80%) cultiva alguns exemplares de árvores frutíferas, tais como pessegueiros, ameixeiras, macieiras, pereiras, videiras e citros. No entanto, chama a atenção o fato de 20% dos estabelecimentos visitados não dispor de pomar, nem de horta. Da mesma forma, 60% dos entrevistados afirmam não cultivar roças específicas para o autoconsumo, a exemplo da mandioca e da batata-doce presentes nos demais estabelecimentos. Percebe-se que boa parte das famílias não prioriza os cultivos de hortas e pomares. Em geral, esses cultivos, quando existentes, não asseguram as necessidades de consumo das famílias em frutas, verduras e legumes. Essa mesma situação é descrita por Locks (*op. cit.*) no seu estudo sobre "a identidade dos agricultores brasileiros" do município.

Um item não menos importante associado ao tema do autoconsumo é a produção de lenha, utilizada como fonte de energia, seja para o preparo dos alimentos, seja para o aquecimento doméstico durante os meses de outono e inverno. Três agricultores, dos quais dois aposentados e um arrendatário, adquirem de terceiros a lenha consumida e apenas um vende, esporadicamente, para moradores da sede do município. Ou seja, quase 90% dos entrevistados possuem o suficiente para suas necessidades. Considerando que, em média, uma família necessita de 1,5 m^3/mês de lenha, isso representaria uma despesa mensal no valor de R$ 45,00, quase um quarto de salário mínimo em valores de agosto de 2002 (R$ 200,00), caso os agricultores tivessem que comprar pelo preço médio praticado no município (R$ 25,00 /m^3).

Com uma certa freqüência, os entrevistados reagiam de forma a subestimar o valor monetário mensal necessário, caso tivessem que adquirir os produtos (alimentares e lenha) obtidos diretamente do estabelecimento agrícola. No entanto, após uma breve reflexão, a maioria avaliou um gasto superior a meio salário mínimo mensal. Somente um agricultor não soube responder e outro estimou um dispêndio mensal inferior a R$ 50,00. Esse último, por ser arrendatário, não dispõe de lenha própria, não abate bovinos, não cria galinhas, nem suínos e não tem horta e pomar. Dentre os demais, sete (28%) avaliam que o valor das suas produções para autoconsumo estaria na faixa de R$ 50,00 a 100,00/mês; outros sete (28%) calculam encontrar-se entre R$ 100,00 e 200,00/mês; e nove (36%) atribuem um valor superior a R$ 200,00/mês. Quando se considera o tamanho da família, quase dois terços delas apresentam um valor *per capita* referente ao autoconsumo inferior a um quarto de salário mínimo[12].

Com o propósito de estabelecer uma base comparativa entre essas estimativas e as quantidades declaradas como relativas ao autoconsumo, calculou-se quatro situações representativas de cada uma das faixas de autoconsumo previstas no questionário de pesquisa. Nessa análise desconsiderou-se a produção de hortas, árvores frutíferas e "miudezas", cultivadas em pequenas roças ou intercaladas com as lavouras principais, em razão da dificuldade em quantificar o montante produzido e por não representar o essencial do autoconsumo (arroz, feijão, carnes, ovos e lenha).

Cabe ressaltar aqui que nenhum dos agricultores entrevistados tem registros acerca dos insumos e produtos adquiridos ou utilizados para o autoconsumo ao longo do ano. Portanto, ao adotar suas declarações como base de cálculo, os dados apresentados podem conter distorções. Os valores monetários empregados referem-se àqueles praticados por um supermercado do município em agosto de 2002, mês em que se realizou a pesquisa de campo.

De uma parte, nota-se que os dois agricultores subestimaram os valores dos produtos destinados ao autoconsumo, caso tivessem que adquiri-los no comércio local. O agricultor que declarou um valor de até R$ 50,00 gastaria, na realidade, R$ 89,00/mês, ao passo que aquele que estimou entre R$ 50,00 e 100,00 utilizaria R$ 173,00/mês. De outra parte, constata-se que os dois outros agricultores permaneceram dentro dos estratos estimados (R$100 a 200,00 e mais de R$200,00), com gastos calculados, respectivamente, nos valores de R$ 182,00 e R$ 240,00/mês. Embora não se possa extrair conclusões definitivas a respeito do valor monetário do autoconsumo, existe uma variação entre as diferentes famílias visitadas que vai de menos de 0,5 a 1,2 salário mínimo mensal.

Apesar da importância do autoconsumo para a reprodução social das famílias da comunidade, nem todas apresentam o mesmo padrão e muitas não desfrutam de uma situação de plena segurança alimentar. Quando os entrevistados são indagados se "a família está protegida contra o risco de não ter alimentos suficientes para comer", 36% deles manifestam que suas famílias não gozam de uma segurança alimentar razoável. Essa situação condiz com o índice de famílias de agricultores da comunidade inscritas no programa "cesta básica".

Dentre as explicações mais freqüentes fornecidas pelos agricultores para justificar esse quadro destacam-se as seguintes: a) necessidade de trabalhar fora para complementar a renda familiar, restringindo o tempo necessário para se dedicar às atividades agrícolas do próprio estabelecimento; b) as especificidades do processo produtivo do setor agropecuário, com destaque para as incertezas naturais, a dificuldade de assegurar uma produção suficiente nos meses de inverno e o esgotamento físico e químico das terras; c) o diferencial entre os preços dos produtos agrícolas pagos aos agricultores e os preços dos insumos e dos bens de consumo necessários para produzir; d) o elevado número de membros da família, por vezes aliado à escassez de terra.

Conclusão

Este artigo demonstra como as diferentes categorias sociais das unidades familiares agrícolas cumprem um papel socioeconômico central no município estudado, que se caracteriza pela precariedade das condições de infra-estrutura. Os agricultores são os principais responsáveis pela dinâmica da economia local, seja através da comercialização dos seus produtos, com destaque para o feijão, seja através dos recursos financeiros dos seus benefícios previdenciários. Além disso, a supremacia numérica dos agricultores em relação a outras categorias profissionais garante, não sem dificuldades, a ocupação e a manutenção de um tecido sociocultural sobre um extenso território.

O estudo na comunidade de Vargem Bonita aponta, no entanto, outras três funções estratégicas da agricultura na dinâmica de reprodução social das famílias: a segurança alimentar das famílias rurais, com destaque para o autoconsumo, a "inclusão social" de indivíduos e famílias que, fora da comunidade, encontrariam sérias dificuldades para sua reprodução social e, embora não explorado neste artigo, a preservação do meio ambiente e da paisagem (Cazella, 2003). No tocante ao tema da inclusão social, praticamente um terço das famílias da comunidade encontra-se próximo ou abaixo da linha de pobreza.

Essa situação tem uma correlação com o baixo nível técnico da produção agrícola, inclusive daquela destinada para o autoconsumo. O exercício de uma agricultura de padrão tecnológico deficiente implica a adoção de outras estratégias econômicas, com destaque para o trabalho externo. Cerca de um quarto das famílias de agricultores entrevistados recorre ao trabalho de diaristas como forma de atender às suas necessidades imediatas. Esse tipo de atividade concerne a indivíduos que se encontram no auge da sua força física, induzindo muitos estabelecimentos a manter uma estrutura produtiva deficitária. O trabalho de diarista, além de remunerar mal a força de trabalho familiar em melhor forma física, dificulta o aprimoramento das atividades agrícolas, tanto para fins comerciais, como para o autoconsumo familiar.

Por fim, a infra-estrutura deficitária da maioria dos estabelecimentos explica, em grande parte, o que se poderia chamar de bloqueios à plena expressão das diferentes facetas da multifuncionalidade agrícola. À exceção de cinco estabelecimentos geridos por aposentados ou casais prestes a se aposentar que não dispõem de herdeiros interessados em sucedê-los, os demais têm projetos de investir na agricultura. No entanto, a maioria esbarra na falta de condições materiais mínimas para concretizar seus projetos, alimentando entre os mais jovens o desejo de arriscar a sorte nas cidades, seguindo o exemplo de parentes e vizinhos que saíram em períodos anteriores.

Notas

[1] Essa modalidade de estabelecimento de ensino foi adaptada, em particular para as condições dos estados do Sul do país, a partir da experiência francesa. A "pedagogia da alternância" foi concebida para responder às peculiaridades do ensino voltado para filhos de pequenos agricultores, possibilitando ao aluno permanecer uma semana na escola e duas junto à família ou realizando estágios noutros estabelecimentos.

[2] A discussão teórica acerca do desenvolvimento humano encontra-se em Sen (2000). Para uma análise aplicada dessa noção ver Denardi (2001).

[3] Veiga *et al.* trabalham com uma tipologia constituída por três categorias de municípios: "rurais", "rurbanos" e "urbanos". A categoria intermediária dos municípios "rurbanos" compreende os casos que apresentam populações entre 50 e 100 mil e aqueles que, embora tendo menos que 50 mil habitantes, apresentam uma densidade demográfica superior a 80 hab./km².

[4] Entre 1943 e 1953, o vocábulo indígena "Carú" (terra fértil) foi adotado de forma oficial como nome do então distrito de São José do Cerrito.

[5] Para Lima-Ayres (1992), citado por Locks (*op. cit.*), esse termo designa, de forma genérica, uma etnia fruto do cruzamento entre brancos e índios. Ele apresenta duas origens etimológicas possíveis, ambas derivadas do tupi: a primeira *caa-boc*, significando "aquele que vem da floresta", e a segunda *kari'boca*, que significa "filho do homem branco".

[6] A "Guerra do Contestado" (1912-1916), embora esquecida na memória coletiva da população local, faz parte da história do município. Algumas famílias cerritenses têm descendência direta de lideranças importantes desse movimento social (Locks, *op. cit.*).

[7] Essa mesma situação foi identificada por Renk (1990) na sua pesquisa realizada no município de Vargeão, oeste do estado, que se caracteriza pela presença de uma importante população descendente de imigrantes italianos.

[8] Este estudo foi precedido por uma pesquisa sobre as principais dinâmicas de desenvolvimento rural de diferentes municípios brasileiros, solicitada pelo Núcleo de Estudos Agrários e Desenvolvimento Rural (Nead), do Ministério do Desenvolvimento Agrário (MDA). O relatório referente a São José do Cerrito pode ser consultado em Cazella (2002c).

[9] A agente de saúde é uma agricultora da comunidade que visitou individualmente todas as famílias para preencher seus cadastros junto à secretaria municipal da Saúde, detendo um profundo conhecimento acerca das estratégias de reprodução social das mesmas.

[10] Antes de residir em Vargem Bonita, essa aposentada morava no município de Lages, juntamente com o marido, empregado de uma serraria. A decisão de retornar

para a comunidade foi motivada pela necessidade de complementar a renda da aposentadoria e da pensão por viuvez. Além de não pagar aluguel no local onde hoje reside e não ter dispêndios com energia elétrica pelo fato de não dispor desse serviço, cultiva uma horta e cria pequenos animais para o autoconsumo.

[11] Programa de crédito fundiário instituído pelo governo federal em 1998. Para mais informações sobre o Banco da Terra, consultar Camargo *et al.* (2002).

[12] Nesse cálculo são utilizados como referência os maiores valores das faixas de autoconsumo previstas no questionário. A única possível subestimação decorrente do cálculo refere-se ao estrato superior a R$200,00/mês. Por não haver informações de teto máximo nesse estrato, empregou-se o valor de R$200,00/mês, que corresponde àquele do salário mínimo do mês da pesquisa. Dessa forma, cinco famílias dessa categoria apresentam renda *per capita* de autoconsumo inferior a um quarto de salário mínimo (R$50,00/mês).

CONVERSÃO À AGRICULTURA ORGÂNICA E MULTIFUNCIONALIDADE: O CASO DAS ENCOSTAS DA SERRA GERAL (SC)

Wilson Schmidt

Introdução

A definição de multifuncionalidade está centrada na ligação entre um projeto de sociedade e as funções econômicas, sociais e ambientais da agricultura (Laurent, 2000, 6). Destacando que a "visão francesa da multifuncionalidade"[1] se inscreve explicitamente nessa perspectiva, essa autora afirma que se pode defini-la como "o conjunto de contribuições da agricultura a um desenvolvimento econômico e social considerado na unidade". O reconhecimento oficial da multifuncionalidade exprimiria, então, a vontade de que essas diferentes contribuições possam ser associadas de forma durável e coerente, de acordo com as modalidades julgadas satisfatórias pelos cidadãos. Ou seja, conciliando performance econômica e utilidade social, o papel que a sociedade confere à agricultura passa a ir bem além da produção de alimentos ou matérias-primas. Uma das suas principais atribuições é contribuir para o próprio desenvolvimento do espaço rural.

Como indica Laurent (2000a, 432), os mecanismos pelos quais a atividade agrícola contribui para o desenvolvimento de uma região rural são diversos. Alguns estabelecimentos agrícolas cumprem o papel de qualquer empreendimento: a criação ou a manutenção de empregos e a produção de bens e serviços para o mercado, podendo ter efeitos em setores a montante e a jusante. Outros facilitam a manutenção do emprego rural graças ao desenvolvimento de sistemas de atividades polivalentes. Nesse caso, um estabelecimento de pequena dimensão combinado com outras atividades que geram renda permite que uma família permaneça no espaço rural. Outros estabelecimentos, ainda, são principalmente lugar de moradia, mas contribuem, pela possibilidade do autoconsumo, para que famílias de baixa renda continuem sendo rurais. Deve-se agregar, ainda, as funções de integração social específicas à atividade agrícola. O exercício de uma ocupação ligada à agricultura permite que não ocorra o rompimento com as práticas comuns aos outros habitantes, mantendo a inserção em uma rede de relações sociais. Por tudo isso, segundo Laurent não há justificativa para excluir qualquer categoria de produtor ou de produção de uma análise, quando o interesse está direcionado à dimensão territorial: "todas as formas de atividades agrícolas contribuem para a produção de paisagens cultivadas, e cada uma é uma faceta da contribuição da atividade ao desenvolvimento econômico e social de zonas rurais" (Laurent, 2000a; 432).

Interessa mais de perto, neste artigo, analisar a contribuição que pode ter a agricultura orgânica (AO) – e os produtores com ela envolvidos. Mais do que isso, como, em tese, ela estaria mais próxima de uma lógica "multifuncional", busca-se analisar se essa noção – ainda que não apropriada como conceito – estaria implícita nas percepções e ações de agricultores orgânicos.

A conversão de agricultores ou territórios à AO é vista como preenchendo, por si só, os dois componentes das políticas ligadas à noção de multifuncionalidade. No primeiro, o econômico e social, pela criação de valor agregado e pela geração de empregos (a agricultura orgânica é mais intensiva em mão-de-obra). No segundo, o ambiental e territorial, já que a AO tem um impacto muito positivo sobre o conjunto dos componentes do meio ambiente e sobre a construção de redes ou arranjos produtivos locais que contribuem para a conformação ou consolidação de um território. Isso porque a AO é, em geral, considerada como uma atividade que atende às exigências de proteção do meio ambiente, ao mesmo tempo em que realiza uma produção de alimentos de qualidade e com alto valor agregado, exigindo a construção de redes que permitam a sua diferenciação e valorização.

Por isso, como destaca Lampkin (2000, 24), o interesse da União Européia pela agricultura orgânica – explicitado em 1992 pela regulamentação definindo as práticas da AO – é explicado por uma convergência entre os objetivos de política agrícola da Comunidade Européia e os propósitos da AO: proteção do meio ambiente, bem-estar animal, gestão sustentável dos recursos, qualidade e segurança dos alimentos, viabilidade econômica e justiça social.

No caso francês, a lei de orientação agrícola, votada em 1999, estipula que "a política agrícola leva em conta as funções econômica, ambiental e social da agricultura e participa do ordenamento territorial, visando um desenvolvimento sustentável". Como destaca Rémy (2002, 1), "reconhecendo e destinando à agricultura funções (e missões) diferentes da estritamente econômica, essa lei põe em destaque a 'multifuncionalidade' da atividade agrícola". Recorde-se que o instrumento proposto para essa nova política agrícola foi o contrato territorial de estabelecimento (CTE). É importante ressaltar que na circular que implementou os CTEs para a agricultura orgânica, o Ministério da Agricultura da França considerava as medidas de conversão a esse tipo de produção como constituindo por si só um CTE, "a parte econômica sendo efetivamente preenchida pela valorização dos produtos em agricultura orgânica e a integração em uma cadeia produtiva específica" (MAP, 2000, 325). Esse Ministério considerava, ainda, que os "portadores de projetos coletivos" seriam o principal ponto de apoio do dispositivo CTE.

A ligação entre conversão à agricultura orgânica e CTE fica mais clara quando se observa o crescimento dela na França. Naquele país, o ano de 2000 é considerado "uma pausa" na curva de ampliação da AO, explicada em boa parte pela mudança no dispositivo de apoio financeiro à conversão. É que, a partir de 2000, o subsídio passou a ser concedido via CTE e como esse, então novo, instrumento não havia sido ainda efetivamente implementado, "numerosos agricultores prorrogaram em um ano o seu projeto de conversão à agricultura orgânica" (Onabio, 2001, 3). De fato, no ano seguinte, o número de produtores que iniciaram a conversão praticamente dobrou (1.399 agricultores) e, em 2002, quando houve grande indefinição em torno dos CTEs, uma nova queda (813 agricultores) foi observada (Saddier, 2003, 20). Mais recentemente, com o fim dos CTEs, a atribuição de subsídios à conversão passou a ser feita pelo contratos de agricultura durável (ou sustentável), os CADs (Saddier, 2003, 5; 40), que são, em tese, os instrumentos que sucedem os CTEs.

Com base nesses indicadores de uma forte vinculação entre políticas de multifuncionalidade e agricultura orgânica na França, procurou-se refletir sobre a possibilidade de haver relações do mesmo tipo no Brasil. Essa reflexão se dá no quadro dos objetivos do projeto de pesquisa em que se insere o presente estudo de caso, que buscava contemplar as peculiaridades da realidade rural brasileira, considerando a diversidade de situações regionais, tanto no que se refere às formas de agricultura familiar, quanto às dinâmicas de desenvolvimento rural (Maluf, 2002).

Nesse contexto, julgou-se fundamental contemplar, nos estudos de caso, uma região em que houvesse agricultores familiares organizados, inseridos em um projeto de construção de território baseado na produção orgânica. Escolheu-se a experiência das Encostas da Serra Geral, no Sudeste catarinense (ver Mapa 1), porque, nela, uma associação de agricultores – a Associação dos Agricultores Ecológicos das Encostas da Serra Geral (Agreco) – vem funcionando quase como uma agência de desenvolvimento, buscando catalisar um processo de criação de competências e de uma referência de identidade. Essa opção considerava "(...) a importância que a agricultura orgânica ocupa nas estratégias de resistência e de agregação de valor da agricultura familiar catarinense e em programas e ações que se afirmam como de desenvolvimento rural sustentável (animados por diversas ONGs e por várias instituições governamentais)" (Maluf et al., 2001, 9).

Mapa 1.
A região das Encostas da Serra Geral (Sudeste catarinense)

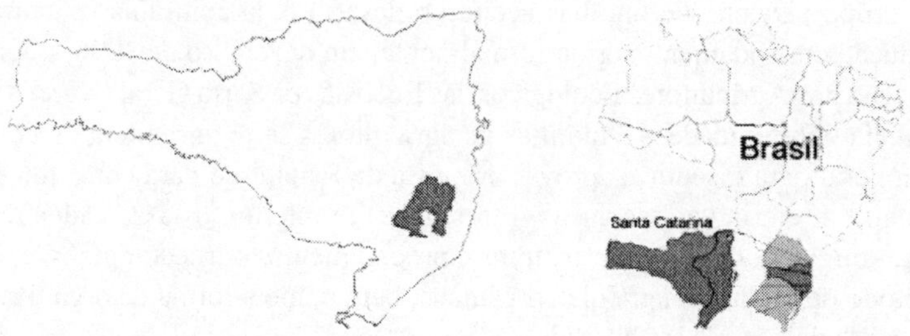

Deve-se destacar que a Agreco afirma buscar estabelecer uma coerência entre as diversas intervenções no local, que passa a ser "construído" como um território, e que essas intervenções não se dão apenas no campo da produção agrícola – mesmo no sentido largo, o que incluiria, por exemplo, a transformação – mas também em atividades econômicas não agrícolas, como o agroturismo, e em atividades não econômicas. Uma das principais mensagens veiculadas pela associação, junto aos seus clientes (na "distribuição" – supermercados ou cestas – ou no "mercado institucional"[2]) e aos consumidores finais, é a sua contribuição na preservação de uma região que é um "corredor ecológico" entre o Parque Nacional de São Joaquim e o Parque Estadual da Serra do Tabuleiro, e onde estão as nascentes de rios que abastecem em água potável importantes aglomerados urbanos do litoral catarinense. Além disso, ela afirma que, desde a sua criação, ao optar por uma linha de produtos transformados orgânicos, coloniais e éticos (da agricultura familiar), buscou condições para valorizar o *savoir-faire* dos agricultores, especialmente o dos mais idosos.

A Agreco, sua orientação, sua história

A história da Agreco começa em Santa Rosa de Lima, em 1991, com a realização de uma festa, a Gemüse Fest, visando (re)aproximar os que foram para a "cidade" (outros centros urbanos) e os que ficaram no "campo" (no próprio município). A partir da festa e de reuniões que a seguiram, parcerias foram nascendo e se fortalecendo, todas procurando construir alternativas para o município, que enfrentava um descenso econômico e um esvaziamento demográfico e social.

A idéia de um desenvolvimento sustentável para a região começa a surgir timidamente. Em conseqüência dessas discussões e de parcerias potenciais, um supermercadista, natural do município, lançou aos agricultores, em setembro de 1996, a proposta de que eles produzissem hortifrutigranjeiros de forma "ecológica" e passassem à condição de fornecedores de suas lojas. Um grupo pequeno de famílias aceitou o desafio e, já com uma primeira produção em andamento, criou formalmente, em dezembro de 1996, a Associação dos Agricultores Ecológicos das Encostas da Serra Geral (Agreco). Naquela oportunidade, 12 famílias de agricultores se reuniram em assembléia geral para discutir e aprovar proposta de Estatuto e para constituir a primeira diretoria da associação. Em regimento interno, os associados registraram "as concepções, princípios e procedimentos agroecológicos"[3], o "método de produção agrícola" orgânico[4], bem como a forma de organização em "núcleos"[5] a ser buscada.

Durante o ano de 1997, o núcleo inicial de produção da Agreco ampliou-se de 12 para 20 famílias, envolvendo cerca de 50 associados. Outros núcleos foram se organizando, o que permitiu a cobertura de uma área geográfica maior, a inclusão de novas famílias de agricultores e uma ampliação da diversidade na produção. A Agreco procurou adotar um esquema de comercialização que permitisse o escoamento de quantidades importantes de seus produtos, sempre evitando que eles fossem banalizados. O fato de haver em Santa Catarina pequenas e médias redes de supermercados interessadas em atrair e fidelizar clientela pelo setor frutas, legumes e verduras (FLV) e de os produtos orgânicos terem um grande apelo junto a um importante segmento de consumidores[6] permitiu atenuar as barreiras à entrada no mercado para uma então pequena associação de agricultores familiares.

Um importante crescimento numérico dos associados – acompanhado de um espraiamento espacial para municípios vizinhos – aconteceu com a implementação do Projeto Intermunicipal de Agroindústrias Modulares em Rede. Tal projeto foi concebido em plena sintonia com os princípios de uma das linhas de financiamento e ação do Programa Nacional de Fortalecimento da Agricultura Familiar (Pronaf), então proposta pela secretaria de Desenvolvimento Rural do Ministério da Agricultura: o Pronaf-Agroindústria. As lideranças locais divisaram esse dispositivo como uma oportunidade de inversão da visão dos próprios moradores sobre a sua região, de geração de postos de trabalho, de fortalecimento do associativismo como forma de viabilizar a inserção produtiva, e de reforço do modelo técnico adotado, ao permitir a inserção no "grande circuito" dos produtos livres de agrotóxicos e de adubos sintéticos.

Propôs-se, desse modo, a implantação de 53 agroindústrias rurais de pequeno porte. O projeto previa o envolvimento, de forma direta, de 211 famílias de agricultores e calculava manter ou gerar 499 postos de trabalho na produção de matéria-prima nas unidades familiares, além de criar 208 empregos diretos nas unidades de beneficiamento e/ou transformação. Ele indicava o objetivo geral de "alavancar um amplo processo de desenvolvimento solidário, pela agregação de valor à produção da agricultura familiar".

Sugeria-se que as agroindústrias, associativas e descentralizadas, fossem articuladas em rede, organizadas em torno de uma unidade central de apoio gerencial, de âmbito territorial (ou intermunicipal), administrada pelos próprios agricultores familiares, com a finalidade de prestar serviços de assistência técnica, marketing e comercialização e, ainda, de assessorar o conglomerado no sentido de otimizar sua inserção no mercado.

É necessário destacar, ao mesmo tempo, que os dirigentes da Agreco buscavam um projeto que não fosse apenas uma experiência "marginal" e que tivesse um verdadeiro impacto na geração de emprego e renda no local e na forma dos atores locais perceberem a sua região. As dificuldades institucionais resultantes da não-implementação do Pronaf-Agroindústria tornaram impossível a tarefa de implantação do projeto como um todo, ou seja, o conjunto da rede de 53 agroindústrias. Apesar disso, como resultado da mobilização de instituições e de atores locais para sensibilizar instituições externas ao território (especialmente o governo estadual e, por extensão, o Banco do Estado de Santa Catarina), sinalizou-se a implantação, já naquele momento, de 14 delas. Quatro anos depois, em 2003, elas já são 27.

Lideranças e assessores da Agreco afirmam que o principal mérito da Associação, ao longo desse período, foi a mudança nas perspectivas com que algumas das lideranças e habitantes locais percebem a região (por exemplo Schmidt et al., 2002). De um isolamento combinado com um certo conformismo e acomodação às tendências de estagnação e esvaziamento, passou-se a uma abertura a novos desafios e a novas relações com o mercado e com outros espaços ou territórios.

O que se busca discutir é se a noção de multifuncionalidade da agricultura se expressa – ou, pelo menos, está implícita – nessa mudança de perspectiva. Dizendo de outra forma, verificar se há uma percepção clara por parte dos agricultores que participam desse projeto das funções da agricultura, que deixaria de ser entendida apenas como produtora de bens agrícolas. Ou seja, verificar se os agricultores consideram que são responsáveis pela conservação dos recursos naturais (água, solos, biodiversidade e outros) e do patrimônio natural (paisagens), e pela qualidade dos alimentos.

O agricultor, a agricultura (orgânica), o meio

As pesquisas de campo[7] indicaram que os agricultores adotam condutas técnicas particulares visando dar uma qualidade diferenciada aos produtos que comercializam. Foram apontadas a produção orgânica (para "sair do químico", "sem uso de veneno", como "opção de vida", por ter "custos mais baixos e obter mais qualidade" ou para "melhorar a qualidade de vida"); a higiene ou a apresentação dos produtos (para "ter acesso ao mercado" ou "aceitação no mercado", para a "saúde do consumidor") e a "agregação de valor". Todos mencionaram o estímulo ou apoio da Agreco como determinantes para a adoção dessa perspectiva de vincular a viabilidade econômica de seus empreendimentos à qualidade e segurança dos alimentos.

Tendo em conta que a Agreco encorajou também a diversificação, tanto de culturas, quanto de atividades, é interessante considerar que os agricultores disseram pretender diversificar mais as culturas. Isso é coerente com as orientações para a produção orgânica, que se preocupa com a biodiversidade e a função ambiental da agricultura. Nesse sentido, alguns citaram, inclusive, o arranjo julgado ideal nesse tipo de produção, que é a combinação das produções vegetal e animal. As justificativas para a diversificação também podem se dar sob o ponto de vista econômico. Nestes casos, elas giram em torno da diminuição dos riscos na produção ou da exigência pelos clientes de um *mix* de produtos. A visão econômica vai predominar naqueles que pretendem, ao contrário, se especializar mais. Esta opção parece ser feita por aqueles agricultores que já têm sua lógica mais centrada no funcionamento das suas agroindústrias do que na produção agrícola em si. Ou seja, numa perspectiva de curto prazo, eles pensam em produzir apenas aquelas matérias-primas que, no momento, permitem maior agregação de valor ou maior facilidade nas vendas.

Já com relação à diversificação de atividades e à idéia de pluriatividade, boa parte dos agricultores entrevistados afirma não pensar em nada além da produção agropecuária. Dos que indicam outras possibilidades, uma parcela significativa aponta o "reflorestamento" ou "pastagens", tratando-se apenas de uma definição restrita do que seja a agricultura. Todos os que pensam, de fato, em outras atividades apontaram o turismo ("agroturismo", "turismo na propriedade", "turismo rural") como alternativa.

No que se refere às técnicas de produção e suas externalidades ambientais, a quase totalidade dos agricultores afirmou não utilizar adubos sintéticos nem agrotóxicos. As justificativas variam do simples respeito às "normas" ou "exigências da Agreco", que "proíbe" este uso, até as de que o seu uso prejudica o meio ambiente e a saúde ou, na expressão de um deles, porque "o agrotóxico destrói e polui". Os poucos que assumem aplicar agrotóxicos justificam pelo plantio de fumo, pela pouca disponibilidade de mão-de-obra e pelo fato de o "terreno ainda não estar adequado para a não-utilização".

É interessante levar em conta, também, o que responderam os entrevistados quando instados a julgar se, nos últimos 10 anos, aumentou ou diminuiu o uso de agrotóxicos na região. Para a maioria deles, houve um aumento. As explicações estão relacionadas a um julgamento de tipo mais moral ("o comodismo dos agricultores, que não querem pegar na enxada", "não querem mais trabalhar"), mais pragmático ("o uso de veneno facilita o trabalho", "facilita a produção"), ou pela mudança na ocupação das áreas (a "limpeza" de pastagens, cuja área teria aumentado significativamente, em detrimento das matas, seria a principal explicação para a ampliação do uso de herbicidas). Para aqueles que acreditam que houve diminuição no uso de agrotóxicos, a explicação principal seria a "conscientização" dos agricultores ou a própria diminuição da importância da cultura do fumo na região.

Com relação às matas, metade dos entrevistados indica que houve uma diminuição de sua área na região. As atividades produtivas são indicadas como principal responsável: o "desmatamento indiscriminado" ocorreu para o "reflorestamento com eucalipto ou pinus" ou para a implantação de pastagens. A metade restante, que julga que aumentou ou não houve alteração na área de matas, ressalta "uma preocupação em proteger", "a diminuição das queimadas", o aumento "da produtividade" ou "do uso" nas "terras de arado" (com menor declividade). Praticamente o mesmo quadro e os mesmos motivos se aplicam à quantidade e variedade da flora de forma geral. Quanto à fauna (animais silvestres), a maioria considera que houve um aumento de sua variedade ou, pelo menos, ela permaneceu igual. A principal explicação que eles dão é a proibição da caça com sua conseqüente diminuição.

Pode-se considerar a partir do já exposto que se verificou na pesquisa de campo a existência de uma percepção dos agricultores ligados à Agreco de funções atribuídas à agricultura familiar relacionadas com a conservação de recursos e do patrimônio naturais. Essa preocupação (ou "conscientização") é reforçada pelo fato de a Associação estabelecer um caderno de encargos para os seus aderentes (no caso, a interdição do uso de determinados insumos ou práticas)[8]. Essa noção da função de reprodução da natureza como seu papel pode estar ligada, também, a uma identidade do agricultor, seja com o seu *metier* (ofício ou profissão), seja com a região em que vive, o que se discutirá a seguir.

A totalidade dos entrevistados julgou que muitos agricultores, das localidades onde moram, estão largando a agricultura para se dedicar a outras atividades. Apesar disso e de uma parte deles já ter visto algum dos seus filhos migrar (a grande maioria ficando na própria região), a quase totalidade deles não gostaria de deixar a agricultura e quer que os filhos venham a ser agricultores. As principais justificativas estão ligadas ao gosto "pela lavoura" ou "de mexer a terra", bem como às facilidades de morar "próximo da família" e no "interior" ou no "campo" (onde "a vida é mais tranqüila"). Alguns mencionam, inclusive, que "são do ramo" ou que "é o que sabem fazer", indicando uma clara idéia de *metier*. Os que preferiam que os filhos deixassem de ser agricultores justificam essa preferência pela dureza do trabalho agrícola e por considerarem que "a vida na cidade é mais fácil". A propósito, comparando a vida no campo e na cidade, as principais vantagens apontadas pelos agricultores ao primeiro estariam no "sossego" ou na "tranqüilidade", na "saúde", no convívio com a natureza e na "liberdade" (associada ao "trabalhar livre", ao não trabalhar "de empregado"). As desvantagens estariam na menor renda, no trabalho mais pesado e no fato de "estarem longe" do divertimento e do comércio. Listando as coisas que consideram mais importantes para viver bem "no campo", os entrevistados apontaram principalmente elementos de infra-estrutura social (educação, saúde pública, lazer, segurança), de transportes (estradas) e comércio. Elas são acompanhadas por fatores ligados à produção e à renda, como crédito subsidiado, garantia de preços e de venda ou seguro agrícola. Pode-se notar, no entanto, que a reivindicação de fundo é uma paridade com as condições de infra-estrutura que, para eles, é encontrada apenas "nas cidades".

Perguntados sobre o seu papel para o desenvolvimento da sociedade, a maioria dos agricultores indicou que seria o de se organizar para "trabalhar em conjunto" e para participar das decisões ou pressionar. Poucos indicaram a produção de alimentos para a sociedade (em um caso, acrescentando o adjetivo "de qualidade"). Na opinião de uma parcela importante deles, a agricultura contribui para a manutenção da família e comunidade, especialmente oferecendo oportunidades de trabalho ("é uma profissão para as pessoas, um meio de vida") e "sustento" ou "alimentação e renda". Alguns consideram que a agricultura, mais do que isso, ajuda a "manter a comunidade" (entendida como a comunidade rural em que vive), um deles chegando a afirmar que "a comunidade depende da agricultura". Alguns agricultores já apontaram, inclusive, como contribuições da agricultura o "cuidar da natureza" e o "ajudar na saúde". Vê-se assim que já começa a existir na região uma ampliação da percepção sobre as múltiplas funções da agricultura, para além da visão estritamente produtiva.

É preciso observar, ao mesmo tempo, se o agricultor está incorporando a idéia de território ou região, já que a dimensão territorial está bastante ligada à noção de multifuncionalidade. Recorde-se que a Agreco veicula bastante esta idéia, procurando construir as Encostas da Serra Geral como território. Inicialmente, deve ser destacado que a grande maioria dos agricultores entrevistados diz que o lugar que mais freqüentam é a comunidade rural ou o bairro mais próximo[9]. O "centro comunitário" seria o principal local de referência (aí são feitas a "reza", o "terço", a "missa"; "é o lugar onde se fazem as coisas"; onde se "mantém relações com as pessoas"). A quase totalidade deles diz fazer uma ida regular à "cidade mais próxima". A freqüência predominante é de uma vez por semana, podendo ser de quase diária até mensal. As principais motivações são os "negócios" (compras, pagamentos, bancos), as necessidades domésticas (supermercado, farmácia) e serviços (banco, médico, correio), sendo mencionada, também, a participação em reuniões. Constata-se, dessa forma, que os espaços de sociabilidade dos agricultores são ainda ligados à comunidade local e, no máximo, ao âmbito do município.

Todos os entrevistados declararam gostar do lugar onde moram. Além de explicações mais gerais ligadas à cultura – como o hábito ("estou habituado a viver aqui") ou costume ("me criei no lugar"; "a raiz está aqui") – há menções a uma certa noção de ruralidade, ligada às relações interpessoais ("aqui tem os puros", há "mais amizade", o "tipo de vida", o "lugar é calmo e tranqüilo") ou à natureza ("pouco poluído", "natureza sem poluição, com água boa"). O que eles julgam ser necessário para permanecer no local é a manutenção dessas mesmas características, que vêem como positivas atualmente, bem como a criação de um quadro para que "os filhos tenham condições de sobreviver na propriedade", ou seja, que se obtenha renda, especialmente com "um bom desempenho das agroindústrias" rurais de pequeno porte. Ao mesmo tempo, seria fundamental melhorar o "conforto", as condições de acesso ao crédito, as estradas, o comércio e a saúde. Lembre-se que há uma forte preocupação dos pais com a saída dos filhos das comunidades[10].

Ressalte-se que a maioria dos entrevistados participa da vida dessa comunidade ou do município, tendo exercido cargos diretivos nas associações ligadas à igreja e à escola, ou no centro comunitário. Não parece, no entanto, já haver historicamente – ou ter sido recentemente construído – um "senso de pertencimento" à região. As redes vão se construindo, no interior dela, pelas articulações entre as iniciativas econômicas. Servem de exemplo as ligações entre fornecedores de matéria-prima e as unidades de beneficiamento que ficam em municípios diferentes, ou entre propriedades que participam do agroturismo e aquelas agroindústrias que recebem turistas para visitas. De qualquer forma, os agricultores dão indicativos de que já percebem, como uma das funções sociais da agricultura, a sua contribuição para o desenvolvimento social, político e cultural das comunidades rurais.

Com relação ao papel da agricultura em preservar as amenidades do espaço rural e às possibilidades de trabalhar economicamente com elas, é importante observar, inicialmente, que um grande número de entrevistados considera que as pessoas que vêm de fora (turistas, novos residentes, novos agricultores) trazem mais vantagens do que desvantagens[11]. As principais vantagens seriam a "troca de idéias", informações ("sobre preservação do meio ambiente") ou conhecimentos, a "divulgação do município" e o aporte de "renda ao município"[12]. As desvantagens potenciais apontadas são a "agressão ao meio ambiente" – com a "poluição" ou a "caça" – ou as "doenças". As principais contribuições que o "pessoal" local pode dar para quem é de fora seriam a "acolhida", a "boa recepção" ou "o bom atendimento", "o lazer e a alimentação colonial", os conhecimentos e as experiências, a "maneira de trabalhar", a oferta de produtos locais. Como pode ser percebido, já há a noção da existência de uma série de bens – que podem vir a se tornar mercantis – materiais (para além dos produtos agrícolas *stricto sensu*) e imateriais.

A propósito da importante função da agricultura que é a de manter a ruralidade – que pode, por sua vez, ser considerada bem imaterial ou amenidade –, os entrevistados foram questionados sobre quais hábitos e costumes da família estão sendo mantidos. A maioria das respostas gira em torno das técnicas (o trabalho na agricultura), a tradição religiosa, os hábitos alimentares ou a tradição culinária, as reuniões de família e os ritmos ("os hábitos rotineiros do dia a dia"). O curioso é que praticamente os mesmos componentes são apontados como estando sendo perdidos. A televisão seria a principal responsável pelo desaparecimento gradual da "oração na família", dos "tratamentos pessoais", das "reuniões" ou "visitas" familiares. Os encontros nos cultos aos domingos estariam sendo prejudicados pela necessidade de se trabalhar neste dia[13] e pela diminuição do interesse por esse tipo de prática religiosa. A culinária tradicional, por sua vez, estaria perdendo espaço para formas mais rápidas de preparo e que dão "menos serviço". Alguns chamaram atenção também para o patrimônio arquitetônico, considerando que se está mudando o "padrão das casas" e o "sistema de construção". Essa aparente contradição (manutenção/extinção) indica que existe, de um lado, a valorização e, de outro, uma preocupação com o desaparecimento de conhecimentos ligados a uma tradição local. Ela não parece poder ser associada a uma simples reação conservadora ou "tradicionalista", pois incorpora elementos ligados a uma formação de identidade que pode ser mobilizada para novas dinâmicas, como o programa de agroturismo[14].

A quase totalidade dos agricultores considera que a agricultura que eles praticam ajuda a cuidar da natureza. As principais justificativas para essa afirmativa são: "não usa veneno ou agrotóxico", "pratica a agroecologia", "não faz queimadas e não usa químicos", "não usa agrotóxicos e não desmata", "não utiliza insumos químicos", "não devasta o ambiente", "protege a água e a mata", "preserva a água" ou "faz plantio de cobertura". Isso indica que a ação da Agreco caminhou bem na questão ambiental. Segundo um técnico, desde o início, essa era uma condição para participar do projeto. Em seguida, teria havido o trabalho de motivação econômica com a idéia de agregação de valor, tanto com a produção orgânica em si, quanto com o projeto de agroindústrias. E conclui: "aí ele vai sentindo uma melhoria em função disso. Com o tempo, a ideologia começa a se formar".

Potenciais (e limites) para uma conversão "multifuncional" à agricultura orgânica

Embora a agricultura orgânica esteja gradativamente saindo de uma condição de marginalidade na produção e deixando de ocupar apenas nichos restritos do mercado alimentar, sua expressão no Brasil é, ainda, muito pequena. Para Santa Catarina, recenseamento recente indicou a existência de 706 "propriedades com manejo orgânico" (Oltramari et al., 2002, 12). Esse número representa 0,35% do número total de estabelecimentos no estado, ou um agricultor que pratica a AO para cada 287 com manejo convencional. No caso do município de Santa Rosa de Lima, esse percentual já atinge 13%, o que indica o potencial existente, especialmente quando se adota uma dinâmica de conversão de territórios e não de agricultores individualmente.

Para pensar a multifuncionalidade, é interessante levar em consideração as motivações dos agricultores para engajar-se num processo de conversão. Estudos na França consideram que ela resulta de uma reflexão relativamente longa e caracterizam globalmente as motivações da seguinte forma: a qualidade dos produtos, a saúde e o respeito ao consumidor ("os produtores querem ter orgulho dos seus produtos"); o respeito ao meio ambiente; razões filosóficas ("a AO corresponde a um modo de vida"); razões de ordem econômica; considerações sociais (manutenção de empregos e autonomia do agricultor) e, por último, o fato de a AO representar um desafio técnico (Bouilhol e Paganelli, 2000, 3).

Oltramari et al. (2002, 43-44) afirmam que 42% dos agricultores orgânicos de Santa Catarina responderam que "é econômico" o principal fator motivador para a sua conversão. Seus próprios dados mostram, no entanto, a importância das razões ecológicas (16%), de filosofia de vida (10%), da saúde do consumidor (18%) ou da família produtora (5%). A soma de motivações mais ligadas às externalidades da produção é, portanto, maior do que as econômicas. Isso fica ainda mais claro se forem considerados os motivos para os agricultores, depois da conversão, estarem satisfeitos com a prática da AO. Nesse segundo momento, apenas 29% indicaram os fatores econômicos, ao passo que a saúde da família foi mencionada por 39%, apontando para uma nova percepção da agricultura.

No estudo direto do caso da Agreco, constataram-se traços importantes dessa propensão. Mais do que isso, apesar de não explicitada, a noção de multifuncionalidade aparece de forma importante nos depoimentos dos agricultores entrevistados. Claramente, a agricultura deixa de ser entendida apenas como produtora de bens agrícolas. A conservação tanto dos recursos naturais (água, solos, biodiversidade e outros), fortalecida por uma proposta de conversão à agricultura orgânica, quanto dos patrimônios cultural e natural (paisagens), corroborada por um programa de agroturismo, ou da qualidade dos alimentos (ligada a um programa de constituição de uma rede de agroindústrias rurais de pequeno porte para beneficiar produtos orgânicos) está claramente implícita nas manifestações dos entrevistados. A produção dessas externalidades (positivas), que beneficiam a sociedade como um todo, pode não representar, no entanto, uma captura de renda que remunere os agricultores por esse "serviço prestado". E essa é, precisamente, a questão de fundo que tem justificado as políticas públicas multifuncionais.

Os agricultores entrevistados traçam um projeto de futuro, que é o de se manter no local e de construir qualidade de vida para todos. Nesse projeto colocam perspectivas e demandas que são mais coletivas (infra-estrutura social ou bens públicos) do que individuais. Eles esperam, por outro lado, das instituições públicas, ações que reforcem e políticas (sobretudo econômicas) que orientem claramente suas iniciativas na direção das outras funções, que não a estritamente produtiva, da agricultura. Para eles, é necessário que se crie condições para que os filhos permaneçam "na propriedade", sem que sejam "obrigados" a produzir fumo ou a utilizar técnicas nocivas à saúde da família e do consumidor e ao meio ambiente. Ou seja, é preciso que as famílias, buscando alternativas fora da lógica produtivista, obtenham renda suficiente. E é necessário, da mesma forma, melhorar a infra-estrutura, ou o "conforto", no espaço rural. Para isso, eles indicam a necessidade do acesso a crédito e da melhoria das estradas e dos equipamentos e serviços de comunicação, lazer, educação e saúde.

No local, as ações e políticas das instituições públicas vão depender da percepção que elas tenham da agricultura e do desenvolvimento rural e, especialmente, das funções que a primeira pode desempenhar sobre o último. Ao se procurar verificar se a noção de multifuncionalidade – ainda que não apropriada como conceito – estava ou não implícita nas percepções e ações dos agricultores, constatou-se preliminarmente a existência de contradições e de conflitos, bem como uma falta de coordenação entre as iniciativas (que podem ser consideradas "multifuncionais") da Agreco e de seus parceiros externos à região, e aquelas das instituições públicas locais. Considera-se necessário, por isso, realizar novos estudos. Agora, para efetuar o mesmo tipo de verificação junto aos *policy maker* e aos tomadores de decisão nos municípios da região (prefeitos, secretários municipais, vereadores, membros dos conselhos de desenvolvimento rural).

Notas

[1] Hernandez-Zakine (2000, 266) fala, da mesma forma, de "*l'approche française*" da multifuncionalidade, em contraposição à abordagem da Comissão Européia.

[2] Entende-se por mercado institucional o circuito de vendas cuja clientela é constituída por coletividades ou instituições. Os fornecimentos mais freqüentes são feitos para a merenda escolar ou hospitais.

[3] "A agroecologia constitui-se numa abordagem alternativa da agricultura, cujos princípios, técnicas e procedimentos são orientados por idéias, concepções ou conceitos de respeito, preservação e valorização da vida e da natureza" (Agreco, 1996).

[4] "Entende-se por agricultura orgânica, o método de produção agrícola que busca conciliar a produção com a manutenção dos recursos naturais, excluindo os pesticidas e outros meios artificiais de manejo das lavouras e criações" (Agreco, 1996).

[5] "Os associados poderão organizar-se em núcleos de produção, de comercialização e de consumo, com identidade jurídica própria. (...) Entende-se por núcleo a organização em grupo dos agricultores com atividades de produção, transporte e comercialização, bem como dos consumidores, nas modalidades de condomínios rurais, cooperativas, empresas comunitárias e microempresas, cada qual com sua estrutura administrativa própria" (Agreco, 1996).

[6] Responsáveis pelo setor FLV de supermercados, em entrevista direta ao autor, descrevem este consumidor como tendo maior poder aquisitivo e maior nível de educação formal e de informação.

[7] Como já foi destacado, este texto retoma elementos da pesquisa desenvolvida dentro do Projeto CNPq: "Estratégias de desenvolvimento rural, multifuncionalidade da agricultura e a agricultura familiar: identificação e avaliação de experiências em diferentes regiões brasileiras". Os resultados foram apresentados no relatório regional "A Região das Encostas da Serra Geral (Sudeste de Santa Catarina); análise da noção de multifuncionalidade a partir de pesquisa junto a agricultores familiares organizados, inseridos em um projeto de construção de território baseada em proposta de desenvolvimento rural solidário e sustentável e na produção orgânica" (Schmidt, 2003)

[8] Ressaltando-se, é claro, que a adesão à Associação é voluntária, mas que ela pode ter aparecido como um mediador para o acesso a políticas públicas antes inalcançáveis para os agricultores da região.

[9] Para as atividades de lazer, por exemplo, a quase totalidade dos entrevistados apontou apenas as visitas a familiares e a participação em festas das comunidades. É verdade que a metade dos entrevistados considerou que não faltam alternativas de lazer acessíveis à família. Em geral, no entanto, foram os pais e não os jovens que responderam ao entrevistador. Os que reponderam que faltavam alternativas de lazer indicaram principalmente a carência de infra-estrutura para esportes e dança (bailes).

[10] A quase totalidade dos entrevistados afirma que os rapazes e as moças saem das comunidades, sobretudo para "trabalhar de empregados".

[11] Os restantes consideram que os turistas ou "novos rurais" não interferem em nada.

[12] Todas as menções a espaço fizeram referência à unidade administrativa, o município.

[13] As redes de supermercados solicitam uma entrega na segunda-feira, logo pela manhã. Por isso, os agricultores precisaram colher e processar os produtos aos domingos. Houve resistência a isso e uma parcela dos agricultores prefere colher e processar no sábado, mantendo os produtos estocados em câmara fria.

[14] É desenvolvida na região uma experiência de agroturismo em torno da Associação Acolhida na Colônia, que tem, aparentemente, bastante influência sobre os posicionamentos atuais dos entrevistados. Para maiores informações sobre o programa e a associação, ver Guzatti (2003) e Heuser (2002).

MULTIFUNCIONALIDADE DA AGRICULTURA EM ÁREAS DE ASSENTAMENTOS RURAIS: O CASO DE ABELARDO LUZ (SC)

Joel Henrique Cardoso

Georges Flexor

Renato S. Maluf

Os debates sobre a noção de multifuncionalidade da agricultura pretendem, entre outros, reinterpretar o papel dos estabelecimentos rurais numa sociedade mais atenta à preservação do meio ambiente, à especificidade da paisagem rural e à qualidade dos alimentos. Está em questão a própria "função social" dos agricultores, no sentido não apenas de valorizar suas funções produtivas, mas de reconhecer também que eles desempenham um papel positivo na manutenção da natureza, da paisagem e do tecido social nos espaços rurais. Eles são, ainda, elementos complementares na medida em que apontam para aspectos diferentes do lugar da agricultura no mundo contemporâneo e mobilizam arenas políticas diferentes, tendo em comum a apresentação da multifuncionalidade da agricultura como a expressão de novas demandas sociais valorizando as contribuições específicas e não mercantis dos agricultores.

Este artigo trata da noção da multifuncionalidade da agricultura no contexto da reforma agrária brasileira com base numa pesquisa realizada em espaços de assentamentos rurais no município de Abelardo Luz (SC). A pesquisa teve como perspectiva abordar as funções sociais da agricultura associada à persistência de antigas demandas sociais e políticas no Brasil, principalmente o acesso dos agricultores familiares à terra, entendido como a atribuição para inúmeros agricultores familiares de um direito econômico e social fundamental. Em outras palavras, no contexto brasileiro, a multifuncionalidade da agricultura deve expressar, também, a atualidade de antigos problemas sociais não resolvidos. A rigor, quando se analisa os assentamentos rurais e, com mais razão, um processo de reforma agrária, a multifuncionalidade da agricultura adquire sentido mais literal, seja porque a atividade agrícola está no centro da estratégia das famílias assentadas, seja porque ela é o instrumento de ocupação de vazios demográficos e de incorporação de um novo elemento no tecido social preexistente num dado território.

O texto está estruturado em quatro seções. A primeira procura narrar as lutas pela terra que ocorreram na região Oeste de Santa Catarina e que levaram à criação dos projetos de assentamentos rurais em Abelardo Luz em particular, os projetos Papuan I e II onde se localizam as famílias entrevistadas. A segunda seção está centrada na relação entre o direito à terra e as estratégias reprodutivas dos assentados. A terceira trata da relação dos assentados com seus lugares de vivências e aponta o papel do direito à terra como elemento organizador desta relação. A quarta, e última parte, destaca a importância de incorporar a dimensão ambiental uma vez que se trata de uma demanda crescente na sociedade brasileira e, no estado atual das práticas dos agricultores assentados, representa um desafio para a justificação de políticas públicas fundamentada na noção de multifuncionalidade da agricultura.

As lutas pela terra e a criação dos projetos de assentamento em Abelardo Luz

O motivo que nos levou a optar por Abelardo Luz para realizar o estudo consiste na grande relevância da reforma agrária no processo de ocupação do território que alterou consideravelmente sua dinâmica econômica, política e social, O município possui, atualmente, a maior área contígua e o maior número de assentamentos da região Oeste de Santa Catarina, com cerca de 20% do total de projetos[1] , e uma das maiores concentrações de famílias assentadas entre os municípios brasileiros. Porém, para situar melhor a construção desse território é preciso apresentar, ainda que sucintamente, as lutas pela terra que emergiram nessa região[2] , lutas que tiveram desdobramentos fundamentais para a institucionalização da política agrária das últimas décadas.

No final dos anos 1970, diversas mobilizações de agricultores surgiram no Oeste de Santa Catarina, relacionadas com preços de produtos, peste suína, previdência social, indenização por estradas feitas em suas terras etc. Essas lutas contaram com o importante apoio da Igreja Católica da Diocese de Chapecó e outras, que repercutiam na região a nova orientação resultante dos encontros eclesiásticos de Medellin (1968) e Puebla (1979)[3] . Em 1977, por exemplo, ocorreu o episódio da peste suína africana que, conforme Strapazzon (1997: 33), "foi uma motivação importante para se organizar os agricultores e conscientizá-los da fundação de um Movimento Sindical Rural de oposição". Pouco depois, em outubro de 1979, organizou-se em Chapecó uma manifestação, com mais de 20 mil produtores, protestando contra o que se denominava de "Farsa da Peste Suína Africana" e contra os baixos preços pagos aos produtores. Essa manifestação, coordenada pela Fetaesc e por alguns sindicatos de trabalhadores rurais da região, com o apoio da Igreja, foi a primeira grande manifestação de protesto ocorrida na região e representou uma data importante para o desencadeamento do processo de mobilização da luta pela terra no Oeste catarinense. Entre outras coisas, deixou claro para muitos a existência de um importante descontentamento coletivo.

Paralelamente, em 1979, houve ocupações de terras no Noroeste do Rio Grande do Sul. Agricultores expulsos das terras dos índios da Reserva de Nonoai ocuparam, com sucesso, duas fazendas pertencentes ao governo daquele estado[4]. Essas ocupações e a volta de muitos agricultores que haviam se dirigido para os projetos oficiais de colonização no Mato Grosso fizeram com que começasse a emergir, nas reuniões de organização e conscientização dos agricultores coordenada pela CPT, a idéia da ocupação de terras na região. Embora refratários à idéia da posse ilegal por causa de seus valores morais e normas sociais, os agricultores do Oeste catarinense tiveram contato com as experiências de posseiros do Mato Grosso que vinham ocupando terras ociosas, prática que podia ser justificada pelo discurso "Deus destinou a terra e tudo que ela contém para o uso de todos os homens e povos" (Cepes, Fasc. II; *apud*. Strapazzon, 1997: 35).

Em 1980, houve a ocupação da fazenda Burro Branco, em Campo Erê no Oeste catarinense, considerada pelo MST em Santa Catarina como seu marco fundador, apesar do Incra designar o evento como de regularização fundiária e não como um assentamento de reforma agrária. A partir da ocupação da fazenda Burro Branco, assiste-se ao fortalecimento da CPT sediada em Chapecó, que passa, então, a ser o principal interlocutor dos agricultores sem terra, planejando, organizando, coordenando e dando direção a suas lutas. Nesse momento, a CPT torna-se a mediadora privilegiada dos agricultores, desenvolvendo, entre outras coisas, os elementos interpretativos capazes de construir uma identidade "Sem Terra" (Strapazzon, 1997). De 1980 a 1985, a CPT intensificou os contatos com os pequenos agricultores.

Em dezembro de 1984, foi organizado, em Chapecó, o I Congresso dos Sem Terra de Santa Catarina, em preparação ao I Congresso Nacional dos Trabalhadores Rurais Sem Terra, realizado em Curitiba, em janeiro de

1985, quando o MST foi oficialmente criado. Esse congresso ocorreu no momento em que o governo federal divulgava o Plano Nacional de Reforma Agrária (PNRA)[5]. A estratégia política que saiu deste congresso definiu a necessidade da realização de mobilizações e ocupações de terra para forçar o governo a realizar as desapropriações de terras para a reforma agrária.

Já em 1985, a mobilização dos agricultores atingia um umbral crítico a partir do qual foi possível realizar ações coletivas de grande alcance na região[6]. No dia 25 de maio de 1985, o MST promoveu no Oeste catarinense, uma das maiores ocupações de terra realizadas até então. Essa ação, conhecida como "Operações Integradas de Ocupações Simultâneas", envolveu mais de duas mil famílias, oriundas da região, e da noite para o dia foram ocupadas 13 áreas diferentes em 7 municípios[7], em Abelardo Luz em particular. Essa ação contou com o apoio de lideranças sindicais, agentes pastorais e lideranças da CPT que tanto facilitaram a organização interna dos acampamentos como auxiliaram na mediação e negociação junto aos governos municipal, estadual e federal (Poli, 1999).

As ocupações foram um marco decisivo na organização do MST que passou a ter maior representação regional, estadual e nacional, bem como colocou novas necessidades como a de criar formas de contato com as autoridades em função dos problemas nos acampamentos (falta de comida, medicação etc.) e também da atuação da Polícia Militar nas ações de reintegração de posse (Strapazzon, 1997). Além destes, havia os contatos com o governo federal, através do Incra, no sentido de realizar as desapropriações e futuros assentamentos.

Passaram-se três anos até que se conseguisse o assentamento das duas mil famílias que ocuparam as terras em 1985. Durante esse processo, muitas pessoas, que não haviam participado do movimento também conseguiram terras. Isto porque os prefeitos aproveitaram-se das oportunidades criadas pelos projetos de assentamento do Incra para colocarem os seus "próprios" sem-terra. A esta prática, os assentados e o MST reagiam, muitas vezes articulando os acampados, antecipando-se ao poder público municipal e ocupando as áreas em processo de desapropriação.

Em Abelardo Luz, a ocupação na fazenda Papuan foi realizada por agricultores de outros municípios, embora famílias de pequenos agricultores estejam arrendando terras naquela fazenda. Durante as negociações envolvendo os proprietários e os agentes governamentais que mediavam o conflito, foi decido que somente parte da fazenda seria vendida para o Incra. O restante da fazenda Papuan só veio a ser desapropriado dois anos depois permitindo a criação de um segundo projeto de reforma agrária onde foram assentadas as famílias acampadas. Isso explica porque o projeto de assentamento Papuan I formou-se com ex-arrendatários da área, ao passo que no Papuan II a maioria dos assentados era de agricultores provenientes de outros municípios do Oeste de Santa Catarina.

Para muitos dos agricultores envolvidos neste processo, o acesso a terra representou a conquista tanto de um direito social e econômico quanto da capacidade para estabelecer suas estratégias reprodutivas. Ou seja, o acesso a terra constitui fator determinante de eqüidade e justiça social, problemas permanentes na história brasileira que a criação dos projetos de assentamentos rurais, mais propriamente um programa de reforma agrária, contribuiria para equacionar.

O direito a terra e as estratégias reprodutivas

A conquista de um direito tal como a propriedade da terra permitiu em particular que as famílias assentadas pudessem exercer atividades agrícolas capazes de lhes garantir parte importante do consumo familiar e uma renda monetária através da inserção nos mercados agropecuários da região. Com efeito, nas comunidades Papuan I e II a principal atividade é a agricultura, havendo três unidades familiares em que o responsável já está aposentado. Em 17 unidades de produção (85%), a atividade agrícola ocupava mais de 80% da dedicação dos chefes de família entrevistados; em apenas um caso a dedicação do responsável às atividades agrícolas era inferior a 50% e em dois outros ela variava entre 50% e 80%. Assim, as atividades agrícolas constituem a ocupação principal dos responsáveis, representando também a mais importante fonte de renda monetária das famílias rurais assentadas. Segundo o declarado pelos entrevistados, o leque da renda bruta é bastante amplo, indo de menos de R$ 200,00 mensais até valores entre R$ 1000,00 e R$ 2000,00 mensais, ficando a maior freqüência (dois terços) com uma renda mensal total entre R$ 200,00 e R$ 600,00.

A composição da produção agrícola e a inserção mercantil das famílias assentadas, grosso modo, reproduzem o perfil da agricultura familiar da região. Cabe destacar tanto a importância de produtos como o fumo e a soja, orientados exclusivamente para os mercados agroindustriais, quanto a presença do milho e do leite que, embora sejam produtos estratégicos na economia agroindustrial que domina a região, são também importantes componentes do consumo familiar e da organização produtiva do estabelecimento rural[8]. Quanto à articulação mercantil, as cooperativas de produção e consumo, fortemente presentes e organizadas na região, ocupam um lugar de destaque na articulação dos assentados com os mercados agropecuários, embora no caso da soja tenham sido registradas, também, as vendas para intermediários e agroindústria.

Dois aspectos merecem ser observados. De um lado, o crescimento do número de fumicultores nas áreas de assentamento rural de Abelardo Luz, envolvendo três quartos das famílias. Antes de mais nada, isto resulta do papel ativo das agroindústrias fumageiras na organização da atividade agrícola na região. Com efeito, ao prestar orientação técnica, fornecer insumos necessários e garantir a compra da produção, as agroindústrias minimizam as incertezas que rodeiam a produção e a comercialização dos produtos agrícolas e garantem, desta forma, uma certa segurança para os agricultores. Outra facilidade ofertada pela indústria se refere ao financiamento da produção, havendo casos em que a fumageira elabora projetos e facilita a contratação dos créditos, que é conseguida através de políticas de reciprocidade com os agentes financeiros[9]. São conhecidas as controvérsias em relação a essa atividade, em particular pelos efeitos danosos do uso de agroquímicos sobre a saúde dos agricultures e sobre o ambiente.

De outro lado, num movimento contrário, chama a atenção o declínio da importância do cultivo de feijão nas estratégias dos agricultores nos assentamentos pesquisados, estando presente em apenas seis unidades familiares[10]. Como se sabe, este é um cultivo tradicionalmente importante nos estabelecimentos rurais voltado, no caso, basicamente para o autoconsumo das próprias famílias, pois não oferece nem oportunidades de rendimento monetário comparáveis com os demais produtos cultivados, nem as garantias proporcionadas pela integração agroindustrial. O pequeno volume comercializado de feijão é geralmente destinado a pequenos estabelecimentos de venda no varejo.

No que se refere aos produtos da criação animal nas comunidades estudadas, a atividade mercantil por excelência é o leite, produto que se tornou a principal atividade alternativa ao milho e à criação de aves e suínos em toda a região desde o final dos anos 1980. A única família entrevistada que não comercializava leite possuía uma vaca leiteira que garantia o autoconsumo[11]. Por último, é preciso chamar a atenção para o desenvolvimento da piscicultura. Embora não seja (ainda) uma atividade orientada para o mercado, a criação de peixes representa uma atividade alternativa à criação de suínos e aves que vem se desenvolvendo nos assentamentos da região. Tanto a piscicultura como a pecuária leiteira foram estimuladas pelo setor de produção do MST, dentro da lógica de fortalecer cadeias produtivas dos assentados.

A terra como lugar de vivência

O acesso à terra, além de proporcionar um direito econômico e social fundamental, garante a homens e mulheres parâmetros e referências sociais que contribuem para estruturar, paralelamente aos seus costumes e tradições, o espaço de vivência do assentamento. A comunidade Papuan II, onde foram realizadas 18 das 20 entrevistas, é descrita pelos entrevistados como uma das melhores comunidades de assentamentos de reforma agrária para se viver. A comunidade é vista como hospitaleira e boa anfitriã por seus membros, não havendo resistência na interação entre os moradores locais e os recém-chegados. A atribuição de um direito à terra, nesse caso, proporciona certa tranqüilidade a agricultores que, seguros de suas posses, não relutam em interagir com os demais membros da comunidade.

As comunidades de ambos os projetos de assentamento são relativamente jovens, por isso os hábitos e costumes são referenciados nas comunidades de origem dos assentados. A grande maioria dos entrevistados se refere às tradições religiosas para descrever os hábitos e costumes que se mantêm e aqueles que estão se perdendo. Em dois casos, os entrevistados citaram que a prática de visitas noturnas, denominadas "serões", tem se perdido, pois a maioria das famílias possui televisão, o que inibe visitantes e anfitriões de manter as longas conversas noturnas.

É de se notar que a agricultura, mais precisamente a condição de agricultor, permanece como o mais importante fator de identidade social mesmo nesse caso em que as comunidades estão constituídas por famílias com uma forte vinculação com o movimento social que a grande maioria delas integra – o MST. Esta última característica não se expressa nos termos utilizados por quase todos os entrevistados que se autodenominam "agricultor", sendo que apenas dois deles se valeram do termo "pequeno produtor" e somente um utilizou "agricultor familiar" para denominar sua profissão. Não houve um único caso em que o entrevistado definisse sua condição recorrendo a vocábulos vinculados à condição de beneficiário da reforma agrária ou integrante do MST. Colocando-se esta questão em termos do papel da agricultura na reprodução socioeconômica das famílias rurais, pode-se afirmar que a figura do agricultor é uma forma auto-referencial tradicional e generalizada que, no caso das famílias assentadas, encontra no direito a terra um mecanismo reforçador e que permite ao agricultor se posicionar no contexto socioinstitucional no qual está inserido.

No aspecto econômico ou material, quase dois terços dos entrevistados declararam que sua vida, atualmente, está melhor que a dos pais, sendo que somente 25% consideraram-na pior que a dos pais e dois afirmaram que continua igual. Embora haja várias justificativas para esta avaliação positiva, ela está diretamente relacionada com as facilidades trazidas pela modernização da agricultura, a maior disponibilidade de serviços públicos, a facilidade de obter alimentos e a maior disponibilidade de recursos financeiros.

Todavia, a maioria dos entrevistados afirmou que os jovens tendem a sair da comunidade, mesmo naquela (Papuan II) considerada uma das mais bem-sucedidas do ponto de vista econômico entre os assentamentos rurais de Abelardo Luz, cujos membros estão muito satisfeitos de viverem nela, demonstrando haver um tecido social forte. Esse êxodo não se diferencia por gênero e não tem uma direção definida, podendo os jovens migrarem para o litoral de Santa Catarina, para outros estados ou mesmo para as cidades vizinhas como Xanxerê, Chapecó ou mesmo Abelardo Luz. O contraste entre a avaliação positiva das condições atuais das famílias assentadas e a perspectiva de saída dos jovens se acentua quando considera-se que todos os entrevistados defendem a permanência dos jovens na comunidade. O fenômeno generalizado, entre as famílias rurais no Brasil, de saída dos jovens do campo, neste caso, significa que a atribuição do direito à terra não é vista como um fator suficiente para garantir a permanência no mundo rural, por mais que ele tenha representado significativa melhoria na condição das famílias assentadas. Para elas, a fixação dos jovens depende da atribuição de outros direitos, tais como melhor acesso à educação, melhores condições de trabalho (em particular quanto aos preços agrícolas) e ampliação da oferta de bens públicos de maneira geral.

Paralelamente, todos os entrevistados afirmaram que muitas famílias têm deixado a comunidade e que isso continua acontecendo com freqüência, evidenciando que, apesar de a maioria dos entrevistados responder positivamente quanto à vontade de, no futuro, permanecer no campo, esse desejo não é partilhado, seja porque a agricultura não proporciona renda suficiente e acaba sendo uma atividade penosa demais, seja porque a possibilidade de ceder suas terras para terceiros oferece oportunidades de ganho não desprezíveis, ainda que ilegais.

Em síntese, a agropecuária apresenta-se como a principal atividade produtiva e fonte geradora de renda monetária nas áreas estudadas. O acesso à terra é, portanto, fundamental na medida em que garante às famílias um meio de sustento e de inserção socioeconômica, e uma forma de preservar sua identidade. Não obstante, os agricultores entrevistados demonstram perceber que seu modelo produtivo está em crise, o que se materializa no êxodo dos jovens e mesmo de famílias, nas queixas de sobrejornadas, na degradação de solos e água etc. Há necessidade urgente de criar opções que possibilitem aos agricultores agregarem valor ao que produzem e auferirem melhor remuneração, sem ampliar a necessidade de mão-de-obra ou o volume comercializado. Além disso, a atribuição do direito à terra não deve minimizar a importância de outros fatores, tais como as ocupações rurais não agrícolas (Silva, 1996, Carneiro, 1998) ou a emergência de uma demanda social, tanto interna como externa ao mundo rural, por maior consideração pela dimensão ambiental. Será evidenciado, a seguir, que esta demanda ainda está por ser incorporada de forma mais sistemática.

Sustentabilidade ambiental: uma dimensão a incorporar

Como foi visto, as unidades familiares dos assentamentos Papuan I e II estão fortemente vinculadas ao modelo de produção da agricultura moderna, no entanto, a dependência de insumos externos varia significativamente entre elas, de acordo com os cultivos que estão sendo praticados. Aquelas unidades que cultivam fumo e soja são, naturalmente, as mais dependentes do uso de agrotóxicos, com destaque para a cultura do fumo que, como se sabe, é a mais exigente em aplicações de agrotóxicos.

A maioria dos entrevistados afirma fazer uso de práticas conservacionistas do solo como o plantio direto, a adubação verde, a rotação de culturas e o terraceamento. A partir das entrevistas e das observações de campo, pode-se afirmar que o uso de tais técnicas não ocorre de forma sistematizada, variando entre unidades de produção. A explicação para este fato é a descontinuidade na prestação dos serviços de assistência técnica e extensão rural, o que permite que os entrevistados discorram sobre as técnicas e suas qualidades, sem necessariamente aplicá-las nas suas realidades.

Menção especial deve ser feita à questão da disponibilidade e qualidade da água, um dos aspectos ambientais que mais preocupa as famílias assentadas. Abelardo Luz é um município com duas bacias hidrográficas importantes, sendo que as comunidades estudadas fazem parte da bacia do rio Uruguai. Apesar da abundância de água, o uso intensivo de agrotóxicos nas plantações da região vem se transformando em uma ameaça para a maioria das famílias assentadas, que se demonstram particularmente preocupadas com as aplicações aéreas e o uso indiscriminado de agrotóxicos nas grandes plantações que circundam as áreas de assentamento.

No que se refere à relação entre as atividades econômicas rurais e a paisagem, observe-se, inicialmente, que as comunidades Papuan I e II apresentam uma paisagem tipicamente rural, apesar de a última causar a impressão de ser menos arborizada por concentrar a reserva legal das propriedades em um único maciço florestal. As pequenas casas, com lavouras e pastagens no entorno, vão sendo recortadas por linhas vermelhas desenhadas pelos caminhos de terra que ligam as casas à estrada que leva à agrovila 25 de Maio ou a Abelardo Luz. Entre as duas comunidades está o rio Papuan, que deu o nome às comunidades e que serve de divisor dos dois assentamentos.

De acordo com os entrevistados, as características da sua comunidade que a distinguem das demais são: a união entre as famílias; a infra-estrutura do espaço comunitário; a produtividade das unidades de produção e o monumento construído em homenagem à primeira ocupação. Apesar de a agricultura ser a atividade econômica principal das comunidades estudadas, somente dois entrevistados vêem correlação entre a atividade agrícola e a manutenção das referidas características distintivas. Nenhum dos entrevistados destacou aspectos naturais para distinguir sua comunidade das demais, o que pode ser explicado pelo alto grau de antropização sofrido por essa região desde a chegada das famílias assentadas.

De fato, as comunidades estudadas foram localizadas em vazios demográficos antes ocupados por densas massas florestais, fazendo com que a ação antrópica seja notada claramente pelos entrevistados. Nesse sentido, o aspecto mais relevante para eles consiste na redução das florestas, apontada por todos eles como a principal mudança na paisagem da região. De forma geral, os assentados observam que a fauna e a flora da região foram, significativamente, afetadas pela instalação dos assentamentos rurais, apesar de a totalidade dos assentados afirmar que os grandes depredadores das florestas foram os madeireiros e ex-proprietários.

É significativa a heterogeneidade das opiniões dos agricultores acerca da referida mudança ocorrida na paisagem, com a redução na proporção de florestas e o atual predomínio das lavouras. Muito afirmam que a destruição das matas havia sido um aspecto negativo, enquanto outros ponderam que o desmatamento foi necessário para que as famílias pudessem produzir. Com respeito aos órgãos responsáveis pela proteção da natureza, também é significativo que a grande maioria desconheça qualquer órgão responsável pela fiscalização ambiental, com apenas uma menção ao Ibama. Neste aspecto, quatro entrevistados apontaram uma organização não-governamental com sede no município (denominada Grupo Condor) e outros se referiram à Empresa de Pesquisa e Extensão Rural de Santa Catarina – Epagri, possivelmente pelo envolvimento desta instituição na busca de soluções viáveis para a pequena agricultura familiar. A totalidade dos entrevistados afirmou que a ação dos órgãos ambientais não gera qualquer tipo de conflito, o que pode ser explicado como um forte indício de que estes órgãos estão ausentes no cotidiano da comunidade.

A preservação da biodiversidade aparece como um problema relevante na região. Em função do intenso desmatamento ocorrido na área onde, hoje, se localizam as comunidades Papuan I e II, a constatação dos entrevistados sobre o processo de redução de espécies é amplamente notada. No entanto, na maioria das vezes, a constatação da destruição é contextualizada em um âmbito de normalidade, como se fosse um processo "natural" a ausência dos animais de caça, peixes e madeiras de lei que, num passado muito recente, faziam parte do cotidiano dos membros daquelas comunidades.

É preciso destacar que uma das principais causas do desmatamento foi a ação depredadora das madeireiras, que atuaram com muita pressa e sem nenhum critério na extração da cobertura florestal. As madeireiras priorizaram o corte raso sem qualquer conduta técnica para a conservação de remanescentes, dado que as terras pertenciam ao Incra ou estavam ameaçadas de serem ocupadas caso o então proprietário não apresentasse indicadores de produção agropecuária. Finalmente, as famílias assentadas trataram de aproveitar as últimas árvores que se encontravam nos locais de mais difícil acesso ou que não possuíam características comerciais que valessem o esforço da extração e beneficiamento por parte dos madeireiros.

A estratégia produtiva dos assentados, como vimos, baseava-se no plantio de culturas anuais, de modo que as únicas áreas verdes que resistiram ao impacto da "implantação" da agricultura foram aquelas que se transformaram em reservas legais. No assentamento Papuan I, a área de reserva legal foi definida dentro do perímetro de cada lote, ao passo que no Papuan II a reserva legal foi definida fora do perímetro das unidades de produção, em uma área coletiva que concentra a reserva correspondente a todos os lotes do assentamento.

Não obstante o forte impacto sofrido pela flora e fauna nativas, alguns entrevistados constataram o reaparecimento, nos últimos anos, de algumas espécies da fauna que antes abundavam na região, entre as quais mencionaram pássaros como o imbu e mamíferos como o veado. Trata-se de reaparecimentos episódicos que, por isso mesmo, constituem eventos notórios para os assentados. Contudo, em alguns casos, os agricultores reproduzem o mesmo comportamento do passado, tratando de persegui-los e caçá-los sem se dar conta que são os últimos exemplares dessas espécies na região.

A implantação dos assentamentos rurais não causa apenas impactos negativos à biodiversidade selvagem, pois eles contribuem de forma decisiva para a manutenção de um número significativo de espécies presentes naqueles ambientes graças às práticas e interações determinadas pela vontade humana. Está colocada, portanto, a possibilidade de atribuir uma função ambiental aos agricultores familiares assentados. Todavia, para que essa atribuição seja efetiva e possa ser objeto de políticas públicas justificadas, no caso, pela referência à multifuncionalidade da agricultura, será necessária uma maior incorporação pelos próprios assentados dos princípios ambientais.

Considerações finais

Para abordar a questão das múltiplas funções da agricultura numa área de assentamento rural, este artigo partiu do princípio de que o acesso a terra representa um direito econômico e social fundamental. Nesses termos, a agricultura familiar cumpre não somente uma função produtiva, mas um papel central na promoção da eqüidade e da inclusão social em um país marcado por fortes desigualdades sociais. Em particular, a atribuição do direito a terra para os agricultores representa tanto um instrumento essencial no aspecto econômico de sua inclusão nos mercados e da segurança alimentar de suas famílias, como um elemento de consolidação cultural. No entanto, ficou evidenciado que a atribuição desse direito deve vir acompanhada de outros componentes relacionados com as condições de reprodução socioeconômica das famílias rurais em face das sérias restrições enfrentadas pela agricultura familiar em geral.

Referência especial foi feita à emergência de novas demandas sociais direcionadas para uma maior consideração da dimensão ambiental, representando um desafio para a atribuição de novas funções à agricultura familiar no contexto peculiar dos projetos de assentamentos rurais. O desenvolvimento interno de práticas sustentáveis, assim como a difusão de seus princípios e conhecimentos básicos, pode transformar este desafio em trunfo na medida em que uma estratégia visando a promoção da agricultura sustentável tende a priorizar a agricultura familiar como segmento estratégico (Pádua, 2000). Todavia, do mesmo modo que a conquista do acesso à terra resultou de conflitos e negociações, o reconhecimento da multifuncionalidade da agricultura e as políticas públicas por ela induzidas poderão levar tempo e esforços redobrados.

A incorporação da noção de multifuncionalidade da agricultura implica rever o significado do desenvolvimento rural, em particular, inserindo-o nas dinâmicas regionais e na construção de territórios, aspectos evidentes na implantação de assentamentos rurais. A definição dos formatos e das estratégias envolvendo os projetos de assentamentos, a agricultura familiar e o espaço local-regional converge para a problematização proposta pela noção de multifuncionalidade da agricultura. Além disso, se o enfoque da multifuncionalidade oferece possibilidades no caso dos assentamentos rurais e (com mais razão) nas circunstâncias de implantação de um programa de reforma agrária, a elevada heterogeneidade e desigualdade social do mundo rural brasileiro interfere na apropriação do referido enfoque (Maluf, 2002a).

É comum colocar-se como primeira etapa o enfrentamento das restrições no acesso à terra que persistem no Brasil por sua repercussão no acesso aos recursos produtivos em geral, na condição de vida das famílias rurais e no padrão de uso dos recursos naturais, como foi visto no caso de Abelardo Luz. Contudo, em lugar de pré-requisito, as políticas de reforma agrária e regularização fundiária, bem como as iniciativas voltadas para as leis de arrendamento e procedimentos sucessórios, podem ser formuladas já com a perspectiva de explorar suas contribuições para o desenvolvimento de uma agricultura multifuncional. Em outras palavras, caminham juntos os objetivos de promover formas eqüitativas e sustentáveis de ocupação social do espaço agrário, com a promoção das múltiplas funções da agricultura no sentido aqui atribuído a esta noção.

A opção por potencializar os assentamentos rurais e a produção familiar no ambiente agrário brasileiro constitui uma estratégia de desenvolvimento cujo êxito estará intrinsecamente ligado às capacidades inovadoras desencadeadas por esses processos, incluindo o redesenho dos respectivos instrumentos de apoio e de intervenção. Entre outras inovações possíveis, os programas de reforma agrária constituem um segmento onde a visão de contratualização das relações entre a sociedade e os agricultores familiares – como no exemplo do CTE francês – teria aplicação imediata e bastante adequada à natureza dos processos de assentamento das famílias e dos tipos de apoio por elas recebidos. O estabelecimento de compromissos mútuos expressando as demandas dos agricultores envolvidos e as da sociedade que os abriga e apóia pode ser um procedimento inovador e eficaz, sobretudo quando da instalação das famílias e desenvolvimento inicial dos projetos de assentamento.

Notas

[1] Com 20 projetos de assentamentos num total de 100 implementados na região Oeste catarinense em 2000.

[2] Sobre a trajetória regional Oeste catarinense e as lutas pela terra nesta região, ver entre outros Flexor (2002).

[3] O novo lema era: uma nova maneira de viver a vida eclesial fundada na Comunhão e na Participação (Strapazzon, 1997)

[4] Ali também contaram com o apoio da Comissão Pastoral da Terra (CPT).

[5] O plano, em cuja versão original tinham participado representantes dos trabalhadores rurais, sofreu significativas alterações devido aos inúmeros interesses em jogo no que diz respeito à questão agrária no Brasil (Poli, 1999).

[6] Os esforços desenvolvidos até então foram também favorecidos e estimulados pela redemocratização do país.

[7] Com destaque para os casos de São Miguel d'Oeste, Faxinal dos Guedes, Dionísio Cerqueira, São José do Cedro e Abelardo Luz.

[8] A maior parte da produção de milho destina-se ao consumo dos animais na própria unidade de produção, porém, os poucos agricultores que o comercializaram venderam volume expressivo (38,39% do total produzido).

[9] Há mais de uma indústria fumageira atuando na região de Abelardo Luz, sendo comum, em período de safra, o assédio aos fumicultores para que vendam parte de suas produções a outras fumageiras que não a integradora.

[10] No ano agrícola em questão (2001/2002) houve um período de forte estiagem, fato que também interferiu na safra de feijão da região.

[11] Com um rebanho total de 102 animais, a produção anual média por unidade foi de 18.200 litros, com um volume correspondente a 96% do total produzido.

A TERRA, A NATUREZA E AS REGRAS: A MULTIFUNCIONALIDADE DA AGRICULTURA EM PARATY

Georges Flexor

Margarita Gaviria

Este estudo de caso é dedicado à memória de Ana Maria Galano

A noção de multifuncionalidade da agricultura familiar representa uma tentativa de reconhecer que os estabelecimentos agrícolas e, portanto, os agricultores que neles vivem e estabelecem suas estratégias familiares desempenham funções sociais não exclusivamente produtivas e mercantis. No caso da Europa, e da França em particular, reconhece-se, por exemplo, que a agricultura familiar desempenha funções ambientais, paisagísticas e, em menor grau, culturais, sujeitas a uma demanda social e por isso passíveis de ações públicas voltadas para esse segmento da agricultura. No contexto do modo de desenvolvimento brasileiro, quando não considerado um setor atrasado e expressão do subdesenvolvimento, atribuía-se à agricultura a função de produtor de alimentos para os mercados urbanos em expansão e de fontes de divisas internacionais necessárias para contrabalançar os desequilíbrios provocados pelos esforços visando fortalecer a desejada base industrial. Não é, portanto, estranho que a agricultura familiar no Brasil possa ter sido analisada como um segmento 'bloqueado' (Wanderley, 1996), visto que os formuladores de política não percebiam nesse segmento características específicas capazes de desempenhar as ditas funções, embora respondesse por uma porção significativa da oferta alimentar.

Desde meados dos anos 1990, no entanto, é possível observar mudanças que podem encorajar a atribuição de novas funções à agricultura familiar no Brasil. Por um lado, a construção política da agricultura familiar contribui para seu reconhecimento social, econômico e político, pressionando o governo a implementar políticas públicas específicas para esse amplo segmento da sociedade brasileira (Medeiros, 1997). Por outro lado, a crescente difusão da problemática ambiental na sociedade brasileira contribui para a valorização do mundo rural e modifica a percepção social do papel da agricultura. Essa evolução tem induzido uma demanda social por bens e serviços ambientais e rurais, tais como turismo ambiental, paisagens 'naturais' e/ou rurais, alimentos e artefatos artesanais. Essa demanda, oriunda principalmente de moradores de grandes centros urbanos, tem sido um elemento importante da reconfiguração dos espaços rurais, sobretudo aqueles mais próximos das metrópoles.

Ao destacar o contexto, ainda que essencialmente econômico, no qual se situam os agricultores e que estrutura os jogos dos atores que configuram o espaço rural em Paraty, o presente trabalho procurou se distanciar das abordagens mais tradicionais da multifuncionalidade, como externalidades positivas geradas pela produção agrícola (Mollard, 2002; Salame & Le Goff, 2002). Com efeito, o foco nas interações sociais e no contexto que as estruturam permite concentrar-se nas características multifuncionais dos espaços rurais e não somente das atividades agrícolas. Em outras palavras, é da multifuncionalidade dos territórios rurais que se pretende tratar (Pecqueur, 2002). Além desta breve introdução, serão apresentadas sucintamente as principais características do município e do contexto rural onde foi realizada a pesquisa, o assentamento de Taquari. Em seguido, este trabalho apresenta os principais resultados da pesquisa e propõe uma interpretação da multifuncionalidade do território centrada no lugar dos agricultores no contexto rural de Paraty e suas interações com os outros atores que configuram este espaço.

Contexto local: normalização do espaço e mudança econômica

O município de Paraty é um centro turístico famoso por seu patrimônio arquitetônico colonial. Através do Decreto-lei 1.450/45, a sua sede foi decretada como "monumento histórico do estado do Rio de Janeiro" e, em 1966, "monumento nacional" (Decreto-lei 58.077/66). Essas decisões preservaram a especificidade histórica da vila de Paraty da especulação fundiária e imobiliária que tomou conta da Baía de Angra dos Reis e de, maneira geral, do litoral da Costa Verde, a partir dos anos 1950, e que se intensificou quando foi concluída, em 1975, a construção da BR 101, ligando o Rio de Janeiro a Santos. Razões afins motivaram a criação, em 1971, do Parque Nacional da Serra da Bocaina, transformando o município de Paraty em um espaço fortemente regulado por normas e regras federais, portanto, mais universais, formais e impessoais.

A normalização do espaço, além de regular seu uso, contribuiu para potencializar os recursos patrimoniais do município. Protegidos por lei, a arquitetura colonial e os recursos naturais locais proporcionaram oportunidades de desenvolver esses recursos específicos capazes de inserir o território em segmentos privilegiados de um mercado turístico em plena expansão e complexificação. Essa mudança, que diferenciou Paraty dos outros municípios da região, estimulou o desenvolvimento territorial de serviços turísticos e ambientais voltados para os consumidores urbanos, em particular as classes médias e altas do Rio de Janeiro e São Paulo. Os serviços hoteleiros, a restauração, os passeios ecológicos e outras ocupações afins tornaram-se as principais atividades locais e, modificando o contexto socioeconômico, certamente influenciaram a dinâmica populacional e a evolução da agricultura de Paraty.

Como mostram os dados do IBGE (Tabela 1), de 1970 a 2000, o crescimento demográfico apresenta dois movimentos populacionais paralelos e complementares. Por um lado, observa-se o forte crescimento da população urbana (607,81%), empurrado provavelmente pelo desenvolvimento das atividades de serviços na cidade histórica. Por outro lado, nota-se um leve crescimento da população rural – dinâmica que mostrou mais vigor nos anos 1990. Essa evolução reflete os efeitos das regras de construção no centro urbano e a concomitante valorização e procura por terras rurais mas, bem como, a permanência de agricultores que, mesmo pouco solicitados para desenvolver atividades agrícolas para o mercado, encontram no local um contexto que, além de estruturar seu quotidiano, com sua socialização, modifica seu quadro cognitivo e proporciona fontes de rendas alternativas.

Tabela 1.
Paraty, população residente por local de moradia e sexo, 1970/2000

Sexo	Ano e local de moradia									
	1970		1980		1991		1996		2000	
	Urbana	Rural	Urbana	Rural	Urbana	Rural	Urbana	Rural	Urbana	Rural
Feminino	2.058	5.421	4.364	5.584	5.734	5.794	6.532	6.700	7.137	7.341
Masculino	2.116	6.339	4.452	6.226	5.731	6.669	6.446	7.449	6.929	8.137
Subtotal	4.174 (26,2%)	11.760 (73,8%)	8.816 (42,36%)	11.810 (57,25%)	11.465 (47,91%)	12.463 (52,08%)	12.978 (47,84%)	14.149 (52,15%)	14.066 (47,61%)	15.478 (52,38%)
Total	15.934		20.626		23.928		27.127		29.544	

Fonte: IBGE - Censo Demográfico

A declinante importância da agricultura como atividade econômica de referência pode ser observada na Tabela 2. Note-se, por exemplo, a evolução da produção de banana que já foi importante para a economia do município e que hoje não consegue acompanhar as tendências de um mercado que evoluiu e está cada vez mais exigente e tecnificado. De quase 2 milhões de cachos em 1990 passou para apenas 360 mil em 2000.

Tabela 2.
Quantidade produzida nas principais lavouras, 1990/2000

Lavoura	1990	1991	1992	1993	1994	1995	1996	1997	1998	1999	2000
Banana (Mil cachos)	1.955	1.955	1.955	1.908	1.300	1.032	400	360	360	360	360
Maracujá (Mil frutos)	-	576	576	-	-	-	-	-	-	-	-
Palmito (Tonelada)	-	-	-	-	-	-	5	6	12	24	48
Arroz (em casca) (Tonelada)	120	120	120	42	30	30	-	-	2	2	2
Cana-de-açúcar (Tonelada)	4.500	4.500	4.500	4.500	4.500	3.000	2.800	2.940	2.660	2.660	2.744
Feijão (em grão) (Tonelada)	54	54	54	22	22	18	8	10	8	8	6
Mandioca (Tonelada)	3.750	3.750	3.750	3.750	3.600	3.600	1.400	1.400	1.400	1.400	1.330
Milho (em grão) (Tonelada)	276	180	180	180	180	144	40	60	-	-	-

Fonte: IBGE - Produção Agrícola Municipal

A crise da agricultura convencional da região não se limitou à atividade bananeira, tendo atingido, também, outros cultivos agrícolas tradicionais do município como a cana-de-açúcar e a mandioca, cujas produções recuaram 39% e 65%, respectivamente, no mesmo período – o declínio da cana-de-açúcar sendo amenizado pela promoção de cachaças locais. A única produção agrícola mercantil que parece emergir é a de palmito. Segundo indicações locais, ela é desenvolvida por alguns produtores que investiram no plantio de palmito dos tipos 'pupunha' e 'açaí' como forma de se sustentar economicamente, em face da imposição de preservar o palmito 'juçara' encontrado na Mata Atlântica e em vias de extinção.

A evolução das atividades pecuárias apresenta um perfil semelhante. Por exemplo, os efetivos de suínos e de aves, que foram os elos do complexo de carnes que mais se tecnificaram nas últimas décadas, apresentaram um recuo importante em Paraty. Essa retração pode ser resultado tanto da não-adequação dos produtores locais às novas regras da organização dos mercados de carnes de suínos e de aves, que passam por um conhecido processo de concentração produtiva e espacial induzido pela seleção dos produtores e dos territórios de maior produtividade e maior escala, como dos maiores incentivos proporcionados pelo desenvolvimento da economia territorial caracterizado pelo crescimento dos serviços turísticos e ambientais e do setor da construção. Além disso, a evolução econômica local deve ter incentivado a produção de mel, um produto com características artesanais, valorizado por suas propriedades medicinais e seus efeitos sobre a saúde humana e, portanto, adequado com os gostos dos turistas e consumidores urbanos.

Tabela 3.
Efetivo dos rebanhos (cabeças) e produtos de origem animal– 1990/2000

Tipo de rebanho e produtos de origem animal	Ano										
	1990	*1991*	*1992*	*1993*	*1994*	*1995*	*1996*	*1997*	*1998*	*1999*	*2000*
Bovino	4.450	4.290	4.350	4.458	4.200	3.900	2.730	2.800	3.930	4.000	4.500
Suíno	2.465	2.300	2.340	2.220	2.450	2.340	600	618	640	550	490
Eqüino	375	368	370	350	360	360	150	162	160	150	140
Ovino	75	80	60	55	65	70	80	76	80	70	50
Galinhas	17.120	17.000	16.500	17.100	16.300	15.500	4.000	4.040	3.900	3.500	3.200
Galos, Frangas, Frangos e Pintos	32.950	33.800	32.100	29.500	28.500	26.000	9.000	9.130	9.100	8.700	7.600
Caprino	145	130	130	130	150	140	80	88	90	80	70
Leite (Mil litros)	387	378	392	398	485	445	523	556	602	545	409
Ovos de Galinha (Mil dúzias)	306	247	201	210	185	168	39	38	36	33	30
Mel de Abelha (Quilograma)	-	-	-	-	-	-	-	-	-	150	200

Fonte: IBGE - Pesquisa Pecuária Municipal

Das observações anteriores pode-se deduzir duas componentes importantes do contexto econômico no município de Paraty. A primeira remete às normas que regulam o uso do espaço e à presença de instituições públicas que fiscalizam o cumprimento das regras. A segunda diz respeito aos consumidores e turistas urbanos que, pela valorização dos recursos específicos desse território, influenciam sobremaneira a dinâmica das atividades econômicas. Conforme o objetivo deste trabalho, é preciso entender como essas características estruturam a posição dos agricultores e suas interações com os órgãos de fiscalização ambiental e os turistas. Porém, antes de tratar mais especificamente dessas interações, é necessário, mesmo que sucintamente, narrar as origens do assentamento onde foi realizada a pesquisa de campo que serviu de base para o tratamento das questões apresentadas neste trabalho.

As origens do assentamento

Para o estudo de caso no município de Paraty, selecionou-se o bairro de Taquari por ele representar um caso atípico de assentamentos no Brasil. Com base em um contexto bastante peculiar, procurou-se observar, em especial, elementos que possam revelar as múltiplas formas de inserções socioeconômicas dos agricultores e as diferentes dinâmicas de reprodução das famílias rurais, aspectos que contribuem para a compreensão da multifuncionalidade dos territórios rurais.

Uma primeira sondagem sobre a população de Taquari permitiu diferenciar, em termos gerais, duas formas de inserção social no espaço considerado. Um dos grupos sociais é composto por aqueles que os membros da comunidade denominam como os *nascidos e criados*, compreendendo os moradores nativos do lugar, descendentes de famílias que ali permanecem há duas ou três gerações. A outra categoria é designada pela comunidade como os *de fora,* na qual estão incluídos todos os demais. Entre os *de fora* encontram-se os moradores que migraram de outras zonas rurais, os que provêm de áreas urbanas, os que têm residência secundária em Taquari e os turistas.

A localidade de Taquari inclui, além da área de assentamento do Incra, uma área de preservação ambiental (já que parte dela localiza-se dentro do Parque Nacional da Serra da Bocaina), uma área de fazenda (de propriedade da White Martins) ocupada por posseiros e uma área em processo de urbanização. Cada uma das áreas que compõem a localidade de Taquari recebe um nome específico, a saber: *Sertão de Taquari, Areal, Vila da Penha, Taquarizinho* e *Sertãozinho*.

O bairro de Taquari conta, hoje, com um total de 270 famílias que podem ser consideradas habitantes regulares do mesmo. Resultou da intervenção do Incra que, para solucionar vários conflitos de terras nos anos 1970 e 1980, resolveu desapropriar parte das fazendas Taquari e Barra Grande, dando origem ao assentamento de Taquari em 1983. Tais conflitos envolviam pequenos agricultores, sobretudo posseiros, ameaçados de despejos depois que empresários adquiriram os direitos de propriedades das fazendas. Conforme Linhares & alii (2002: 187) "*foram várias as reações por parte dos trabalhadores às tentativas de expulsão e as ações de violência por parte dos proprietários. O STR de Paraty, a Fetag-RJ e a CPT passaram a fazer pressões sobre o Incra e realizaram inclusive uma grande manifestação, em frente à Barra Grande. Nesse momento, fecharam a Rio-Santos por todo um dia, para pressionar o governo federal a tomar uma atitude em relação aos conflitos [...] Como resultado dessas pressões, em outubro 1983, foram desapropriadas parte da fazenda Taquari e a fazenda Barra Grande*".

Porém, as empresas decidiram apelar para o Superior Tribunal Federal exigindo o cumprimento de seus direitos de propriedade. Como notam Moreira & Gaviria (2002: 59) "*o recurso jurídico motivou a paralisação do trabalho iniciado pelo Incra e [...] impossibilitou, até 1995, a presença efetiva do Incra na área*". De 1983 a 1995, portanto, o Incra deixou de ter capacidade de ação na área do assentamento. Nessas condições, não é de se admirar que na retomada de sua presença no assentamento de Taquari, em 1995, o Incra "*deparou-se com as vendas de lotes, empreendimentos comerciais particulares e diversas práticas econômicas não agrícolas*" (ibid.). Com efeito, num contexto econômico marcado pelo declínio acentuado da agricultura, pelo desenvolvimento dos serviços e pela valorização das terras, é perfeitamente compreensível que os assentados não dediquem seus esforços a atividades agrícolas incertas e de pouca remuneração. Mas, como será visto a seguir, isso não equivale a dizer que eles tenham desistido de realizar atividades agrícolas e, sim, que o trabalho nas lavouras não está motivado fundamentalmente pela busca de uma renda monetária.

Os agricultores assentados

No assentamento de Taquari, as práticas agrícolas visam principalmente assegurar o autoconsumo familiar, com poucos (ou apenas um) produtos voltados para o mercado. Geralmente, o produto vendido é aquele que os agricultores consideram como o principal, isto é, a banana (38,09%), o aipim e a mandioca (38,09%), o feijão (9,52%), o inhame, o coco e o milho verde (4,67%).

Gráfico 1.
Principais Produtos

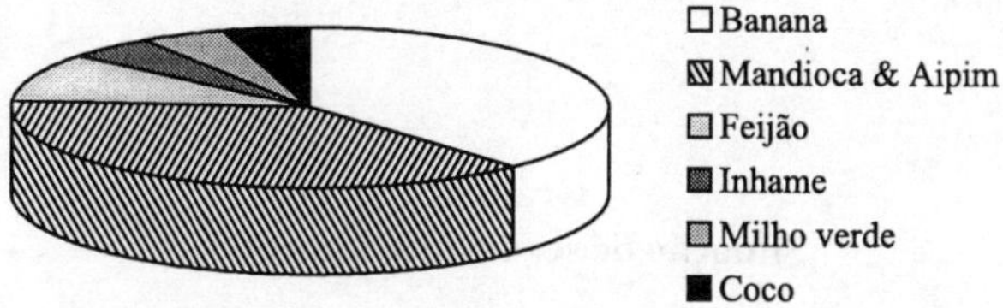

Essa característica, junto com relatos da pesquisa de campo, parece indicar que os diversos cultivos praticados no interior das unidades têm por razão principal proporcionar a cada família os produtos básicos de seu cardápio cotidiano.

A criação de animais é pouco significativa, quase inexistente. Com efeito, somente 39,13% dos assentados entrevistados afirmaram criar algum tipo de aves. No caso da criação bovina, essa proporção cai para 21,73% e apenas três entrevistados afirmaram criar suínos. Cabe ressaltar que não se noticiou mecanismo de comercialização dos produtos animais, com exceção da venda direta de aves (8,7%) e de bovinos (4,3%), informações que possivelmente indicam vendas ocasionais e/ou relacionadas com festas ou comemorações especiais.

O quadro da produção agropecuária reflete-se, também, nas opções técnicas adotadas pelos entrevistados. Não se constatou o uso de tratores, plantadeiras ou arados (apenas um entrevistado declarou possuir animais de tração). O uso de insumos químicos é insignificante. Além disso, somente 70% dos agricultores entrevistados declararam não adotar nenhuma conduta para dar uma qualidade diferenciada aos seus produtos, revelando que a não-utilização de produtos químicos não está amparada em um tipo de estratégia visando estabelecer sinais de qualidade agroecológicos capazes de tornar a produção comercialmente diferenciada.

No tocante ao processamento das matérias-primas agrícolas 47,63% dos assentados afirmaram realizar algum tipo de processamento, sendo que 2/3 deles se concentram na produção de farinha e os demais se dedicam aos doces e geléias artesanais. Mas esse beneficiamento da produção não parece estar sendo realizado com base em estratégias para garantir uma renda contínua ao produtor, visto que não há a prática de venda regular, senão esporádica e em quantidades ínfimas. Todavia, essas informações são indícios de que as decisões produtivas são orientadas por estratégias visando assegurar alimentos diversificados para o consumo familiar, com poucos incentivos do mercado.

Gráfico2.
Situação de segurança alimentar

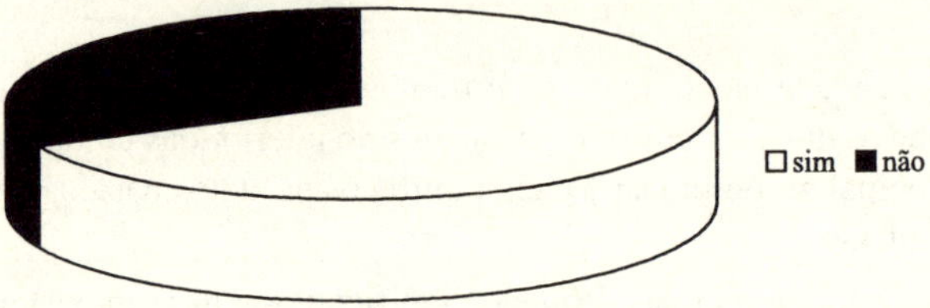

De maneira geral, pode-se dizer que as práticas agropecuárias são motivadas quase que exclusivamente para garantir a segurança alimentar da família. Por exemplo, 68,18% dos assentados afirmam estar protegidos contra o risco da fome porque "quem mora na roça sempre está protegido, basta plantar", "produz o suficiente para abastecer a família". Cabe notar, também, que 90,5% acreditam possuir hábitos alimentares saudáveis porque "consomem o que produz", "comem o que planta", alimentos "produzidos para mim, e sem veneno". Por outro lado, o medo de não estar protegido contra o risco da fome, sentido por 31,82% dos assentados, está geralmente associado a expectativas sobre a saída dos filhos, a decadência da agricultura na região, a evolução dos preços agrícolas ou ao pouco apoio governamental. Os assentados que estão nesta situação são, em geral, pessoas mais velhas ou que praticam atividades de comércios e serviços e que, portanto, compram os alimentos necessários.

De forma geral, as práticas agrícolas dos agricultores não estão motivadas pela busca de garantir rendas monetárias. Num contexto rural marcado por um forte crescimento das atividades de serviços voltadas para os consumidores urbanos, as atividades agrícolas, sem os investimentos necessários, podem deixar de ser o principal referencial das iniciativas dos agricultores, mas não deixam de ser importante, garantindo a segurança alimentar de numerosas famílias e estruturando o quadro cognitivo e cultural dos assentados. Com efeito, os assentados consideram-se, sobretudo, "lavradores/agricultores" (80%), havendo ainda 12% que se declaram "sitiantes". Considerando a evolução da agricultura na região e as relações entre os assentados e o Incra, essa maneira de se apresentar pode ser considerada tanto a maneira pela qual os assentados procuram se posicionar e se situar no contexto regional, a figura do agricultor/lavrador permitindo diferenciar-se dos turistas, órgãos federais e outros "de fora", como uma forma de garantir benefícios previdenciários e fiscais, de estar "dentro da lei", evitando assim conflitos com o Incra. Além disso, pode-se acrescentar que os agricultores entrevistados olham a si mesmos como moradores naturais do "campo", que eles interpretam como um lugar vivenciado, onde suas vidas estão ancoradas e de onde não pretendem sair. As práticas agrícolas, nessa situação, conservam uma importância central na medida em que, além de garantir segurança e sociabilidade, proporcionam um conjunto de referências e significados que estruturam as identidades, os desejos e as expectativas dos assentados.

Gráfico 3.
Como os entrevistados se consideram

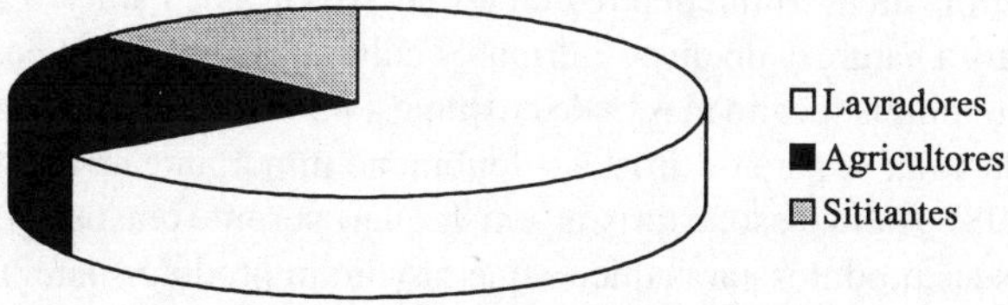

Os agricultores, no entanto, reconhecem que esse lugar natural e familiar talvez não seja o mais propício para o futuro de seus filhos. Por exemplo, 55% gostariam que seus filhos viessem a ser agricultores. É provável que os pais acreditam que a falta de oportunidade de trabalho represente um entrave para o futuro de seus filhos e um certo reconhecimento de que os estudos são fundamentais para obter algum trabalho fora da agricultura. Em termos gerais, é possível observar duas posturas em relação à agricultura. Por um lado, existe a percepção de que quem quiser ficar trabalhando na agricultura não precisa estudar e, nesse sentido, a atividade agrícola não pressupõe uma formação educacional avançada. Por outro lado, o estudo é percebido como um elemento que oferece novos caminhos. Socialmente, portanto, a educação formal é concebida como um recurso necessário para a inserção no mercado de trabalho não-agrícola.

Os 'nascidos e criados', os turistas e a preservação da natureza

No contexto de Paraty, as interações dos agricultores assentados com os turistas e, também, com os órgãos de preservação da natureza adquirem importâncias significativas porque medeiam suas relações com aspectos determinantes da dinâmica territorial.

A relação com os turistas e consumidores urbanos, que envolve riscos e oportunidades, está fundamentalmente estruturada por duas dinâmicas: a crescente procura por serviços turísticos e ambientais, e a procura por terras.

O contato com a natureza e o ambiente saudável da roça é um aspecto atraente para as pessoas da cidade que chegam na condição de turistas ou de residentes secundários (passam temporadas) a procura de um ambiente que lhes possibilite o distanciamento da vida cotidiana na cidade. Para os habitantes de Taquari, isso representa oportunidades de geração de renda e oportunidades de trabalho. Assim, no intuito de agradar os turistas e consumidores citadinos, algumas pessoas interessadas nessa atividade criam cenas para atrair os turistas: limpam áreas de mato perto das cachoeiras, fazem piscinas naturais, limpam as trilhas dentro do Parque. No caso de Paraty, o atrativo é muito mais a natureza do que os atributos culturais específicos, como pode ocorrer em outras localidades onde costumes, modo de vida e festas típicas servem de atrativo para os turistas – fenômeno importante na Europa (Carneiro, 1998). Além disso, o turismo em Taquari permite que os agricultores vendam seus produtos para aqueles qué procuram produtos naturais, como por exemplo o mel, cuja produção cresceu como visto anteriormente.

Paralelamente ao crescimento das atividades ligadas ao desenvolvimento dos serviços turísticos, a dinâmica econômica do município induziu o crescimento da demanda por terra no município. Em geral, a maioria das pessoas que vende um pedaço da sua área continua do outro lado: "só se movimenta", "as pessoas vendem embaixo e ficam com sítios na Serra (Parque)" conforme depoimento de um lavrador. Essa prática, no entanto, gera conflitos. Para o Incra, em particular, esta prática é proibida. Mas como o respeito das regras administrativas que regem os assentamentos é de difícil cumprimento, em razão dos custos de fiscalização e da ausência do Incra durante 12 anos na área, a venda de lotes é fato comum. Por outro lado, como representa uma prática ilegal, é passível de denúncia, o que pode gerar desconfiança entre os membros da comunidade. Por exemplo, há quem diga não ter vendido lotes por medo das represálias do Incra. Percebe-se, também, que a venda de terra sofre a censura social expressa na disputa entre os moradores sobre a responsabilidade pelo início dessa prática – hoje em dia generalizada, mas ainda controvertida.

Um outro conjunto de ambigüidades que permeia as interações sociais e caracteriza o contexto territorial diz respeito à relação dos moradores de Taquari com a natureza e a instituição que administra o Parque da Serra da Bocaina.

Uma primeira fonte de ambigüidade deriva da percepção que os assentados têm acerca da natureza. Se, por um lado, é razoável pensar que a natureza "*é percebida como um contexto de espaços (uma mata, um rio, uma montanha); de lugares específicos e apropriáveis (um campo transformável em pastagem, uma beira de rio fonte de pesca, uma nascente provedora de água da casa), de seres (os animais e vegetais em suas espécies e em suas individualidades), e de situações (um tempo de chuvas, uma "seca brava", uma tempestade) ao mesmo tempo benéfica ou malévola*" (Brandão, 1999:59). Por outro lado, a participação dos agricultores em projeto de preservação ambiental e seu apoio a esse tipo de iniciativas fazem pensar que suas percepções da natureza derivam, também, da difusão de idéias ecológicas induzidas pela atuação do Ibama, do Idaco (Instituto de Desenvolvimento e Ação Comunitária) e da referência constante às especificidades ambientais do município.

No entanto, as relações com o Ibama são geralmente permeadas de conflitos. Este órgão, mais especificamente a administração do Parque Nacional, exerce, através dos "florestais",[1] um controle sobre as práticas agrícolas e de devastação que a população de Taquari realiza no perímetro correspondente ao Parque, onde há uns 30 sítios de moradores da localidade. A forma de controle exercida pelo Ibama no Parque é um dos principais aspectos do seu conflito com os agricultores assentados. Por exemplo, numa reunião da associação de moradores, à qual compareceu o diretor do Parque, os moradores justificaram as atividades no Parque como uma maneira de resolver suas necessidades básicas: "*Doutor, você não gosta de estar na mata igual eu gosto não, adoro isto aqui, mas você não vai passar fome para deixar uma abelha em pé. Se precisar de uma madeira para viver, tira a madeira e vende para construção, agora roubar é diferente*"[2], disse um dos agricultores que tem lotes no Parque. Portanto, na reunião mencionada o que os moradores buscavam contestar não eram as ações de preservação dos recursos naturais, mas a forma como são realizadas e, mais especificamente, a rigidez das regras estabelecidas que, em vez de serem interpretadas como instrumentos de regulação do uso do Parque, são percebidas e vividas como elementos de fiscalização e repressão das práticas dos assentados, e neste sentido não aceitas.

Além disso, as regras administrativas estabelecidas pelo Ibama podem se chocar com convenções locais frutos de práticas tradicionais. Assim, a população de Taquari, além de justificar suas práticas nas áreas de preservação ambiental como necessidades, fundamenta estas práticas e questiona as leis ambientais, apoiada na tradição: "*dizem que não pode derrubar daquela mata para cima porque tinha uma mina de água e podia acabar, mas antigamente todo mundo plantava e nunca acabou a água*", afirma uma mulher, manifestando-se contra a proibição do Ibama de plantar numa área próxima ao sítio dela. Percebe-se, portanto, um confronto de valores em torno das práticas ambientais entre o Ibama e a população. Enquanto o Ibama impõe o projeto do Parque como área desabitada[3] e a ser preservada, a população que vive e/ou trabalha no interior do Parque o vivencia como um espaço propício para explorar recursos[4].

Uma palavra para terminar. De forma geral, os assentados de Taquari mostram uma relativa ênfase ecológica na sua relação com o território onde moram. Tal ênfase pode estar relacionada com o fato de as "comunidades tradicionais" terem representações simbólicas do espaço que lhes fornece meios de subsistência, meios de trabalho e produção e meios de produzir os aspectos materiais das relações de subsistência (Diegues, 1998). Além disso, é necessário restituir essa valorização no contexto peculiar de Paraty, município que, por sua orientação turística especial, tem se empenhado em preservar seu patrimônio, não somente arquitetônico como ambiental. Essa valorização não é, portanto, somente o resultado de qualquer disposição tradicional enraizada na mentalidade local (há séculos), mas também uma construção social situada num território específico.

Para concluir

No presente trabalho, procurou-se salientar o contexto territorial no qual estão inseridos os agricultores assentados de Taquari. De maneira geral, pode-se dizer que as características específicas de Paraty, em particular o desenvolvimento dos serviços turísticos e ambientais, estruturam um quadro que proporciona aos agricultores assentados novas possibilidades de trabalho e renda, além de multiplicar os intercâmbios com consumidores urbanos e órgãos federais, tais como o Incra e o Ibama. Se no intercâmbio com os turistas, por se basear no interesse mútuo, as relações mostram-se pouco propensas a conflitos (agora que os assentados tornaram-se proprietários), não se pode dizer o mesmo das relações com o Incra e o Ibama. Mediante suas regras administrativas que visam regular e fiscalizar a ocupação dos assentamentos e o uso dos recursos naturais, esses órgãos normatizam fortemente o espaço, o que pode se tornar uma fonte de conflitos junto aos moradores locais, sobretudo quando estes interpretam e vivenciam essas regras como uma interdição a suas práticas costumeiras. Generalizando, pode-se dizer que a multifuncionalidade se expressa não somente nas externalidades induzidas pela agricultura mas, antes de mais nada, nos padrões de interações que estruturam o contexto no qual se situam os agricultores.

Destacar a situação territorial na qual se expressa a multifuncionalidade não minimiza o lugar e as funções da agricultura na sociedade moderna, mas procura reconhecer que os agricultores vivem em contextos, que orientam, estruturam e dão sentidos a suas ações, suas disputas e estratégias. Além disso, como tem sido enfatizado nestes últimos anos (Silva, 1996; 1997) e que a pesquisa em Paraty confirmou, tais contextos, caracterizados por um conjunto de normas, regras e recursos específicos ou genéricos, não são mais dominantemente agrícolas, como ainda muitas vezes é costume se representar.

Notas

[1] Categoria local usada para designar os fiscais do Ibama.

[2] Depoimento recolhido por Margarita Gaviria durante trabalho de campo.

[3] Gonçalves, Camila (2001).

[4] As formas de exploração dos recursos do Parque identificadas (ainda que em sigilo por serem proibidas) foram a caça, a extração de madeira e palmito, a criação de abelhas, o cultivo de orquídeas e bromélias.

AGRICULTURA, MEIO AMBIENTE E TURISMO: DESAFIOS PARA UMA AGRICULTURA MULTIFUNCIONAL (NOVA FRIBURGO, RJ)

Maria José Carneiro

Pensar a agricultura familiar fluminense e, em particular, a que se desenvolve no município de Nova Friburgo, sob a ótica da multifuncionalidade da agricultura, exige um esforço especial uma vez que estamos abordando uma realidade extremamente desfavorável à atividade agrícola. Ainda que a noção de multifuncionalidade tal como tem sido definida (Laurent, 1999; FAO, 1999) enfatize a valorização da dimensão não mercantil e não diretamente produtiva da agricultura, é bem verdade que, na prática, a sua instrumentalização na esfera da política pública (como os CTEs, na França, por exemplo) tem sido centrada, em grande parte, na valorização econômica de atividades associadas ao fazer agrícola, tais como a qualidade dos produtos, a diversificação das atividades no interior do estabelecimento e a criação de emprego.[1] Além disso, muitas vezes, essas medidas estão limitadas à conquista de novos segmentos de mercados diversificados – os nichos de mercados – reservados a uma minoria de produtores muito competitivos (Sabourin e Djama, 2003).

Na realidade, pouca atenção tem sido dada, ao menos nos países europeus, ao reconhecimento e incentivo das funções não mercantis da agricultura.[2] A ênfase do debate acadêmico e das políticas públicas que o acompanharam está na proposição de um conjunto de medidas de apoio financeiro ao agricultor que resultaria, em última instância, no reforço da atividade agrícola voltada para o mercado. Mesmo ao justificar a alocação de recursos em reconhecimento da contribuição (funções) do agricultor para a sociedade – "a agricultura como um bem público" (na gestão sustentável de recursos naturais, no cuidado com a paisagem, no seqüestro de carbono etc) – a dimensão multifuncional da agricultura permanece atrelada, na maioria das vezes, ao processo de produção e ao seu retorno econômico. Entende-se desse modo a ênfase na agricultura ou no agricultor[3] como eixo em torno do qual as demais "funções" são exercidas, ainda que se pretenda romper com o enfoque setorial. Encontra-se aqui o desafio para pensar a multifuncionalidade da agricultura nas localidades estudadas: quais seriam as funções de uma agricultura esvaziada de valor econômico, por não ser competitiva nem eficiente em termos produtivos, insuficiente como fonte de renda para a manutenção do grupo familiar e ameaçadora ao meio ambiente?

Na tentativa de responder à essa questão, foram selecionadas áreas que contemplassem uma certa distinção no que se refere ao peso da agricultura na reprodução social das famílias e, conseqüentemente, na elaboração da identidade social dos seus moradores. Assim, a pesquisa de campo centrou-se nas localidades de Boa Esperança, no distrito de Lumiar, e Janela das Andorinhas, no distrito de Riograndina, ambas em Nova Friburgo, no estado do Rio de Janeiro. Foram aplicados 40 questionários (21 e 19 em cada localidade, respectivamente) a famílias de agricultores definidas como tais pelos próprios informantes.[4]

O contexto agrícola fluminense

Em tese, o meio rural fluminense apresenta características particularmente interessantes ao estudo da multifuncionalidade da agricultura. Destacam-se, principalmente, a existência de um grande mercado para a exploração do turismo rural (originário da população dos grandes centros urbanos como Rio e Niterói) associado a um diversificado potencial da paisagem natural (montanhas, florestas, cachoeiras e rios), a presença de áreas de preservação ambiental ocupadas por agricultores ou fronteiriças a áreas agricultáveis, e a imbricação dos universos culturais do "rural" e do "urbano". Esta última é facilitada, em parte, pela extensa rede viária que interliga as regiões no interior do estado e este com outros estados vizinhos.[5]

O estado do Rio de Janeiro foi afetado de modo intenso e específico pelo processo de urbanização, a partir dos anos 40, resultando em uma concentração espacial e setorial da sua economia. Atualmente, mais de 95% da sua população residem em áreas urbanas, sendo que, destas, 76% concentram-se na região metropolitana do Rio de Janeiro (IBGE, 1997), que é considerada um grande pólo de atração migratória nacional.

Essa predominância urbana demonstrada pelos dados demográficos reforça a imagem do estado como um território esvaziado de vocação agrícola[6], apesar da herança cafeeira e açucareira que já lhe rendeu tantos lucros e histórias. O legado por ter abrigado a capital federal por sete décadas (sem falar na herança dos períodos colonial e imperial) e as qualidades geofísicas (um litoral recortado por praias famosas e um interior esculpido por serras magníficas) conferem ao Rio de Janeiro o "selo" de uma economia e sociedade movidas pela prestação de serviços[7] (dos serviços públicos herdados do passado aos serviços, comércio e demais atividades alimentadas pelo turismo).

Compartilhando essa imagem, a municipalidade de Nova Friburgo tem investido no reforço da identidade turística, explorando de maneira idealizada a origem européia de seus primeiros habitantes. No entanto, apesar do Museu da Colonização exibir algumas referências culturais dos camponeses e artesãos que vieram, no início do século XIX (1819), ocupar as terras da fazenda do Morro Queimado, atualmente a história recontada da "Suíça brasileira"[8] não atualiza a trajetória desses personagens. Esquecidos ao longo desses quase dois séculos, essa população passou por um rude processo de "caipirização", responsável, talvez, pela perda da memória de suas referências culturais originárias. Os que resistiram à atração da cidade e permaneceram no meio rural enfrentam, hoje, as conseqüências de uma modernização agrícola descontrolada – envenenando-se e poluindo pelo uso excessivo de agrotóxicos nas lucrativas lavouras de hortaliças – ou da exploração turística que, associada à crise estrutural da agricultura familiar que aí se estabeleceu, acaba por transformá-los em "jardineiros da natureza" (Carneiro, 2000).[9]

Atualmente, a maioria dos que permanecem na agricultura cultiva poucos produtos e em condições precárias, enfrentando a ausência de política pública voltada para os seus interesses e a valorização vertiginosa das terras promovida pela especulação turística. Pouco a pouco, o espaço agrícola é ocupado por sítios de lazer, pousadas e casas de aluguel, muitas delas construídas pelos próprios agricultores na busca de alternativa ou complemento ao fraco rendimento proporcionado pela agricultura.

A estrutura fundiária, por sua vez, vem passando por intensas transformações em decorrência da diversificação do uso do solo, destacando-se a fragmentação das propriedades e a transferência de terras agricultáveis para uso turístico. Como resultado dessas transformações, constata-se que em Nova Friburgo a maioria de estabelecimentos (80%) tem área inferior a 20 ha, sendo que a metade deles não chega a 10 ha.

Dois casos de agricultura ameaçada

Como um elemento diferenciador entre as duas localidades estudadas pode-se selecionar o peso da agricultura na dinâmica de reprodução social de seus agricultores. De um modo geral, é possível dizer que em Janela das Andorinhas a agricultura, apesar de sua fragilidade econômica, é a atividade em torno da qual giram as estratégias de manutenção dos grupos familiares na localidade. A preferência pela fruticultura é atribuída à "estabilidade" da produção: "sabe-se quando vai ter a produção e não exige muito dinheiro", ao contrário da olericultura, predominante em grande parte do município, que exige o desembolso freqüente de dinheiro para a compra de insumos e cuja safra depende mais das variações climáticas.

Levantamento realizado pela Associação de Pequenos Produtores de Janela das Andorinhas em 62 das 80 famílias residentes na localidade revelou que 50% dos chefes de família são agricultores por conta própria, os demais trabalham como diarista ou mesmo mensalista (11%) e outras atividades assalariadas não agrícolas (18%). O número de agricultores aposentados é menor que o esperado, representando 21% dos chefes de domicílio. A existência de uma associação de produtores atuante, a criação de uma cozinha escola onde se desenvolvem experiências de transformação dos produtos locais (doces e geléias de frutas) e a prática de agricultura orgânica, ainda que limitada a alguns poucos produtores, destacam-se como resultado do esforço dos agricultores de viabilizarem sua permanência no local associada a identidade de agricultor.

A confecção doméstica de peças íntimas do vestuário feminino, difundida por quase todo o município, ocupa apenas algumas mulheres dessa localidade, mas não deixa de ser uma fonte de renda monetária importante para suas famílias, apesar da baixa remuneração do trabalho. Aqui, o peso dessa atividade na renda familiar é inversamente proporcional ao peso da atividade agrícola: famílias com maior área plantada dedicam-se menos às atividades complementares.

Em Boa Esperança, ao contrário, a economia e a sociedade circulam em torno dos inúmeros ateliês de confecção localizados em grande parte dos domicílios. Considera-se que "em praticamente toda casa tem uma ou mais máquinas de costura" e que é "a confecção que mantém o arraial vivo".[10]

Em ambas localidades, o uso de máquinas e equipamentos agrícolas é bastante restrito devido à falta de recursos financeiros e à topografia bastante acidentada, o que induz a utilização de técnicas tradicionais de trabalho. O desgaste físico do produtor é muito grande e o incremento da produção fica restrito ao uso de fertilizantes químicos e ao aumento do tamanho da área cultivada, quando possível, e de horas trabalhadas. A grande maioria dos produtores usa adubos químicos ou agrotóxicos e não recebe qualquer orientação técnica de agências especializadas, ficando sujeitos apenas às trocas de experiências com vizinhos e familiares.

Praticamente todos os pequenos produtores dependem dos atravessadores locais para comercializarem sua produção. Esse é, sem dúvida, um importante fator de diferenciação social nas duas localidades e uma das causas do desestímulo à produção. Todavia, é a única forma de escoar a produção da grande maioria. Os baixos preços dos produtos, a ausência de um sistema de comercialização eficaz, a falta de apoio governamental, a limitação das terras agricultáveis pela legislação de proteção ambiental e a valorização das terras com a exploração turística têm contribuído para diminuir substantivamente a importância da agricultura como meio de vida na região.

Na localidade de Boa Esperança, em particular, a agricultura encontra-se bastante ameaçada devido à prática repressora dos órgãos de controle ambiental. O tipo de técnica praticada – sistema de coivara – itinerante, baseada no pousio da terra seguido da queimada da capoeira, e a localização das terras – em plena área de preservação da Mata Atlântica – são fatores responsáveis pela atuação marcante dos fiscais do meio ambiente. Tal situação tem resultado no agravamento das já precárias condições de reprodução das famílias nessa localidade o que tem surtido efeitos sobre a percepção negativa dos agricultores acerca de seu trabalho no presente e no futuro.

Situação distinta é vivenciada pela localidade de Janela das Andorinhas que ocupa um estreito vale onde famílias de pequenos proprietários (e parceiros) dedicam-se basicamente à fruticultura, tendo no caqui e na lima-da-pérsia os seus principais produtos, e a pequenas roças de legumes. Por ser uma lavoura permanente, a fruticultura é tida como menos agressiva ao meio ambiente na medida em que não necessita recorrer ao freqüente desmatamento e à queimada da capoeira – área vista pela legislação ambiental como mata em regeneração. Por se tratar de um estreito vale de ocupação antiga, cercado por propriedades maiores (áreas acima de 50 ha) localizadas no alto dos platôs e com grandes extensões de reserva de mata, a agricultura de Janela das Andorinhas não sofre a fiscalização ambiental na mesma intensidade de Boa Esperança e outras localidades situadas nos limites da Mata Atlântica. Essa situação tem como conseqüência uma avaliação mais positiva desses pequenos produtores quanto à atividade agrícola. Apesar das inúmeras dificuldades enfrentadas, os agricultores de Janela das Andorinhas, comparados aos de Boa Esperança, atribuem maior importância econômica e social à agricultura, seja como fonte de renda, seja como atividade de referência na elaboração de uma identidade social.

Agricultura como ocupação: uma função de identidade e interação social

Diante desse quadro, não é de se estranhar que a atividade agrícola não gere renda suficiente para manter todos os membros nas unidades produtivas, estimulando-os a buscar novas alternativas de trabalho e renda para compor o necessário à reprodução social. Nesse caso, a pluriatividade é favorecida pela ampliação de oferta de trabalho em função da existência de um pólo de confecções de roupas íntimas femininas e da exploração turística.

Com base na ocupação dos membros das unidades familiares e na composição do orçamento doméstico distinguimos dois tipos de famílias: as monoativas e as pluriativas. As monoativas empregam a força de trabalho familiar exclusivamente na produção agrícola familiar. As pluriativas são aquelas em que um ou mais membros da unidade familiar exercem alguma atividade extra-agrícola e/ou possuem uma fonte de renda não agrícola, como o aluguel de casa ou quartos. O trabalho fora da propriedade no setor agrícola, como parceria e dias de trabalho despendidos em outra unidade de produção, não foi contabilizado como pluriatividade para não incorrer ao erro de superestimar as unidades pluriativas, já que a prática de parceria é recorrente na região.

De acordo com essa classificação, constatou-se que a maioria das unidades familiares entrevistadas (60%) combina a atividade agrícola com algum tipo de atividade não agrícola, sendo que a renda mensal das famílias que se dedicam exclusivamente à agricultura é menor (na faixa de um a dois salários mínimos) que a das unidades pluriativas (superior a dois salários). O recurso à pluriatividade revelou-se um importante mecanismo da estratégia dos produtores para aumentar a renda e viabilizar não só a manutenção da família no meio rural como também o funcionamento da unidade produtiva. Tal estratégia, porém, não neutraliza a participação da agricultura na manutenção das famílias que é considerada a principal fonte de renda para 62% das famílias ao passo que a atividade não agrícola ocupa essa posição para 20% somente. O restante sendo ocupado pela aposentadoria.

A pequena dimensão da produção agrícola, o recurso à pluriatividade e a auto-avaliação negativa dos agricultores quanto ao seu futuro (e ao de seus filhos) contrastam com a força da identidade de agricultor para a maioria dos chefes de família. É surpreendente que nessas condições 72% dos entrevistados atribua à agricultura o lugar de principal ocupação econômica. Ainda que se possa justificar, como alerta a agente de saúde local, o recurso a essa identidade como um instrumento para garantir a aposentadoria rural, já que as demais atividades são exercidas em caráter informal e, portanto, não oferecem registro legal ao trabalhador, é notória a capacidade de inserção social da agricultura familiar.

Pesquisa realizada na mesma região, mas cobrindo um universo maior (80 domicílios escolhidos aleatoriamente entre todas as residências e não somente as habitadas por agricultores), confirma a importância da agricultura familiar na absorção de mão-de-obra[11]. Do total da amostra, 70% das famílias tinham ao menos um membro ocupado na agricultura na semana de referência da pesquisa, sendo que em 37% dos domicílios todos os membros da família com 10 anos ou mais dedicavam-se exclusivamente à atividade agrícola naquela semana, respondendo pela manutenção de 109 pessoas (Teixeira et al, 2003).[12]

Ao ampliar o olhar do investigador para além dos significados meramente econômicos da agricultura, a noção de multifuncionalidade permite reconhecer, nas localidades estudadas, a importância da agricultura na manutenção da identidade social de agricultor, mesmo em situações onde essa atividade não se traduz em retorno material significativo. Percebe-se que a agricultura familiar, além da já reconhecida importância na absorção de mão-de-obra no campo, destaca-se como referência social fundamental para situar o produtor e seus familiares. Identificar-se à categoria social de agricultor e, sobretudo, ser socialmente aceito como tal pelos demais é condição para ser reconhecido como membro de um grupo social, pertencer a uma localidade e, dessa posição, perceber a si próprio, os seus próximos e o mundo que o cerca. No entanto, pelo que se acabou de descrever, nem sempre essa identidade é sustentada pelo exercício pleno da agricultura. Ao contrário, ela pode ser socialmente legitimada mesmo em situações em que a atividade agrícola está restrita a uma pequena roça de quintal ou, até mesmo, não é praticada. Nesses casos, é a propriedade de um lote atrelada à trajetória familiar de origem agrícola o que fornece a base social para o reconhecimento dessa identidade tanto para quem a aciona quanto para os que a legitimam.

Solidariedade e qualidade de vida: a agricultura na manutenção do tecido social

A percepção dos chefes de família sobre a atividade agrícola contém uma ambigüidade que expressa a contradição entre o estilo de vida rural e as condições de trabalho na agricultura. Se, de um lado, os agricultores reconhecem que a lavoura exige um esforço físico excessivo e raramente recompensado com um retorno financeiro, por outro, a vida no campo oferece vantagens sobre a vida na cidade. A ausência da violência, a tranqüilidade, a segurança de se ter o que comer contribuem para uma imagem positivada do meio rural, fazendo com que alguns pais idealizem a permanência de seus filhos na propriedade familiar para dar continuidade ao trabalho sobre a terra, reafirmando, assim, a tradição familiar e reproduzindo uma categoria social. A proporção dos que pensam assim é superior na localidade de maior vocação agrícola (Janela das Andorinhas). A diferença, marcante, entre as duas, no que se refere a esse assunto, é decorrente das distintas dinâmicas socioeconômicas de ambas localidades. Enquanto Boa Esperança se debruça sobre a confecção doméstica de roupas íntimas femininas como principal fonte de renda, a Janela das Andorinhas experimenta práticas alternativas de produção (lavouras orgânicas e produção de doces e geléias) e de comercialização (venda direta ao consumidor), como formas de aumentar seus rendimentos ou mesmo de viabilizar a própria atividade agrícola. Ainda que essas iniciativas envolvam um pequeno número de famílias elas são significativas como expressão de uma lógica de estratégia de reprodução social centrada na agricultura.

Mas, no conjunto, predomina o pessimismo sobre o futuro da agricultura que é expresso tanto na vontade do próprio produtor em abandonar a atividade agrícola (26 famílias contra 14 que pretendem continuar) quanto no desejo de que os filhos sigam outra profissão (22 contra 14). O "estudo" é visto como o principal caminho para abrir novas alternativas. O "trabalho pesado", a baixa rentabilidade e a incerteza quanto ao futuro da agricultura levam esses agricultores a vislumbrarem a cidade como uma alternativa mais viável para os filhos, onde "a vida é mais fácil" apesar da grande dose de "ilusão" escondida nessa avaliação: "a cidade é uma grande ilusão". A agricultura, por sua vez, é percebida como cheia de dificuldades, um "péssimo negócio", uma profissão "sem futuro" e que "não dá dinheiro".

Mas, a despeito da grande desesperança em relação ao futuro da agricultura, o desejo de permanecer na localidade é manifesto por todos os entrevistados. O sentimento de pertencimento à comunidade, concretizado na extensa rede de relações pessoais baseada na solidariedade e em estreitos vínculos de interconhecimento, reforça a sensação de segurança e tranqüilidade, em contraste com a insegurança na cidade.

Se os aspectos positivos sobre a permanência na localidade estão, na maior parte, associados à melhoria da infra-estrutura e à qualidade de vida, os negativos (reconhecidos como piores hoje do que no passado) dizem respeito à "lavoura" e são identificados ao baixo preço do produto, à dificuldade de acesso à terra e à ausência de assistência por parte do governo. O desejo de permanecer na localidade rural não é, portanto, necessariamente acompanhado pela vontade de continuar na agricultura, ainda que a maioria não vislumbre nenhuma alternativa e permaneça identificada à categoria de agricultor.[13] Tal ambigüidade pode ser entendida como fruto da contradição entre as condições objetivas (da produção) e os aspectos subjetivos relacionados à inserção dos indivíduos na sociedade, pois, apesar de todas as queixas, é na agricultura que gostariam e esperam encontrar as condições para um futuro melhor.

Os argumentos mais "objetivos" sobre os limites sociais e físicos para exercerem outra profissão – "não saber fazer outra coisa", "não ter estudo" ou se considerar "muito velho" para mudar de ocupação – se misturam aos de conteúdo subjetivo – "é o que gosta de fazer", "nasceu e quer morrer agricultor" – na tentativa de buscar explicação para o apego à identidade social de agricultor (ou "lavrador") e ao lugar onde mora.

O desejo de ter uma atividade agrícola rentável e valorizada pela sociedade e pelas políticas públicas (receber assistência técnica e ter uma política de preços favorável ao pequeno produtor) é também expressão do *afeto da terra*,[14] do "gostar de plantar", de se sentir orgulhoso com uma roça bem cuidada, produtora de belos frutos ou legumes, de se sentir "livre" por não ter um patrão e, assim, realizar o valor de "ser dono de si mesmo" e de "viver ao ar livre", "em contato com a natureza". São esses valores que o fazem sentir-se membro de uma categoria social e de um determinado espaço físico socialmente ocupado. Não se pensa em sair do lugar onde mora, pois é aí que encontram o sossego, a "tranqüilidade", a "solidariedade dos vizinhos", o "ganha pão", os parentes, a "beleza da natureza" e as condições (ainda que precárias) para exercer uma profissão e "não passar fome". Desse modo, entende-se porque 100% dos entrevistados, mesmo aqueles que não visualizam qualquer melhora nas condições vida, tenham afirmado o desejo de permanecer na localidade, mesmo os não-proprietários.

A prática da agricultura, ainda que insuficiente, confunde-se, assim, com o próprio pertencimento à localidade e se destaca como condição para manter uma dada qualidade de vida que seria impensável em outros espaços, principalmente na cidade. Manter a identidade de agricultor significa, nesses termos, manter as condições (produção de alimento, sobretudo) para estabelecer trocas com vizinhos e parentes, alimentando laços sociais de solidariedade e de reciprocidade fundamentais para viabilizar a vida e darlhe sentido.

Produção para o autoconsumo: função econômica e social de segurança alimentar

A lavoura para o autoconsumo não é reconhecida, pelos valores culturais locais, como produção agrícola, pois é na produção (e comercialização) de mercadorias que se sustenta a profissão do agricultor. Um agricultor que só trabalha para o autoconsumo não é valorizado por seus pares e tem seu *status* social abalado. Segundo essa lógica, as pequenas roças, que normalmente se encontram mais perto de casa, às vezes no próprio quintal, não são valorizadas pelo produtor, seja pelo seu tamanho reduzido ("é pouca coisa"), seja pelo fato de sua produção não ter o valor mercantil já que é destinada ao consumo direto das famílias. Por esses motivos, o trabalho nelas investido também não é tido como "trabalho", mas sim como uma atividade integrada à esfera doméstica e normalmente realizada durante o "tempo-livre". Mesmo sendo importante para a manutenção da família, essa atividade não é considerada, de imediato, como prioritária. Apesar das dificuldades encontradas na tentativa de dimensionar essa lavoura, metade dos entrevistados estimou que gastariam até meio salário mínimo mensal (R$100,00) na compra dos alimentos produzidos e 25% em torno de meio a um salário mínimo (R$100,00 a R$200,00).[15]

A produção para o autoconsumo envolve todos os membros da unidade familiar e é bastante diversificada. Ela integra tanto parte dos produtos que são comercializados como alguns exclusivos para o consumo doméstico, tais como o feijão, o milho, a abóbora, a cebola, a couve, além de pequenos animais (porcos e galinhas) e frutas (laranja, acerola, lima, tangerina, banana).

A partilha igualitária da herança, praticada na região, resultou na excessiva fragmentação da propriedade (a maioria hoje com menos de 5 ha), o que não favorece o desenvolvimento de uma agricultura mais rentável. Mas, o acesso a um lote de terra além de proporcionar a permanência na localidade e a possibilidade de "plantarem para comer", é pré-condição para se estabelecer relações de ajuda mútua com parentes e vizinhos, fundamentais para suprir algumas carências eventuais e garantir a segurança alimentar: "aqui ninguém passa fome", "aqui todo mundo ajuda todo mundo".

Meio ambiente e agricultura: uma relação "disfuncional"?

Em referência à dimensão ambiental, destaca-se a atuação dos órgãos de controle ambiental. Com a totalidade de seu território (93.491 ha) classificada como área de domínio da Mata Atlântica e abrigando várias áreas de proteção ambiental, o município está sujeito a uma legislação que dificulta ou impede a prática da agricultura. Essa ameaça está mais presente na localidade de Boa Esperança, onde o tipo de agricultura praticada, itinerante (sistema de coivara), baseada no rotação de lavouras – o que implica a queimada da capoeira, vista pela legislação ambiental como mata em regeneração –, e a localização das terras em plena área de preservação da Mata Atlântica são fatores que agravam as condições de reprodução da agricultura.

A aplicação de multas e outros constrangimentos legais à prática do tradicional sistema de pousio e o baixo retorno monetário da agricultura contribuem para o abandono da atividade agrícola. Uma alternativa para os que possuem maior extensão de terra é a pecuária de engorda, o que pode ser interpretado como um efeito perverso da ação dos organismos de proteção ambiental. Da perspectiva do agricultor, a pecuária não prejudica a natureza, pois o "boi não precisa de mato", isto é, não exige a prática da coivara. Trata-se apenas de utilizar os pastos "que sempre estiveram lá". Como uma herança das gerações passadas, o pasto já faz parte da paisagem e se opõe à mata ou à capoeira já que a sua recuperação é muito difícil e lenta para ser percebida no espaço de uma geração. Tido como áreas irrecuperáveis o pasto não é visto, nem pelos fiscais ambientais nem pelos agricultores, como "natureza" e, talvez por esse motivo, não chega a ser alvo da ação mais firme dos órgãos de controle ambiental.

Do ponto de vista desses agricultores, a noção de *mato* se opõe à de *lavoura*. Em termos ideais, o *mato* deve ser transformado em *roça* ou *lavoura* – já que é o trabalho concretizado na roça que atribui valor à terra. Através dessa lente, a capoeira é enxergada como um *mato* que está a serviço da *lavoura*. Essa imagem contrasta radicalmente com a dos turistas e a dos organismos de proteção ambiental, para os quais a agricultura é vista como uma agressão ao meio ambiente, sobretudo pelo fato de "queimar a *mata*". Identificou-se aqui a disputa por significados distintos atribuídos a um mesmo espaço, significados estes que atribuem valores simbólicos conflitantes ao mesmo conjunto de referenciais empíricos.

É dessa disputa que resulta uma nova hierarquia de valores em que a agricultura como forma de uso social da terra é colocada no degrau mais inferior. Observa-se, no entanto, um movimento contraditório no qual a exploração turística, de um lado, estimula o comércio local e o setor de hotelaria (pousadas e casas de aluguel), contribuindo assim para ampliar o emprego de membros das famílias de agricultores, e, de outro, desestimula a atividade agrícola ao oferecer empregos melhor remunerados e ao estimular a venda da terra. Essa contradição se reflete na ambigüidade que passa a orientar as estratégias de vida dos agricultores. Se, de um lado, os agricultores mais velhos, acuados pela expansão do turismo e pelo avanço da *mata,* se ressentem ao verem diminuídas as condições para a realização de sua identidade social, de outro, percebem que não há alternativas para seus filhos a não ser se engajarem em atividades fora do setor agrícola. Essa situação engendra uma crise na sucessão do chefe da unidade produtiva que só irá reafirmar a instabilidade do equilíbrio dessa nova dinâmica.

Um contraponto positivo aberto por esse processo e que compõe as estratégias familiares para enfrentar a crise que afeta estruturalmente essa categoria de agricultores, como já mencionado, é a construção e aluguel de casas para o pessoal "de fora". Essa prática, que rende de um a dois salários mínimos mensais, assume vários significados: o principal deles, como assinalam os informantes, é o de garantir recursos para uma aposentadoria mais confortável no futuro; além disso, reverte-se também em uma forma concretizada de poupança e um complemento da renda familiar no presente. Nesse aspecto, a família rural é duplamente beneficiada pelo turismo: muitas vezes é do salário originado nas prestações de serviço ao turista (jardineiro, faxineiro, empregada doméstica) que saem os recursos para financiar a construção de casas alugadas a turistas.

Nesse contexto, testemunha-se de uma crise da produção agrícola aparentemente irrecuperável, bem como uma mudança nos modos de vida dessa região, que se expressam na diminuição significativa das zonas cultivadas, no aumento da área de pasto e na crescente transferência de terras agricultáveis para construção de residências secundárias e de estabelecimentos turísticos (pequenas pousadas). O resultado desse movimento é visível na paisagem: pequenas lavouras separadas por florestas e capoeiras vão dando lugar aos pequenos sítios de lazer e às pousadas onde predominam o gramado e as flores, de acordo com um padrão estético apropriado ao gosto dos turistas e neo-residentes de origem urbana.

Conclusão

À parte das controvérsias que a noção de multifuncionalidade da agricultura tem suscitado, particularmente a que se refere ao seu conteúdo funcionalista e sua centralidade na "função" econômica ou mercantil da agricultura, ela contribui como um instrumento de análise (uma lente) que permite ampliar o olhar sobre a agricultura e o mundo rural, resgatando outras dimensões da prática agrícola e das demais atividades direta ou indiretamente a ela associadas. É nesse sentido que a observação mais acurada dessa dinâmica permite identificar algumas das dimensões da articulação da agricultura com as demais esferas da sociedade.

Em primeiro lugar, a prática cada vez mais disseminada de combinar a agricultura com outros tipos de atividades – como mecanismo das estratégias de reprodução social das famílias rurais – é responsável pela ampliação do campo de atuação dos indivíduos que, entre outros papéis, são também agricultores. Essa múltipla inserção econômica se traduz na ampliação do universo social do agricultor pluriativo, alimentado pela conformação de novas redes sociais, novos valores e motivações que evidenciam outros aspectos da vida social além do produtivo.

Em segundo lugar, a ampliação da definição do que seja agricultor, desvinculando essa categoria do seu conteúdo meramente econômico, coloca em cena a questão da identidade social. No universo pesquisado, para além da relevância econômica que a produção tenha para o sustento do agricultor, o que conta mais para a manutenção da atividade agrícola é a sua importância como definidora de uma identidade social, de um modo de ser e de se relacionar com o mundo e com a natureza. Ainda que seja forte a ambigüidade dos depoimentos no que se refere ao futuro da agricultura como meio de vida, a quase totalidade dos agricultores afirma que preferiria exercer exclusivamente a agricultura caso houvesse uma estabilidade de preços dos produtos agrícolas que garantisse um retorno suficiente para a reprodução social de suas famílias. Em outras palavras, dada à situação de ameaça secular à qual estão submetidos esses agricultores, o esforço de preservarem a atividade agrícola, mesmo quando a exercem em conjunto com as ocupações de pedreiro, jardineiro etc, parece se sustentar muito mais no desejo de manterem um determinado modo de vida do que simplesmente no seu significado econômico.

É a agricultura exercida em um pequeno lote e em condições muitas vezes precárias que oferece uma referência social, um *status*, ao agricultor e, indiretamente, aos membros de sua família. Mesmo em situações onde a atividade agrícola é paulatinamente relegada a segundo plano como fonte de renda para o sustento familiar, mesmo se o homem do campo exerce outras atividades mais importantes para o seu sustento, ele permanece se reconhecendo como um "agricultor" ou um "lavrador". Essa identidade social, que está atrelada principalmente à capacidade de produzir alimentos para o mercado, se expressa também em um modo de vida que associa um conjunto de valores sobre a relação com a natureza e com os parentes e vizinhos de maneira a sobrepor às dificuldades concretas de se manter no campo uma imagem positiva a respeito da vida no meio rural. No entanto, é importante registrar que essa valorização positiva da vida na localidade de origem não está se reproduzindo nas gerações mais jovens devido, entre outros fatores, à própria incapacidade de se manterem no campo e, ao mesmo tempo, realizarem um padrão de vida semelhante aos jovens da cidade no que se refere sobretudo ao consumo de certos bens materiais e simbólicos, somente proporcionado por um trabalho melhor remunerado que a agricultura, ao acesso a níveis mais elevados de educação (diminuindo, assim, a distância cultural entre os filhos de agricultores e os jovens da cidade) e ao lazer.

Destaca-se também a contribuição da agricultura, associada à propriedade familiar da terra, na manutenção e no fortalecimento do tecido social ao possibilitar, mediante a permanência da família no seu meio social, a continuidade das trocas e das práticas de sociabilidade que integram a tradição de um lugar e dão sentido à vida de um determinado grupo social. Em último lugar, mas não menos importante, observa-se ainda que, em virtude das fracas condições de competitividade desse tipo de agricultor no mercado, a agricultura exerce a função primordial de produtora de alimentos para a própria família. É na combinação das atividades não agrícolas com a produção diversificada, de maneira a suprir também as necessidades de autoconsumo, que se encontra a lógica da reprodução social das famílias de tradição agrícola em uma situação de ameaça estrutural que tem marcado a sua trajetória ao longo de várias gerações. A opção por diversificar a produção de maneira a poder optar por comercializá-la ou consumi-la tem sido um dos mecanismos das estratégias de reprodução social de famílias camponesas para enfrentar os momentos de maior ameaça. A obediência a esse "princípio da alternatividade" (Garcia Jr. 1989) indica que garantir a alimentação da família passa a ser uma das principais funções da agricultura nessa região, num contexto em que a comercialização, muitas vezes, não chega a render o suficiente para cobrir nem os custos com a produção.

No entanto, observou-se também que o número de agricultores que passam a se dedicar às atividades não agrícolas, sobretudo as de pedreiro e de jardineiro, está tomando proporções significativas. A ampliação desse tipo de trabalho está relacionada à expansão do turismo que, por sua vez, compete com a atividade agrícola, já que, como mencionado anteriormente, a exploração do turismo está relacionada ao uso não agrícola da terra.[16] Dessa disputa resultam estratégias variadas que encontram na combinação da agricultura com outras atividades alternativas, mais ou menos duradouras, mais ou menos eficientes, a possibilidade para a permanência dessas famílias em suas localidades de origem o que, por sua vez, tem contribuído para a manutenção de um patrimônio social e cultural de um determinado território.

Nesses termos, é possível afirmar como uma das principais conclusões dessa pesquisa que, na região estudada, a multifuncionalidade da agricultura de pequenos agricultores familiares se concentra na dimensão social, com destaque para a manutenção de uma identidade social e para a inserção em uma rede de relações sociais por meio de troca e de ajuda mútua onde se exercita a solidariedade e a reciprocidade.[17] Por fim, mas não menos importante, a propriedade de lote, associada à agricultura garante um local de residência próprio e proporciona alimentação para suprir, ao menos em parte, as necessidades da família – função que eleva essa população a uma condição social que a distingue daqueles que abandonaram o campo na expectativa de um mundo melhor e que, via de regra, foram habitar as favelas que cobrem os morros das periferias das cidades de médio porte da região serrana fluminense como Nova Friburgo.

Notas

[1] Sobre a experiência francesa da institucionalização da multifuncionalidade, ver o artigo de Jacques Rémy neste volume.

[2] Como exemplos de abordagem voltada para a dimensão social da agricultura ver os estudos de Sabourin e Djama (2003) e de Vounouki (2003).

[3] Reconhece-se aqui uma outra questão, ainda não aprofundada pelo debate, que consiste nas implicações sobre o uso indiferenciado de multifuncionalidade *da agricultura* e multifuncionalidade *do agricultor*. Se for entendido que o agricultor como ator social tem múltiplas inserções na sociedade, a possibilidade de integrar as diversas esferas do social a partir de sua atuação parece mais ampla do que se mantido o olhar centrado na agricultura – um setor da economia.

[4] Essa amostra representa cerca de 23,7% do número de famílias em Janelas das Andorinhas (em torno de 80 famílias) e 6,3% das 315 famílias estimadas em Boa Esperança.

[5] O Rio de Janeiro detém a mais alta densidade rodoviária do Brasil, quase sete vezes o índice nacional e mais de duas vezes o do Sudeste (Garcia, 1998).

[6] A agricultura é atualmente responsável por menos de 2% do PIB estadual.

[7] O comércio e os serviços absorvem mais de metade da força de trabalho desde 1940 (Cunha, 1986) e contribuem atualmente com mais de 60% do PIB estadual.

[8] A invenção de uma "tradição suíça" para qualificar a sociedade de Nova Friburgo é um esforço da elite local que data do início do século XX, por ocasião da comemoração do centenário da chegada dos imigrantes (Costa, 1997).

[9] Ressalta-se que a administração municipal não se registrou como beneficiária do Pronaf.

[10] Por ser uma atividade não registrada formalmente, não há estatísticas disponíveis sobre essa ocupação. Para uma etnografia sobre esse processo produtivo e sua relação com a agricultura local, ver Carneiro, 2003.

[11] Pesquisa qualitativa da fase III do Projeto Rurbano realizada por Vanessa Lopes Teixeira (Cf. Teixeira, Carneiro, Graziano da Silva, 2003).

[12] A semana de referência foi a última de setembro de 2001.

[13] Não se está fazendo distinção entre as categorias "lavrador" e "agricultor" utilizadas pelos informantes.

[14] Cf. Brandão, Carlos Rodrigues, *O afeto da terra*. Campinas, Ed. da Unicamp, 1999.

[15] Essa estimativa foi baseada na avaliação subjetiva do produtor ou de sua esposa, não sofrendo nenhum tipo de conferência.

[16] Não há experiências, nessa área, de turismo associado à atividade agrícola como o agroturismo ou o turismo rural.

MULTIFUNCIONALIDADE E AGRICULTURA CAMPONESA NOS CERRADOS PIAUIENSES: DESAFIOS PARA SUSTENTABILIDADE

Dione Moraes

Sergio Vilela

Introdução

O tema da multifuncionalidade da agricultura, elaborado na Europa no início dos anos 90, é tomado aqui como um conceito operacional, ele próprio, como parte dos modos de integração institucional dos quais emerge. No caso em questão, o tema refere-se a um contexto brasileiro, nordestino e piauiense, para pensar a dinâmica de reprodução social de populações camponesas, nos cerrados do sudoeste do Piauí, para além das funções econômicas, e com foco no modo de vida e na identidade coletiva, no sentido de recolocar os termos em que a agricultura é inserida na problemática do desenvolvimento sustentável, de modo que sejam repensadas as políticas agrícolas, no tocante a transferências sociais para agricultores.

Como se sabe, a maioria dos estudos sobre o tema da multifuncionalidade agrícola apóia-se na realidade francesa[1]. A partir desta realidade surgem reflexões sobre o assunto tanto nos demais países da União Européia, quanto em outras partes do mundo, extrapolando as perspectivas protecionistas que sustentavam a chamada agricultura produtivista cujos impactos negativos sobre meio ambiente, biodiversidade, paisagem rural, ocupação dos diferentes tipos de territórios, segurança alimentar e capacidade de gerar novos empregos deram, ao longo do tempo, maior legitimidade às formas de agricultura que não se enquadram no modelo dominante, embora a diversidade de mecanismos que o setor agrícola oferece ao desenvolvimento dos territórios rurais ainda seja pouco estudada[2]. Guardado o devido reconhecimento às especificidades dos contextos históricos, econômicos, políticos e culturais em que emerge o tema da multifuncionalidade, é de se perguntar sobre as aproximações pertinentes à questão, no Brasil e mais especificamente nos cerrados piauienses[3].

Em primeiro lugar, como referido por Maluf (2002), Abramovay (2002), Cazella e Mattei (2002), a noção de multifuncionalidade agrícola traduz o reconhecimento institucional da importância socioeconômica e política das unidades de produção agrícola não regidas pelo modelo produtivista, e para além de suas funções meramente mercantis, na direção, portanto, de um desenvolvimento econômico e social em sentido amplo. Este, sem dúvida, é um aspecto importante nos atuais debates e ações envolvendo a chamada agricultura familiar, no Brasil, que se avolumam desde os anos 90, abrangendo movimentos sociais, organizações sindicais, instituições públicas, empresas privadas, enfim, um amplo leque de atores sociais.

Nessa linha de raciocínio, um segundo ponto reporta ao fato de que, em certo sentido, o debate da multifuncionalidade da agricultura, no Brasil, já vem acontecendo. Como lembra Maluf (2002), o Programa Nacional de Fortalecimento da Agricultura Familiar – Pronaf, por exemplo, expressa uma abordagem mais ampla sobre as características da agricultura familiar e seu papel no desenvolvimento, mesmo sem explicitar a noção de multifuncionalidade.

Nesse debate, é crescente a presença de temas como pluriatividade das famílias rurais, sobretudo em função do peso de atividades não-agrícolas na dinâmica econômica do meio rural e na composição da renda familiar (Carneiro, 1996; Silva, 1999; Schneider, 1999); o papel da agricultura e demais atividades rurais na manutenção e criação de novos empregos e na geração de dinâmicas territoriais de desenvolvimento (Abramovay, 1999; Veiga, et al, 2001; Moraes, 2002); produção, processamento, transformação e venda direta de produtos agrícolas de qualidade, em novos nichos de mercado (Vilela, 2000; 2002); proteção do meio ambiente e biodiversidade (Romeiro, 2000; Guivant, 1994); segurança alimentar (Maluf, 1995; 2001); novas atividades relacionadas ao uso da paisagem, como turismo rural (Mattei, 2000; Araújo e Marques, 2000).

Vem à tona, portanto, a possibilidade de pensar a agricultura familiar como economia de diversificação, capaz de cumprir importantes papéis numa dinâmica de desenvolvimento territorial, se comparada à economia de escala do *agribusiness*, como lembram Saraceno (2001) e Veiga et al (2001). Soma-se a isto a reflexão sobre o fato de essa agricultura acolher parte importante daqueles que tentaram, sem sucesso, outra vida profissional, parte dos desempregados e de famílias que procuram um complemento de renda (Cazella e Mattei, 2002). Como exemplo, cite-se o estudo feito por Vilela (2000) sobre a apicultura no Piauí, que se transformou, com sucesso, em abrigo de reconversões produtivas.

Em terceiro lugar, está em curso, no Brasil, a construção de novas institucionalidades, com presença de atores locais em instâncias de programação, execução, gestão financeira etc., a exemplo dos conselhos municipais de desenvolvimento rural sustentável[4], o que se associa à idéia de políticas calcadas na perspectiva da multifuncionalidade que visam trazer o *local* para o centro das atenções. Na prática, isto se dá pela associação da liberação de subsídios públicos à assinatura de contratos entre o Estado, as coletividades locais e os atores sociais, com definição de regras para utilização dos recursos, e criação de dispositivos de controle dos subsídios públicos destinados à agricultura, considerando-se a realidade social, cultural, humana, em sua diversidade, e não somente a produção[5].

Em quarto lugar, vale lembrar um princípio de caráter distributivista dos recursos introduzido pela reforma da PAC de março de 1999, como medida para corrigir a distorção entre os subsídios agrícolas e os impactos negativos sobre o meio ambiente, pela instituição de princípios de ecocondicionalidade e de um limite máximo de subsídios por unidade de produção agrícola. No Brasil, este princípio deve ser associado ao de sociocondicionalidade, de modo que recursos arrecadados pela sua aplicação sejam utilizados em regiões com problemas de inclusão social, desenvolvimento agrícola e meio ambiente.

Atualmente, algumas medidas em curso podem ser pensadas por essa ótica, como o *Plano Safra* 2003-2004, que disponibiliza instrumentos diferenciados, por regiões, como a Lei 10.696, de junho de 2003, que permite a renegociação das dívidas dos agricultores familiares e inclui dispositivo de perdão de até 90% do saldo devedor dos assentados de reforma agrária localizados no semi-árido nordestino. No mesmo sentido, encontram-se o instrumento batizado de Garantia Safra, indenizatório de perdas da produção agrícola causadas por intempéries climáticas e o Programa Conviver, que define políticas específicas e diferenciadas para a agricultura familiar, ambos no semi-árido nordestino.

Nessas aproximações, convém lembrar os chamados Contratos Territoriais de Estabelecimento – CTEs franceses, relacionados a demandas sociais atuais de emprego, ambiente, paisagens, segurança alimentar, qualidade e origem dos produtos, implicando o engajamento dos agricultores no exercício de uma agricultura que combine, ao mesmo tempo, a produção agrícola de qualidade, a criação de valor agregado, mas também a proteção e a renovação dos recursos naturais, o equilíbrio dos territórios e o emprego[6].

Nessa trilha de raciocínio, a abordagem de populações camponesas que vivem "entre o baixão e a chapada" (Moraes, 2002: 1), nos cerrados do sudoeste piauiense, supõe, em termos da chamada multifuncionalidade, pensar um outro *status* para essa agricultura, no sentido de que ela passe de segmento marginal, tido como avesso à modenização e ao desenvolvimento dos cerrados, para participante do processo de desenvolvimento territorial, tendo-se em conta várias de suas próprias atribuições[7]. Certamente, no caso brasileiro, há o grande desafio de mudança do enfoque do desenvolvimento rural centrado em perspectivas setoriais e no agronegócio, para uma perspectiva focada na combinação entre este e a agricultura familiar, numa abordagem territorial, como sugerem, por exemplo, Abramovay (1999) e Veiga et al (2001).

Territorialidade e reprodução camponesa no sudoeste do Piauí

A chamada região de cerrados do sudoeste piauiense localiza-se na mesorregião do sudoeste do Piauí, com mais de vinte municípios e cinco microrregiões (Fundação CEPRO, 1992) e cerca de 8,35 milhões de hectares, compondo com o oeste baiano e o sul maranhense, o chamado *novo* Nordeste dos cerrados (Moraes, 2000), uma das áreas dinâmicas (Araújo, 1997) ou pólos de desenvolvimento integrado (BNB, 1998) do Nordeste atual. Nessa verticalização territorial (Moraes, 2002) institui-se, em 1999, o pólo de desenvolvimento integrado Uruçuí/Gurguéia, onde se situam os municípios de Uruçuí e Bom Jesus, *locus* da pesquisa[8].

A incorporação produtiva dos cerrados pelo agronegócio do complexo carnes/grãos se inicia, no Piauí, na segunda metade dos anos 80, imprimindo ritmo acelerado às transformações da base técnica da agricultura e importantes transformações econômicas, sociais e ambientais na região, trazendo à tona a questão da sustentabilidade tanto do desenvolvimento quanto, especificamente, da agricultura camponesa local que se encontra em condições de liminaridade, no processo.

Uma tipologia atual da agricultura familiar nos cerrados piauienses contemplaria agricultores e agricultoras com história de ocupação antiga na região, nos baixões, e populações agrícolas recém-chegadas denominadas *gaúchos*, que se instalam nas chapadas através de projetos de colonização privada. O campesinato com história de ocupação antiga na região é uma população de famílias, pequenas proprietárias ou posseiras, que dificilmente atingem o limite máximo dos quatro módulos fiscais definidos para a agricultura familiar como limite de área, pela Confederação Nacional dos Trabalhadores da Agricultura (Contag) e pelo Programa Nacional de Fortalecimento da Agricultura Familiar (Pronaf). Os dados a seguir apresentados dão uma idéia desse contingente, na região:

Tabela 1
Estabelecimento por grupo de área

Mesorregião	Menos de 10 ha	10 a – de 100 ha	100 a – de 200 ha	200 a – de 500 ha	Total
Sudoeste piauiense	19.750	15.267	3.056	1.757	39.830

Fonte: IBGE, Censo Agropecuário 95/96, Piauí, Tabela 4 - Estabelecimento por grupo de área total, segundo microrregiões, mesorregiões e municípios.

Saberes e práticas agropecuárias/extrativistas entre baixões e chapadas

Na trajetória social das famílias ouvidas na pesquisa, a agricultura aparece como profissão dos pais e mães dos atuais agricultores e agricultoras, cuja maioria não indica outra ocupação remunerada além da agricultura, nos últimos cinco anos. Essas pessoas de origem rural/agrícola, em sua maioria, se auto-referem pela identidade de agricultor ou lavrador, apontando para a atividade tida como a mais importante por elas desempenhada. A maior parte revela visão positiva da vida que leva atualmente, se comparada à dos próprios pais e mães, assim como expectativas também positivas em termos de possibilidade de melhorar a sua própria situação, na atividade agrícola, seja se especializando ou diversificando a produção.

Em que pese essa visão positiva, há referência ao abandono da atividade agrícola, por parte de pessoas da localidade, para tentar outras atividades. Além disto, mais de 50% dos entrevistados não desejam que os filhos e filhas venham a ser agricultores, a menos que as condições sejam melhores. Isto traduz uma visão realista da condição de precariedade social e liminaridade em que vivem, no cerne das novas dinâmicas impressas à região, embora valorizem o modo de vida e associem as contribuições da agricultura para a família e a comunidade à sobrevivência, manutenção da família, ser fonte de trabalho e garantia de emprego, produção de alimentos para pessoas e animais, ocupação dos mais jovens, manutenção da vida. Quanto à representação social do papel dessa agricultura na sociedade, este se relaciona à produção de alimentos e à geração de emprego, o que põe em relevo uma dimensão positiva da construção da identidade social de agricultor.

As famílias investigadas assentam-se nas terras dos baixões, cuja maior utilização agrícola se dá nas áreas de vazante, numa agricultura de sequeiro bastante dependente das chuvas, com área média inferior a um módulo fiscal da região (que corresponde a 75 ha). Pratica-se, aí, uma agricultura de aprovisionamento (Moraes, 2000), na qual nem a produção doméstica se define exatamente como produção voltada estritamente para o consumo direto da família, nem esta é auto-suficiente, sendo a troca um meio de conseguir aquilo de que a família necessita e não produz. Nessa agricultura, as principais atividades produtivas são as culturas de milho, feijão e mandioca, com processamento regular da matéria-prima, cujos principais produtos são farinha de mandioca, tapioca (polvilho de mandioca), azeite (de coco babaçu e de pequi), raspas e doce de buriti, e carvão, sem que se verifique inspeção ou registro dos produtos comercializados nem adoção de alguma conduta técnica particular visando qualidade diferenciada. Parte significativa da produção agrícola destina-se a um mercado informal no qual inexistem estrutura de armazenagem, certificação, registros etc.

O uso intensivo das terras é, em grande medida, determinado pela escassez, não havendo, ali, adoção sistemática de práticas tecnológicas objetivando a reposição dos nutrientes retirados dos solos a cada plantio, o que leva ao progressivo esgotamento dos solos. Com seu modo de vida centrado no cultivo da terra essas famílias de pequenos proprietário e posseiros tomam decisões relativamente autônomas nesse processo de cultivo tradicionalmente realizado pelo sistema de roça de toco (Moraes, 2000) ou *swidden* (Wolf, 1976), em um máximo de três hectares anuais. Esse ecótipo próximo de um tipo paleotécnico vem, nos últimos anos sofrendo atualizações tecnológicas, principalmente pelo uso do trator no preparo do solo nos baixões e pelo retorno à chapada na tentativa de inclusão no negócio do cerrado (Moraes, 2001). Há, também, registro do sistema convencional, principalmente no município de Bom Jesus.

No que toca ao uso de máquinas e equipamentos, destaca-se o referido uso recente de trator em áreas de baixões, através de aluguel por grupos de agricultores ou, circunstancialmente, providenciado pela administração municipal. Mais recentemente, com a incorporação das chapadas, há maior oferta de máquinas para aluguel. No entanto, as precárias condições das estradas inviabilizam o acesso às comunidades.

O uso de tecnologias agropecuárias científicas é incipiente. As sementes, por exemplo, são próprias, sem qualquer tipo de melhoramento genético, e as práticas de rotação e consórcio de culturas buscam muito mais o aproveitamento das superfícies de área útil do que o incremento de produtividade. Cerca de 90% dessas famílias agricultoras não utilizam adubo verde, sementes certificadas e sequer esterco. Registra-se falta de orientação técnica por parte do órgão oficial, o Emater[9], e os agricultores seguem, basicamente, a tradição familiar, amigos e vizinhos. A relação com tecnologias modernas, portanto, é parcial e precária. Por exemplo, alguns usam agrotóxicos mas não equipamentos de proteção que, quando utilizados, são lavados nos rios, sendo as embalagens deixadas no campo. O uso de agrotóxicos é observado principalmente no município de Bom Jesus, sendo atribuído ao aumento de pragas e doenças, por sua vez atribuído a motivos como "inverno fraco" (veranicos, secas); "as pragas se acostumam com os venenos" ou "os projetos usam veneno na soja e os insetos vêm para cá".

No imaginário da relação agricultura/natureza, há opiniões divergentes quanto a achar que a agricultura praticada ajuda a cuidar da natureza e são poucas as pessoas que afirmam participar de projeto relacionado com a proteção da natureza, expressando conhecimento de algum órgão que atue nesse campo, na comunidade ou município. Os órgãos citados como referência são Ibama, STR e Centro Social, tidos como aqueles que "realizam palestras e fiscalização". No que tange a uma possível ajuda do governo para cuidar da natureza, o interesse se expressa através de compromissos como: "informar sobre desmatamento e importância da natureza"; "formar plano de conservação de uma área sem devastar"; "deixar uma área sem explorar"; "ter mais cuidado com a roça"; "preservar terras próximas ao rio; não desmatá-las"; "não queimar matas e margens dos brejos"; "reflorestar margens dos rios".

Esses povos dos cerrados inserem-se em um mercado de fatores e produtos restritos (Ellis, 1988) e se apegam a esquemas tradicionais de garantia de acesso à terra e ao trabalho de parentes e vizinhos, em geral, visando o objetivo máximo de aprovisionamento e posição social num círculo restrito de relações sociais, num *modus vivendi* cuja compreensão é irredutível à dimensão econômica. Mas convém ressaltar, nesse aspecto, a indisponibilidade de capital financeiro dos estabelecimentos cuja capacidade de investimentos é mínima, sendo bastante tímida a relação com o sistema oficial de crédito. Dentre as estratégias de sobrevivência, a produção para o autoconsumo apresenta, assim, significativa importância.

Quanto à composição da renda, a maior parte das famílias sobrevive com um ganho mensal oriundo das atividades de produção, consumo e comercialização dos produtos vegetais, animais e extrativos, bem como combinação estratégica entre produção e comercialização dos produtos, prestação de serviços e transferências governamentais. Mas em que pese o significado de outras fontes, as principais fontes de receita monetária ainda se originam da atividade agropecuária que, apesar dos entraves característicos da condição social desse campesinato empobrecido, ainda tem importância na viabilização de sua reprodução social.

De todo modo, a própria composição da renda aponta para o ciclo biológico familiar, de forma a considerar a somatória dos esforços de membros idosos, que participam com as transferências governamentais, e dos mais jovens, com a força de trabalho. Entre estes últimos, é significativo o índice de migração para grandes centros e para a sede do município, em busca de estudo e trabalho, em que pese a defesa de sua permanência, por parte da geração adulta, "para ajudar aos pais e "para terem uma vida mais tranqüila, segura e protegida entre familiares e amigos", não fosse a falta de oportunidades locais[10].

Nessa agricultura, a segurança alimentar, no que concerne ao risco da falta de alimentos para o consumo da família, circunscreve-se por intempéries (secas e enchentes) e as decorrentes situações de pouca produção, além da falta de outras atividades complementares. No que tange a hábitos alimentares, a dieta básica é farta em carboidratos (feijão, arroz, farinha de mandioca, macarrão, óleo) e pobre em vitaminas e proteínas. No que toca à consciência da função social da atividade que desempenham, em termos de produção de alimentos, as famílias expressam a compreensão da própria contribuição para que a sociedade não tenha falta de alimentos e para que estes sejam de boa qualidade e saudáveis.

No nível territorial mais amplo, as famílias, em sua participação na vida da comunidade e do município, ligam-se a entidades nos campos da atividade produtiva e religiosa, como associação comunitária de produtores, sindicato dos trabalhadores rurais, associação de igrejas e cooperativas. No âmbito de participação mais geral, para questões mais ampliadas, têm representantes em conselhos municipais, partidos políticos, associações de pais e mestres e em associações de mulheres e jovens.

Na relação com turistas, novos residentes ou novos agricultores, têm relevância os *gaúchos* que aportam na região como produtores de grãos (arroz/soja) nas chapadas, prestadores de serviços, comerciantes etc., em vários pontos da cadeia produtiva do complexo carnes/grãos. Localmente, os *gaúchos* são tidos, por um lado, como "pessoas que produzem em quantidade, que ajudam as pessoas, que fazem circular dinheiro na região, que ampliam ofertas de emprego, de estradas, de serviços, que contribuem para animar as festas e para o progresso da região". Por outro, são tidos como "pessoas que tomam terras dos locais, que plantam no aberto (sem cerca) e acabam com a criação (gado), que desmatam sem controle e que plantam para vender pra fora". Registram-se, inclusive, alguns conflitos de terra entre *gaúchos* e populações locais.

Na relação campo/cidade, fica evidente a complementaridade de funções que esses dois espaços desempenham na vida das populações investigadas: as representações sobre o campo relacionam este espaço à vida tranqüila, ao local de trabalho, à vida mais fácil, entre amigos e familiares, e a cidade como o espaço para resolver questões relativas a serviços básicos como saúde, educação, compras, diversão etc[11]. Mas, embora freqüentando regularmente a cidade mais próxima (sede do município), o ponto central de convivência é a comunidade o que aponta para uma sociabilidade comunitária na base do tecido social local.

Nos últimos 30 anos[12], essas famílias camponesas vêm sofrendo, paulatinamente, grande restrição do uso do espaço, no qual tradicionalmente operavam, devido à expansão da agricultura intensiva nas chapadas, que implicou severa imposição de limites quanto ao acesso aos elementos materiais e relacionais necessários à sua reprodução social. Por outro lado, nos últimos sete anos, vêm lutando para se inserirem no negócio do cerrado (Moraes, 2001), através do cultivo de arroz de sequeiro na chapada, atividade levada a cabo, em grupo, para atingir escala, em áreas arrendadas a grandes proprietários, "amansando" a terra para o cultivo de soja. Esses dois pontos refletem uma profunda crise ecológica (Wolf, 1984) dessas populações, delineando-se uma primeira questão relativa à sustentabilidade dessa agricultura camponesa que se vincula, diretamente, à sua territorialidade e possibilidades de reprodução social e reconversões produtivas, numa situação de liminaridade.

De fato, a apropriação da terra, o volume de capital, e o nível de inovação e de padronização tecnológica exigidos pelas novas formas de organização dos processos produtivos no âmbito do moderno *agribusiness* do complexo carnes/grãos estão além do poder desses sujeitos sociais que, no entanto, tentam furar o cerco da exclusão, organizando-se em cooperativas e sindicatos, para lutarem por seus direitos e se inserirem no "negócio do cerrado", o que aponta para a necessidade de desenvolvimento de políticas e programas que otimizem essas iniciativas e/ou alavanquem outras que tenham por base a própria experiência dessas famílias cultivadoras no ambiente dos cerrados, ou seja, o seu saber ambiental (Moraes, 2000) produzindo sinergias capazes de promover dinâmicas territoriais de desenvolvimento que incorporem as diversas funções sociais da agricultura familiar nesse território.

Passo importante nessa tarefa é o conhecimento da lógica operacional dessas famílias baseada na apropriação das diversas possibilidades transformadas em recursos. A conjugação tradicional de sistemas de posse e propriedade familiar nos baixões, com o uso comum das chapadas, tidas por essas famílias, até os anos 70, como "terra voluntária" (Moraes, 1999; 2000), funda-se numa economia moral (Scott, 1976; Thompson, 1984) que relaciona meios e fins num complexo sistema, numa racionalidade – divergente da dos grandes projetos de agricultura intensiva – na qual chapadas, buritizais e babaçuais são, tradicionalmente, áreas consideradas de usufruto comum, integrando o cálculo econômico camponês. Tal situação vem sendo, gradativamente, subvertida pelos novos agentes sociais guiados por uma lógica econômica baseada na apropriação privada e no uso intensivo de grandes áreas contínuas para a monocultura, no âmbito da produção de *commodities.*

O baixão corresponde às terras baixas, com solos mais ricos e úmidos que os da chapada, devido à presença de rios, riachos, lagoas e brejos, sendo o local de assentamento, morada e cultivo dos "legumes" (arroz, feijão, fava, mandioca e milho, que atinge, anualmente, no máximo, dez tarefas), verduras, frutas, e pastos. Ali, encontram-se também áreas de mata, com madeiras nobres, e dois tipos de terrenos extremamente importantes para essa agricultura camponesa: vazantes e brejos. Nestes, florescem os buritizais e, nas imediações, os babaçuais, cujo extrativismo é fundamental nessa economia agrícola (Moraes, 2000). De fato, é significativa a existência de rios ou nascentes nas propriedades, embora haja períodos de escassez de água, devido aos veranicos, e também, de enchentes nas propriedades ou região, o que aponta para uma situação de má distribuição das chuvas.

A diminuição das matas na região, de proteção às margens dos rios e nascentes, topos de morro ou chapadas, segundo a população pesquisada, deve-se à "diminuição (escassez) das terras, aumento da população, aumento da produção, avanço dos ricos (grandes proprietários de terras), do pessoal de fora que devora as serras, desmatamentos, plantações muito próximas aos rios, e queimadas", responsáveis, ainda, pela diminuição de animais silvestres e pela quantidade e variedade de peixes e da flora.

O sistema de cultivo da roça de toco (Moraes, 2000), no que concerne à dependência das condições meteorológicas, funciona nos cerrados piauienses de forma semelhante ao das populações camponesas da zona da mata e do semi-árido nordestinos, sendo que a relação inverno/verão diferencia-se da zona da mata quanto às épocas do ano, e do semi-árido quanto ao volume e maior regularidade de chuvas anuais, embora os cerrados piauienses sejam sujeitos a veranicos, o que volta e meia prejudica a safra dos "legumes" e a formação de pastos naturais e cultivados (Moraes, 2000).

A extensão das áreas cultivadas depende, a cada ano, da disponibilidade de braços para o trabalho, em função da quantidade requerida da produção. Essa mão-de-obra é buscada, primeiro, na família nuclear – o responsável pelo estabelecimento, o cônjuge, filhos e filhas – que utiliza, ainda, do sistema de troca de dias de serviço entre membros da família ampliada e vizinhos.

O cultivo dos legumes associa-se, estreitamente, ao extrativismo vegetal de espécies como pequi, buriti, babaçu, piaçava ou "caroço só". O pequi e o babaçu, além de seu consumo *in natura*, são fontes da produção de óleo ou azeite para alimentação humana, sendo essa, em regra, a fonte da gordura utilizada (principalmente a do babaçu) no preparo dos alimentos. Todas essas espécies são encontradas, em abundância, nos baixões e, no caso do pequi, também nas chapadas (Moraes, 2000). A maior parte dos esforços familiares concentra-se na produção do "legume", mas há, em menor escala, e sem uma regularidade nos ciclos anuais sucessivos, o cultivo de algodão, frutas (laranja, limão, tangerina, banana, abacaxi, goiaba, abacate, caju), havendo mesmo alguns pomares dirigidos ao comércio e verduras (coentro, cebolinha, tomate, pimentão, cebola, alho) em pequenas hortas nos quintais.

Têm importância nessa agricultura, também, a miúnça (suínos, ovinos e caprinos) e a "criação" (galinhas, galinhas d´angola ou cocá). Porém, nos últimos anos, a miúnça tem diminuído devido à restrição do acesso às chapadas e à exigência de criar os animais presos, ao contrário de antes, quando eram criados soltos, circulando entre o baixão e a chapada.

É ainda no baixão que se realiza o trabalho de formação de pasto, com o cultivo de forrageiras, em áreas cercadas, em torno de um a dois hectares, no máximo, para o gado *vacum* cujos rebanhos atingem poucas cabeças pertencentes a vários proprietários (pais, filhos, genros) de uma mesma família (Moraes, 2000).

Além de abrigar as moradas dispersas, no baixão encontram-se pequenos núcleos comunitários nos quais se localizam a capela, o grupo escolar, o posto de saúde (quando há), algum estabelecimento comercial e umas poucas casas. São locais de reuniões para fins diversos, de celebração religiosa e festiva, como, por exemplo, as festas dos santos padroeiros, realizadas nos meses seguintes às colheitas, a maioria delas entre junho e agosto. As atividades de lazer tidas como mais importantes são as festas comunitárias, visitas a familiares, bailes e jogos na comunidade. As atividades e festas mais valorizadas são as festas religiosas, reuniões de família, cultos religiosos, festas da comunidade, esportes e torneios esportivos, feiras agrícolas de produtos regionais, reuniões sindicais, aniversários de parentes e amigos. O baixão descortina-se, portanto, como um *locus* de sociabilidade calcada, sobretudo, em relações de parentesco (biológico ou ritual), e vizinhança[13].

Quanto às chapadas, ao contrário do que afirmam as falas-mestras de sua incorporação pelo agronegócio do complexo carnes/grãos, elas sempre foram inseridas no cálculo econômico das famílias camponesas, quer pelo extrativismo de madeira, para construções e fabrico de móveis, de frutos e plantas, para alimentação humana e animal, ou, ainda, de ervas terapêuticas, quer pela caça, criação do gado vacum e caprinos "na solta" e, até mesmo, por alguma agricultura de sequeiro – pequenas roças de mandioca e feijão – praticada nos tabuleiros ou "ourelo do baixão" (área de transição entre o baixão e a chapada) (Moraes, 2000).

À primeira vista, a chapada não tem utilidade no sistema camponês tradicional, mas à medida que se o vai compreendendo, em profundidade, através das identidades, das formas de trabalho, da relação com o meio ambiente e com o território, evidencia-se um conjunto de práticas e atividades ali desenvolvidas, indicativas da importância desse ambiente na reprodução social das populações locais. Aí, sim, torna-se claro o sentido da não-utilidade, referida pelos próprios camponeses: o do cultivo agrícola, *stricto sensu*, uma vez que, antes do "negócio do cerrado", esse terreno não era tido como lugar de agricultura.

Aliás, do ponto de vista agronômico, os solos da chapada só passaram a ser considerados propícios à prática da agricultura com as tecnologias geradas pela Revolução Verde, nos anos 70. No entanto, a reprodução camponesa nos cerrados passa, essencialmente, pela articulação entre baixões e chapadas: se o baixão é o lugar do assentamento, da posse, da propriedade, da morada, da sociabilidade entre parentes e vizinhos, das comunidades, a chapada é o "mundo a perder de vista, terra de ninguém" e, portanto, de todos. Era, no sistema antigo, o lugar do uso em comum da terra voluntária, sem cercamento (Moraes, 2000).

A chapada oferece uma pastagem natural chamada, localmente, de "capim agresto" que alimenta o gado no inverno e em boa parte do verão, e que implica um manejo anual feito à base de queimadas. Oferece, ainda, como ração animal, a "faveira", uma especificidade dos cerrados piauienses, não encontrada nos cerrados do Brasil Central, e enorme variedade de outras espécies vegetais alimentares, terapêuticas, fornecedoras de madeiras com outras utilidades como lenha, curtição de peles ou fabricação caseira de sabão. É também enorme a variedade de espécies animais, cuja carne é bastante apreciada para o consumo[14].

Esse não é, portanto, um vazio ou um espaço desvalorizado pelas famílias camponesas que, de fato, vivem entre o baixão e a chapada, num modo de vida que sofre, atualmente, severas limitações em conseqüência da incorporação das *chapadas* pelo agronegócio do complexo carnes/grãos, desafiando a reflexão sobre a sustentabilidade dessa agricultura.

Enfoque multifuncional e desafios para a sustentabilidade

Os impactos da fronteira de grãos sobre as populações camponesas dos cerrados remetem ao eixo da sustentabilidade dessa agricultura familiar e, portanto, à sua viabilidade econômica e social. Como ponto de partida, numa perspectiva teórico-conceitual, impõe-se refletir sobre a própria construção social da agricultura familiar no Brasil cuja definição, segundo Neves (2001), aglutina representantes políticos dos agricultores e trabalhadores rurais, funcionários e *experts* e, ainda, produtores intelectuais de várias disciplinas. Cabe ressaltar aqui pelo menos dois aspectos que convidam à reflexão: a dimensão familiar e o tema da singularidade.

Quanto ao primeiro aspecto, é interessante lembrar que à prática dos ditos agricultores familiares subjazem significados culturais constitutivos da visão de mundo e dos códigos de símbolos, por eles partilhados, que não se restringem ao universo e padrões de organização familiar, dependentes que são das condições nas quais se constroem os modos de integração institucional, estes, balizadores de possibilidades, circunscrições e constrangimentos. Nesse sentido, assim como o termo multifuncionalidade, a denominação *familiar*, antes de ser tomada como realidade dada ou conceito teórico, deve ser vista como uma categoria, ela própria, parte dos modos de integração institucional referidos. No que tange à singularidade, a categoria agricultura familiar tanto enfeixa um conjunto de noções cujas idéias subjacentes não se referem apenas à vida familiar, quanto supõe um conjunto de atores sociais diversos, apontando muito mais para *agriculturas familiares*, no plural (Neves, 2001).

A propósito da sustentabilidade, por um lado, vale lembrar com Carmo (1998) que um modelo de desenvolvimento que incorpore essa agricultura familiar, em sua diversidade, é desafiado a contemplar a reordenação das formas de produção e de organização social, com vistas a aspectos relativos à fertilidade do solo (manutenção e aumento), à preservação de outros recursos naturais e ao respeito aos valores culturais, passando pelo uso de sistemas não convencionas de produção e pela diversificação de atividades.

Por outro lado, deve-se considerar que a objetivação desse modelo precisaria incorporar, ainda, a consagração de espaços públicos, visando a elaboração de vida social, mais adequados à condição de existência e orientados não apenas pelo produtivismo ou por um tecnicismo hegemônico (Neves, 2001). No caso em questão, a aproximação com a idéia de multifuncionalidade leva a destacar de início que, tendo-se em conta a experiência dos camponeses entre o baixão e a chapada, o seu *savoir-faire* deveria, do ponto de vista dos olhares externos (pesquisadores, governos, etc.), ascender ao *status* de um saber integrado à sobrevivência humana naquele ambiente. Claro está que não se trata de reificar esse saber que deve ser considerado em seus limites e possibilidades.

De fato, nos termos desta discussão, sustentabilidade corresponde à reprodução ampla das diversas unidades de produção (família, terras e patrimônio), garantindo a integração econômica, social e cultural das novas gerações e a manutenção dos agroecossistemas, devendo ser encarada mediante quatro vertentes: viabilidade econômica, viabilidade social ou *vivabilidade*, transmissibilidade do patrimônio e reprodutibilidade ambiental ou agroecológica dos ecossistemas cultivados. Nessas dimensões, há uma interdependência de domínios (econômico, social, cultural, político) que, correntemente e equivocadamente são autonomizados de forma artificial. De fato, tratar da viabilidade da produção familiar requer a compreensão tanto das instituições econômicas quanto das não-econômicas presentes na vida social de grupos que operam sob múltiplas referências (Sabourin e Duque, [20—]).

Nessa perspectiva, a viabilidade econômica é dimensão relativa à constituição da renda da família, formada pelo conjunto das atividades agrícolas e não agrícolas, incluindo-se transferências, encargos públicos e produção para autoconsumo. Essa dimensão liga-se diretamente à estabilização dos sistemas de produção, que dependem tanto dos seus resultados técnico-econômicos como também da sua autonomia, da sua capacidade de resistência às variações do clima (resiliência) e, ainda, da natureza das relações contratuais com clientes e fornecedores[15].

Operacionalmente, relacionam-se com essa dimensão aspectos como: acúmulo suficiente de recursos num "ano bom", para as possíveis dificuldades num "ano ruim"; capacidade de manutenção do patrimônio (sem sofrer perdas irreparáveis); manutenção da capacidade produtiva; manutenção das condições de vida digna da família, com os resultados obtidos pela produção agropecuária e atividades complementares afins, como extração vegetal, artesanato, indústria rural etc. (sem excluir a pluriatividade), que, como se sabe, contribuem para a atividade agrícola. De fato, não podem ser consideradas viáveis aquelas unidades que, apesar de resistirem ao tempo, sobrevivem em condições de completa miserabilidade.

Por seu turno, a viabilidade social ou *vivabilidade* refere-se à integração das famílias agricultoras no tecido social agropecuário e rural, focando o tema da densidade desse ambiente. A densidade dos mercados locais, informais, por exemplo, nos quais se inserem as famílias camponesas dos cerrados, como evidenciado pela pesquisa, chama a atenção para o fato de que essa relação estabelecida no nível local aponta, em termos mais amplos, para uma densidade social e territorial que precisa ser melhor compreendida, o que significa que a viabilidade econômica e técnica da agricultura familiar não pode ser visualizada somente pelo ângulo de mercado, mas também a partir da organização social das estruturas produtivas e do manejo dos fatores técnicos, que têm a ver com a evolução das práticas de acesso, distribuição, transmissão e gestão dos fatores de produção.

Assim, a capacidade das famílias camponesas de dominarem o funcionamento do sistema e de assumirem riscos remete à capacidade de apoio da rede social na qual estão integradas, o que indica a necessidade de considerar não apenas o aspecto restrito da reprodução do patrimônio e da força de trabalho, mas também outras escalas além da unidade de produção, supondo tanto a dimensão do espaço local quanto a do ambiente institucional externo, com os equipamentos sociais (escolas, clubes, igrejas, postos de saúde, rede elétrica, estradas etc.) e os novos atores do desenvolvimento rural[16], numa perspectiva ampliada do local que, assim, ganha dimensão territorial. Há que se registrar, ainda, a capacidade de diminuição do aspecto exageradamente cansativo ou desgastante do trabalho, ponto extremamente importante, seja para os idosos, seja para gerações mais jovens.

Nesse âmbito da viabilidade social e diretamente ligada ao tema intergeracional, emerge ainda a questão da transmissibilidade como dimensão relativa aos ativos materiais (transmissão do patrimônio) e imateriais (cultura, tradições, saberes) e, ainda, ao *status* das atividades de agricultor na sociedade local, o que aponta para identidades.

No que concerne à reprodutibilidade agroecológica, esta é uma dimensão que reporta ao uso adequado dos recursos naturais (água em quantidade e qualidade, fertilidade dos solos, preservação das áreas de brejos, de chapadas etc.) constituindo um critério de base no manejo dos sistemas de produção que passam, às vezes, por importantes problemas de degradação (erosão, secagem dos brejos, exaustão dos solos, queimadas etc). De fato, se o tema da sustentabilidade implica duração no tempo, ele remete à própria relação dos grupos humanos com o ambiente natural, apontando para mais um elemento da perspectiva multifuncional.

Nesse sentido, põe-se o desafio de se conhecer melhor o *savoir-faire* entre o baixão e a chapada para que se possa, inclusive, definir políticas voltadas para a integração das populações camponesas em redes de qualidade, nichos de mercado, atividades de agregação de valor (industrialização de espécies nativas, criação de animais silvestres em cativeiro etc.), agroturismo, manutenção ou criação de empregos, controle da erosão, manutenção da áreas de brejos, tratamento das águas utilizadas nas unidades de produção e de transformação, valorização das áreas com pastagens, manutenção da biodiversidade, convivência com a seca, sistemas agroflorestais[17] etc, de modo que as atividades estejam conciliadas com a manutenção dos agroecossistemas. Aí se incluiria, por exemplo, a proteção aos baixões com seus brejos, vazantes, buritizais e babaçuais, associada à fiscalização ambiental rigorosa dos projetos agrícolas nas chapadas, através de mecanismos de ecocondicionalidade.

A reprodução social das famílias camponesas nos cerrados, portanto, precisa ser compreendida em termos de sua reprodução em sentido amplo, de modo que fique evidenciado como se dá a relação estabelecida por elas entre território, família, terra, patrimônio e estratégias de sobrevivência, inclusive a instalação das novas gerações.

Conclusão

Como conclusão de ordem geral, no âmbito da sustentabilidade e da multifuncionalidade da agricultura camponesa nos cerrados, um desafio é pensar e construir, com essas famílias agricultoras, um outro *status* para essa agricultura, no sentido de ela passar de segmento marginal, tido como avesso à modernização e ao desenvolvimento, a participante de um processo de desenvolvimento territorial, tendo-se em conta várias de suas próprias atribuições. Isso faz sentido, principalmente, a partir da constatação de que essas populações têm uma visão positiva do seu modo de vida e da sua função social, em que pese a visão realista sobre a precariedade das suas atuais condições de vida.

Analisando a crise ecológica dos camponeses dos cerrados vê-se, portanto, como um primeiro desafio para a sustentabilidade dessa agricultura a questão da sua visibilidade e da compreensão de suas lógicas operacionais para, a partir daí, numa perspectiva multifuncional, otimizar, inclusive via políticas públicas, os diversos papéis reais e potenciais dessa agricultura, que apontam para a sustentabilidade socioeconômica e ambiental, a manutenção do tecido social rural e as possibilidades de diversificação das atividades.

No primeiro caso, está na ordem do dia o saber ambiental dessas populações, de grande importância, inclusive, para o conhecimento da biodiversidade dos cerrados. No segundo, ganha destaque a diversificação de atividades que passa pela agroindústria, pela criação de espécies animais dos cerrados em cativeiro, pelo agroturismo, pelo extrativismo e transformação (agregação de valor) de espécies comestíveis como o pequi e o coco babaçu, por exemplo, e pela farmacologia natural, entre outras.

Outro aspecto importante a considerar é que essa agricultura familiar camponesa potencializa uma relação mais satisfatória de ocupação da mão-de-obra na zona rural, se comparada com a moderna agricultura tecnificada praticada nas chapadas e cujo índice de emprego agrícola direto, principalmente da mão-de-obra local, é baixo.

Por tudo isto, a noção de multifuncionalidade da agricultura parece adequar-se a esse contexto particular, onde a agricultura de base familiar se destaca como potencialmente mais capaz de desempenhar funções estratégicas na sustentação do tecido social rural do que a própria agricultura patronal.

Notas

[1] Não será detalhado, aqui, o tema da multifuncionalidade no contexto europeu, uma vez que há, nesta coletânea, artigos com o foco nesta temática.

[2] Sobre a iniciativa de pesquisadores do *Institute National de Recherche Agronomique* (INRA), nesse aspecto, ver Cazella e Mattei (2002). No Brasil, conferir Abramovay (1999) e Maluf et al. (2003).

[3] A propósito, de acordo com Givord (2000/2001), a constituição do grupo informal (Japão, Coréia, Noruega, Suíça e União Européia) denominado *Amigos da Multifuncionalidade* implica a aceitação de variantes relativas às especificidades de cada país, calcadas na história, cultura e padrões de desenvolvimento.

[4] A Constituição Federal de 1988 demarcou novos espaços institucionais de participação da sociedade civil, como co-gestores de política públicas, através de conselhos diversos. Participação que ainda deixa a desejar.

[5] Sobre uma tipologia de estabelecimentos agrícolas franceses e as políticas correspondentes, ver Cazella e Mattei (2002). No caso brasileiro, cabe lembrar que o Pronaf foi concebido com base numa estratificação da agricultura num primeiro plano, agricultura familiar e patronal e, num segundo plano, em segmentos da agricultura familiar.

[6] Sobre os CTEs, ver artigo de Jacques Rémy nesta coletânea.

[7] O tema do desenvolvimento territorial, no Piauí, ganha fôlego, atualmente, como política de governo. Nos meses de setembro e outubro de 2003, realizam-se oficinas (estadual e regionais) sobre o tema, promovidas pelo governo estadual, através da secretaria de estado de Desenvolvimento Rural, com apoio do governo federal, através do MDA, incluindo-se a região dos cerrados.

[8] Em Uruçuí, na comunidade de Bananeira. Em Bom Jesus, na de Eugenópolis

[9] A referência no masculino – o Emater – deve-se ao fato de, no Piuaí, esse órgão público ter passado de Empresa de Assistência Técnica e Extensão Rural, para Instituto de Assistência Técnica e Extensão Rural, embora continue usando a mesma sigla.

[10] Diagnóstico recente realizado pela CPT, sobre trabalhadores migrantes no Piauí, incluindo municípios da região dos cerrados, indica que 65,6% dos trabalhadores migrantes encontram-se na faixa dos 18 aos 35 anos, sendo 93% homens (CPT, 2003).

[11] A precariedade dos serviços pode ser vista, por exemplo, na estrutura de saneamento básico. Eugenópolis é abastecida com água de fontes diversas: rede pública, rios e poços. Bananeira, por rios e poços. A precariedade no fornecimento de água para consumo humano se observa também no que toca ao destino dos dejetos, em geral lançados nos arredores das casas. Quanto ao destino dos dejetos animais e águas usadas, a maioria é a *céu aberto*, notando-se ausência de práticas de aproveitamento sistemático como esterqueiras, por exemplo.

[12] Embora os *gaúchos* tenham começado a se estabelecer a partir da segunda metade dos anos 80, a incorporação das *chapadas*, na região, se inicia na segunda metade dos anos 70 pelos *projeteiros*, com reflorestamentos de castanha de caju, manga e projetos de pecuária. Sobre *gaúchos* e *projeteiros*, ver Moraes (2000).

[13] Esse lugar é revelado como tendo características que o distinguem dos demais, apontando para a valorização de recursos naturais como rios, brejos, lagoas e, até mesmo, para determinados serviços básicos como escolas, estradas etc., tomados como atributos específicos. Quanto às mudanças na comunidade nos últimos 10 anos, destacam-se, por um lado, a melhoria de serviços de transporte, igreja, educação, água etc. e, por outro, a emergência dos grandes projetos nas chapadas e a conseqüente restrição do espaço local, as secas, e o descompromisso dos políticos.

[14] Para detalhes, inclusive quanto à denominação científica das diversas espécies animais e vegetais, ver Moraes (2000), especialmente o capítulo V.

[15] Sabourin e Duque (2000) lembram que ante a redução tendencial dos preços agrícolas, particularmente dos cereais, iniciada nos anos 70, os sistemas familiares de produção de grãos como feijão e milho, por exemplo, tornam-se economicamente insustentáveis, diante dos preços de mercado. No entanto, dizem eles, certas unidades familiares, de tipo camponês, conseguiram se manter através do autoconsumo e do mercado local.

[16] Que são: 1/ composto por órgãos administrativos públicos locais e microrregionais: prefeituras municipais e suas diversas secretarias, conselhos de desenvolvimento rural (CMDR), consórcios de municípios; 2/ formado por entidades privadas de interesse coletivo ou comunitário: organizações de produtores (associações, sindicatos), entidades civis (ONG's, fóruns de desenvolvimento, cooperativas de técnicos). Esses dois tipos diferentes e atuando com meios diversos asseguram funções antes assumidas por órgãos federais. As transformações da agricultura, principalmente da familiar, ligam-se estreitamente às mudanças organizacionais, não apenas proporcionadas por agricultores, como também pelo ambiente institucional, local ou regional (Sabourin, 2001).

[17] A respeito de sistemas agroflorestais em regiões de cerrados, a Rede Cerrados vem desenvolvendo pesquisa na qual, recentemente, foi incluído o Piauí.

MULTIFUNCIONALIDADE DA AGRICULTURA FAMILIAR EM ARARAS (SP) E OS DESAFIOS À PESQUISA AGROPECUÁRIA

Miguel Angelo da Silveira

Este artigo analisa as expressões e a exeqüibilidade da multifuncionalidade na agricultura familiar no município de Araras, São Paulo, e suas relações com as indústrias agroalimentares, em um contexto de predominância das culturas de cana-de-açúcar e laranja. A abordagem se volta para a identificação dos desafios colocados para a pesquisa agropecuária, como parte da construção de políticas públicas de desenvolvimento rural sustentável, de âmbito local, dirigidas para a agricultura familiar.

A análise tem uma dimensão teórica que visa aportar uma série de hipóteses que possam servir de marco de referência, ou abertura de novos itinerários, para a pesquisa agropecuária desenvolver sistemas de produção competitivos e sustentáveis para a agricultura familiar, considerando os limites da chamada agricultura moderna. Essa outra forma de agricultura, para se consolidar e não depender tão fortemente da agroindustrialização capitalista, carece de avanço científico nos aspectos de novas abordagens metodológicas e alternativas tecnológicas.

Acredita-se, também, que políticas públicas locais assentadas em bases realistas, e em coexistência com o conhecimento científico, viabilizam o atendimento da grande diversidade de demandas do setor. Pretende-se, assim, amenizar a tarefa de integrar os componentes de uma nova dinâmica de gestão de desenvolvimento rural (claramente também não agrícola), numa tônica que busca harmonizar as dimensões sociais, ambientais e territoriais.

Na primeira parte do texto examina-se, brevemente, o rumo das principais transformações ocorridas no panorama agrícola e agrário brasileiro, durante as últimas décadas, enfatizando os efeitos sobre a agricultura familiar, o meio ambiente e a emergência da multifuncionalidade da agricultura. Esse exercício fornece os elementos para a avaliação das possibilidades da pesquisa agropecuária em promover o desenvolvimento econômico e ambientalmente sustentável de unidades familiares. Na terceira parte apresentam-se, resumidamente, os dados da pesquisa realizada no município de Araras (SP), tendo em vista a análise da multifuncionalidade e prevendo sugerir para a quarta, e derradeira, parte uma agenda de pesquisa equacionada às condições da agricultura familiar do município.

Meio ambiente, agricultura familiar e a emergência da multifuncionalidade da agricultura

Os estudos sobre as cadeias agroalimentares, ou sobre os fatores determinantes da estrutura e desenvolvimento do sistema agroalimentar, normalmente tratam das marcantes características da relação entre a indústria e o capitalismo, duas formas sociais não separáveis e em simbiose. No processo nota-se a intensa incorporação de tecnologias na busca da cristalização dos pressupostos da modernização da agricultura.

Como conseqüência, convive-se com um significativo quadro de degradação ambiental provocado pela inexistência de políticas públicas ambientais em função do "impulso" dado às políticas agrícolas de cunho neoliberal. O desenvolvimento capitalista modifica profundamente as suas relações históricas com a natureza e, com a intensificação de seu ritmo de crescimento, acaba por destruir as suas próprias condições de reprodução.

Uma outra face que se revela da atividade agrícola brasileira é uma significativa desagregação social no campo devida às relações de produção com caráter excludente historicamente estabelecidas.

Nesse quadro, ainda que ocupando um papel restrito no contexto de políticas agrícolas, as práticas sociais da agricultura familiar têm criado novas formas de gestão e produção agrícola no campo. O agricultor familiar cada vez mais participa de movimentos coletivos mais amplos e desempenha múltiplas funções.

Revela-se assim, para as políticas de desenvolvimento rural, uma ótica diferenciada a respeito do funcionamento das unidades familiares que confirma as proposições exaltadas nos estudos sobre a noção da multifuncionalidade. A criatividade e a capacidade empreendedora das sociedades rurais informam também a necessidade de um trabalho conjunto com os órgãos públicos.

Nesse cenário, vislumbra-se, como aponta Abramovay (2003), o meio rural converter-se, cada vez mais, em um bem público. "Ele não consiste mais, somente, no espaço físico em que se espalha a produção agropecuária, mas adquire funções sociais que obrigam sua partilha entre uma quantidade diversificada de atores".

As possibilidades da pesquisa agropecuária na promoção do desenvolvimento econômico e ambientalmente sustentável de unidades familiares

A emergência da multifuncionalidade, como fator central do desenvolvimento rural, faz valorizar e repensar, simultaneamente, a necessidade de um novo enfoque para a estrutura institucional e organizacional das instituições estatais de pesquisa. As estratégias de construção desse novo modelo devem incorporar elementos de fundamentações científicas diferenciadas, recapacitação e treinamento dos pesquisadores, estabelecimento de alternativas de investigação que visem a gestão dos agroecossistemas com uma perspectiva da totalidade, de modo a incorporar o equilíbrio e a transversalidade metodológica entre as ciências humanas e as da natureza.

A intervenção do setor público, para o desenvolvimento dessa nova agenda de pesquisa, implica também a implementação da abordagem socioambiental, a utilização equilibrada dos recursos naturais e com visão territorial, ou seja, um planejamento integral com base no caráter multifuncional do setor rural.

Essa realidade, apesar de ser ainda praticamente remota, traz consigo a esperança de representar o novo tão esperado. O que se percebe, normalmente, é que a ação da pesquisa, quando relacionada com a questão da formulação de políticas públicas, não tem influenciado os responsáveis pela tomada de decisões no campo. Esse hiato, como já apontava Canuto (1993), não chega a ser preenchido pelas evidências dos resultados alcançados pela pesquisa, apesar de demonstrarem o alto grau de degradação ambiental provocado pelas práticas da moderna agricultura. Para o autor, no Brasil "existem condicionantes estruturais que colocam a questão ambiental em posição secundária, em função da emergência do 'problema da fome e da produção agrícola no seu todo'".

Nos países ricos, as políticas ambientais assumem maior importância e a reunião de fatores, tais como a segurança alimentar, a preocupação com a paisagem, a gestão territorial, constitui a própria síntese da multifuncionalidade da agricultura.

É, portanto, necessário ampliar a ação da pesquisa e criar um estilo multifuncional de investigação científica, de modo a incluir os vínculos do urbano e do rural, a participação dos agricultores, o novo contexto político do país e a nova demanda por pesquisas agroecológicas, com a finalidade de novas oportunidades para a produção familiar.

O meio ambiente tornou-se um domínio cada vez mais concorrido para programas de pesquisas cuja dinâmica é condicionada pelo desenvolvimento agropecuário e pelas forças sociais que remontam à estrutura social global. Porém, a complexidade das relações dessa estrutura, como processo histórico específico, não favoreceu o atendimento das demandas sociais, cujo desafio não é fácil de ser atingido.

O desenvolvimento tecnológico é heterogêneo e avançou significativamente com respeito às técnicas e aos métodos de produção agrícola. Torna-se cada vez mais sofisticado no controle de poluição, avaliação de impactos ambientais e no campo biogenético. De outra parte, no que tange ao desenvolvimento humano, permanece uma defasagem e a crise social atual não conheceu a mesma atenção por não ocupar um lugar central.

Atualmente, no entanto, nos âmbitos da agricultura e do rural, percebem-se reflexões que podem gerar um diálogo renovado em função do agravamento dos impactos socioambientais como conseqüência do favorecimento à intensificação dos sistemas de produção modernos.

Na Europa, mais especificamente na França, esse diálogo busca precisar o novo lugar que os agricultores devem ocupar na sociedade e uma melhor definição de sua missão. O conjunto da sociedade se apropria progressivamente do mundo rural e muitos são aqueles que consideram que o papel dos agricultores deve estar além da sua função básica (Curien, 1993).

As políticas européias para o meio ambiente e a discussão em torno da noção da multifuncionalidade, mais particularmente, fortalecem os esforços de pesquisadores brasileiros que tratam do meio ambiente com pertinência social.

No Brasil, os importantes debates políticos que estão em curso influenciam os programas e políticas de desenvolvimento rural sustentável, exatamente em função de sua preocupação com os recursos naturais aliada aos elementos de reflexão social e cultural.

A necessidade de reforçar e qualificar a pesquisa sobre os temas da agricultura familiar e do meio ambiente deve colocar na ordem do dia a idéia de que a agricultura familiar e o meio ambiente são as duas faces de um mesmo campo, ou seja, o do desenvolvimento rural sustentável.

Contudo, essa nova tarefa não virá desprovida de dificuldades, uma vez que os desafios postos para essas duas temáticas são muito mais que puramente tecnológicos, mas acima de tudo políticos. Mudanças dessa monta não são concebidas pela maioria dos pesquisadores, pois implicam assumir, prioritariamente, o papel de um dos principais condutores dos processos de desenvolvimento local, da gestão do território e da proteção ambiental.

Ademais, a abordagem de pesquisa, que expressa uma preocupação equilibrada entre os aspectos sociais e ecológicos, esbarra na falta de uma fundamentação epistemológica e teórica mais sólida dos pesquisadores com relação aos campos selecionados.

O modo pelo qual distintos grupos de pesquisadores interagem com um mesmo problema de pesquisa responde a um modelo dual de racionalidade que é reflexo de consensualidades de princípios e teorias diferentes entre as ciências da natureza e sociais. Essa contradição, que para muitos parece ser intransponível (Carvalho, 1992), acarreta a adoção de estratégias metodológicas particulares em cada caso.

Porém, abordagens diferentes de conceber as fronteiras da interface homem/natureza apenas indicam uma dupla necessidade emergencial: construções teóricas mais sólidas e maior articulação entre pesquisadores e agricultores no processo de geração de tecnologias e de definição de estratégias de intervenção na realidade do setor produtivo.

Dessa forma, o ponto de apoio teórico principal de pesquisas na linha socioambiental é a reconstrução das determinações sociais dos problemas ambientais, como condição essencial do conhecimento do movimento de totalização a que eles pertencem. Movimento fora do qual a síntese orientadora do trabalho interativo entre as disciplinas parece tornar-se inviável.

Muito embora nessa categoria de pesquisa surjam imprecisões com respeito à apreensão da complexidade e riqueza da realidade socioambiental, a prática de intervenção na realidade dos agricultores deve ser norteada pela apreensão da riquíssima pluralidade existente no campo e da sua ampla diversidade de valores. Talvez seja essa uma das principais contribuições para o debate sobre desenvolvimento rural sustentável da agricultura familiar.

A necessidade da apropriação socioambiental pela pesquisa agropecuária

Normalmente, a abordagem dos problemas ambientais, por parte da pesquisa agropecuária, ocorre de forma isolada ou desarticulada da análise das condições objetivas - ou históricas - que os produzem ou determinam. Todo e qualquer problema ambiental deve ser necessariamente visto como resultado de relações sociais dadas ou historicamente determinadas.

O ponto de vista defendido pela maioria dos pesquisadores, de que a tecnologia é a panacéia para todos os males da agricultura, não passa de uma ilusão tecnicista, mais ainda diante da complexidade da agricultura de base familiar e do meio ambiente. Portanto, a pesquisa "para" a agricultura familiar e para o meio ambiente, diferentemente da pesquisa "sobre', de acordo com Sebillotte (2001), implica, acima de tudo, uma mudança dos valores dominantes da cultura da pesquisa, a ponto de permitir que ela vá muito além do tradicional processo de geração de tecnologias centrado na ideologia difusionista.

Pesquisar para o desenvolvimento sustentável da agricultura familiar pressupõe envolver-se em uma aventura estimulante de convivência com agricultores, além de exigir um olhar crítico sobre a própria história da pesquisa agropecuária brasileira.

Em um contexto de mudanças rápidas e de competitividade mercadológica, como o presente, é cada vez mais difícil imaginar uma outra lógica científica que não aquela guiada pela análise pontual e reducionista. Como a apreensão da realidade dos fatos é "parcelada em 'fatias' independentes umas das outras", o resultado, evidentemente, será sem grande valor indicativo das conseqüências sobre o homem e seu ambiente (Meyer, 1990).

A pesquisa agropecuária para dotar-se da capacidade de se atualizar e progredir deve se ater ao trato da questão ambiental e da agricultura familiar não de modo abstrato, ou como se fossem temas possíveis de serem estudados apenas a partir da perspectiva da ideologia tecnocrática. A técnica por si só não é portadora de um princípio geral de solução dos problemas socioagroambientais. Na perspectiva hegemônica, os protagonistas sociais não estão jamais presentes - um sistema sem sujeito - e os problemas agroambientais parecem ser deixados de fora de qualquer relação social, como se fossem portadores de um determinismo associal.

Diante de fatos como esses, sublinha-se a necessidade da atividade de pesquisa se equipar de outras ferramentas analíticas de modo a ter em conta as novas formas que assumem as relações sociais, as instituições, o Estado e as instituições culturais coletivas, bem como os cruzamentos entre eles. Se, por um lado, os tempos da globalização sugerem uma certa uniformização econômica e financeira, simultaneamente convivem, dentro de um mesmo mundo, as especificidades culturais e sociais que são reforçadas e que geram outras demandas locais.

Lógica e estratégias da multifuncionalidade da agricultura familiar de Araras (SP)

O município apresenta como principais atividades produtivas as indústrias de transformação seguidas da agricultura da cana-de-açúcar, laranja e milho. O percentual estimado da produção é de 60% da indústria; 15% agropecuário; 20% comércio e 0,5% serviços (Araras, 2003).

De acordo com números da secretaria municipal de Agricultura, indicados por Morelli , Araras possui 900 propriedades rurais. A floresta tropical deu lugar ao café e, atualmente, dos 61 mil hectares do município, 47 mil hectares são áreas agrícolas exploradas. O cultivo da cana chega aos 30 mil ha e o da laranja está em torno de 10 mil ha. As outras culturas correspondem a sete mil ha da área cultivada. Ultimamente, a fruticultura vem se fortalecendo em Araras, apresentando um forte potencial de mercado. O município dispõe de condições climáticas e localização geográfica privilegiadas para isso (Morelli, 2003).

Nas últimas décadas, a agricultura do município experimentou importantes mudanças na base técnica e em suas relações com o mercado. Apesar disso, a unidade de produção predominante continua sendo a do tipo familiar, mantendo a sua capacidade de subsistência e funcionalidade econômica, tanto em períodos de crescimento como em épocas de crise, como a presente.

As explorações familiares representam cerca de 82% do total de estabelecimentos, ao passo que 75% da área explorável são ocupados pelas propriedades empresariais que perfazem tão-somente 7% do total. O número total de explorações agropecuárias manteve-se o mesmo nos últimos anos, o que não significa que tenha ocorrido uma estagnação da produção do setor (Morelli, 2003).

Dados da pesquisa de campo (Silveira, 2003) indicam, de modo geral, que as alterações na organização da produção agrícola seguiram em direção a uma maior tecnificação, em função do predomínio das culturas da cana-de-açúcar, laranja e milho.

Com relação aos recursos naturais, a exploração agrícola familiar, dada a sua integração ao circuito econômico da cana-de-açúcar e da laranja, reproduz o modelo de agricultura industrial da região onde ela está inserida. Nota-se um alto índice de mecanização da lavoura, uso de sementes certificadas, de adubos químicos, de agrotóxicos com grande freqüência e que vem aumentando. A conservação do solo se dá nos padrões convencionais.

O saneamento básico da área estudada é adequado, pois a água é proveniente de poços e os dejetos humanos são recolhidos em fossas. Os dejetos animais, quando em grande quantidade, são dispostos em esterqueiras.

Os produtores familiares entrevistados demonstraram uma relativa preocupação com a conservação da água e das matas ciliares nas propriedades que possuem nascentes, córregos, rios e represas.

A maioria dos agricultores gostaria de receber ajuda para o que denominam "cuidar da natureza". Dentre os compromissos que estariam dispostos a assumir foram citados a preservação da área, o reflorestamento (no sentido de recomposição das matas e não da exploração econômica) e a proteção de nascentes de água. Em troca, gostariam de ser recompensados pelos órgãos públicos, por meio de recebimento de créditos ou isenção de impostos.

Os proprietários têm uma forte relação de integração com a terra e se vêem, acima de tudo, como agricultores. Demonstram a intenção em investir na exploração agrícola, cada vez mais, pois o patrimônio familiar é levado em alta consideração.

Se os filhos estão mais integrados à vida da cidade, principalmente pela necessidade de trabalhar e estudar, os chefes de famílias têm uma relação com a vida urbana limitada à compra de alguns produtos e a raríssimas outras atividades, como as religiosas e de lazer.

A participação na vida cultural e religiosa é marcada pelos fortes laços de amizade entre os vizinhos. Os bairros rurais dão o sentido da coletividade social e a rede de relações que se estabelece entre eles é também conformada pela identidade espacial.

As possibilidades de garantia das atividades culturais e de lazer se condicionam, também, à consolidação da situação econômica. Uma vez que as manifestações culturais e de lazer são notadamente rurais e interligadas, percebe-se a importância da relação direta com a agricultura.

Uma característica a ser destacada é a alta incidência de parentesco de descendentes de italianos. Os proprietários são, na maioria, da própria região e apresentam uma forte relação com o local. Talvez daí possa também advir a importância dada às reuniões familiares e ao papel da família na lógica da organização da produção.

Por outro lado, o direcionamento preferido dos "moços e moças" paras as cidades e a necessidade da divisão das propriedades, entre os poucos filhos que permanecem no campo, evocam mais restrições e possibilidades de instabilidades em termos de futuro.

Em Araras, apesar do quadro geral, há sinalização dos agricultores com tendências de valorização de algumas funções não imediatamente mercantis, como as que levam em conta o meio ambiente, a paisagem rural, a fauna e a saúde dos membros das famílias.

Conclusões sobre a realidade rural de Araras e os desafios para a pesquisa agropecuária

A pesquisa realizada em Araras fornece os elementos centrais da discussão sobre a multifuncionalidade e reforça a necessidade de revisão das formas e processos de geração e difusão de tecnologias baseadas no, ainda dominante, paradigma positivista.

Da especificidade da agricultura de Araras emergem o papel importante desempenhado pelos estabelecimentos familiares na área, a realidade de uma agricultura familiar multifuncional, ainda que restrita à função produtiva, uma melhor compreensão da lógica de produção das famílias e a falta de alternativas tecnológicas voltadas para a sustentabilidade agroambiental e adaptadas à capacidade dos agricultores.

Mesmo não tendo uma compreensão exata da noção da multifuncionalidade da agricultura, a partir da racionalidade científica, são os próprios agricultores familiares os seus verdadeiros demandadores.

Sob o enfoque da noção da multifuncionalidade, a reprodução social da família parece se garantir, fortemente, pela geração da renda subordinada à exploração das culturas, principalmente da cana-de-açúcar e laranja. Ademais, a viabilização da função "reprodução social" se dá, ainda, com base no trabalho dos membros da família.

Pelo fato da principal fonte de renda vir da atividade agropecuária, depreende-se que as alternativas produtivas encontradas têm sido orientadas, fundamentalmente, para o cumprimento da função de reprodução social da categoria familiar.

A questão relativa ao futuro sucessório das propriedades familiares de Araras resta em dúvida. A manutenção do sistema convencional de exploração agropecuária imposto pela modernização da agricultura poderá, no caso de algumas propriedades, como, por exemplo, as de áreas arrendadas, provocar o esgotamento dos recursos naturais, comprometer a rentabilidade econômica, o grau de capitalização e a relação com o mercado.

A compreensão dessa realidade e dos outros fatores analisados, por parte dos proprietários, evidencia a possibilidade em aceitar uma mudança na direção da multifuncionalidade.

A agricultura familiar de Araras, por supor uma relação com um mercado mais amplo e com uma estrutura produtiva e empresarial mais favorável em comparação com outras regiões do Brasil, não incorpora na totalidade as características marcadas no debate da multifuncionalidade da agricultura.

Um maior aproveitamento dessa possibilidade implicaria uma mudança substancial no esquema produtivo desse setor, a médio e a longo prazos, a partir, principalmente, de estímulos políticos que criassem instrumentos de reforço às instâncias produtivas, estabelecessem prioridades e elaborassem programas específicos. Seria, ademais, primordial que os agricultores tomassem conhecimento das possibilidades que se abrem e dos obstáculos que existem para se adaptarem a uma realidade multifuncional. Acima de tudo, devem ter a compreensão exata dos fatores de riscos ambientais e de degradação social provocados pelo modelo econômico e agrícola em uso para incorporá-los, sob um aspecto político e crítico, em suas lutas diárias e em seu benefício.

Para a produção familiar de Araras a multifuncionalidade da agricultura pode apresentar grandes vantagens e os sistemas familiares podem adquirir novos contornos, pois tal noção está voltada prioritariamente para a diversidade da produção, a garantia da saúde e da segurança alimentar, a preservação e manutenção dos ecossistemas, da vegetação nativa, entre outros.

Mesmo que na amostra tenham sido incluídos assentados rurais, não ficou caracterizada qualquer demanda específica deste segmento. Contudo, dado o interesse na continuidade da pesquisa, a aproximação com esse tipo característico de agricultores familiares será aprofundado.

Por outro lado, a ação das instituições de pesquisa, nesse contexto, constitui um tema que demanda uma cuidadosa reflexão e é um elemento fundamentalmente importante para apoiar a promoção do desenvolvimento multifuncional das unidades familiares.

Para a retomada da pesquisa em Araras propõe-se um formato metodológico que, longe de reunir elementos inéditos, leve em consideração os entraves estruturais e as variáveis de ordem político-ideológica no contexto das instituições de pesquisa e desenvolvimento.

Considera-se mais apropriado, no caso, indicar uma conjugação de análises socioambientais e diagnósticos científico-participativos. Tendo em vista a definição de ações de intervenção na realidade, opta-se por uma combinação de métodos científicos que foca o uso eficaz dos recursos naturais e valoriza o conhecimento e a cultura locais. No contexto do cruzamento entre agricultura familiar e desenvolvimento rural sustentável, esse enfoque metodológico considera a execução de levantamentos e diagnósticos, participativos ou não, análises socioambientais e métodos de intervenção.

A intenção em mostrar a necessidade de integração, e articulação, entre vários métodos qualitativos com métodos quantitativos busca superar a visão da pesquisa tradicionalmente difusionista. A opção pelo enfoque metodológico que alia a noção da multifuncionalidade aos estudos participativos não nega o processo de geração e difusão de tecnologia mas visa explorar o potencial da agroecologia e da multifuncionalidade como elementos catalisadores e transformadores da realidade da produção familiar.

Entende-se como fundamental, nesse percurso, explorar as possibilidades oferecidas pela multifuncionalidade da agricultura em face das peculiaridades da realidade rural para a busca de subsídios às políticas públicas de desenvolvimento.

O desenvolvimento rural, associado à concepção da multifuncionalidade da agricultura, representa uma mudança de paradigma em relação aos postulados da modernização da agricultura. Sendo assim, a multifuncionalidade se configura em ponto de partida e de chegada da proposta, conforme indicam os passos metodológicos sugeridos.

O ponto central é dar ênfase particular às relações existentes entre o sujeito social da unidade de produção familiar e as questões ambientais. Esse encontro deve-se ao fato que a complexidade das questões socioambientais impõe, necessariamente, que o conhecimento das condições de reprodução das relações ambientais pressupõe o conhecimento aprofundado das condições da reprodução social e econômica de seus agentes.

A participação é vista como o melhor caminho para o sucesso de projetos de desenvolvimento da agricultura familiar. O recurso do uso de métodos participativos de diagnóstico em projetos de desenvolvimento é um dos elementos fundamentais para abrir caminho para transformar as experiências e as lições de campo em subsídios para políticas públicas (Chambers & Guijt, 1995).

O que se pretende com a utilização de abordagens participatórias é estimular a percepção de atores sociais locais, de modo que se transformem em ativos participantes na definição de estratégias para o desenvolvimento dos sistemas agropecuários locais.

Neste contexto, o trabalho de intervenção participativa é visto como um meio de levantar e analisar problemas ambientais e sociais e, ao mesmo tempo, de buscar as soluções, porque são resultados de relações sociais específicas. Deste modo, o resultado a ser produzido pode dar ao pesquisador interventor, preocupado com os aspectos ambientais, as condições de um diálogo democrático com os agentes sociais em questão, orientado para a solução dos problemas selecionados. Fora disso, a pesquisa estará sempre informando políticas autoritárias e de resultados duvidosos (Silveira, 1996).

Já o conjunto de alternativas agroecológicas, visando a intervenção participativa nas áreas de agricultura familiar, deve ser definido com base na constituição de um espaço de desenvolvimento técnico para a formação socioambiental e aperfeiçoamento profissional dos agricultores.

A agroecologia surge no Brasil nos estados do Sul como uma tentativa de reorientação tecnológica para permitir o fortalecimento dos agricultores ante as dificuldades econômicas geradas pelo processo de "modernização conservadora" (Petersen & Weid, 1999).

A agricultura familiar tem grande potencial para a agroecologia, não somente no âmbito específico do sistema de produção em si, mas no domínio dos seus atributos culturais amplos. De um lado, o domínio do uso de insumos e técnicas e, de outro, os conhecimentos tradicionais de gestão que ultrapassam o cultivo e se orientam a toda a propriedade, com suas interrelações e complementaridades, constituem um patrimônio cultural ainda restante após a modernização dos sistemas agrícolas (Canuto et al., 1994).

As atividades de intervenção são priorizadas de acordo com as condições estabelecidas pelos próprios agricultores e acontecem com base em um processo interativo. A partir da dinâmica fixada, a equipe de técnicos passa a ter encontros periódicos com o propósito de desenvolver estudos teóricos e práticos para a realização da empreitada; oferecer cursos e oficinas para a capacitação dos agricultores e aperfeiçoamento técnico dos sistemas de produção. Esse aspecto do trabalho tem a pretensão de gerar, simultaneamente, um processo de conscientização e de emancipação do grupo. A intervenção é executada pela própria comunidade que não fica na dependência de pesquisadores e técnicos. Estes, por seu turno, colaboram na medida das necessidades.

A MULTIFUNCIONALIDADE DA AGRICULTURA NA REALIDADE RURAL BRASILEIRA

Renato S. Maluf

Este artigo analisa as possibilidades oferecidas pela noção de multifuncionalidade da agricultura em face das peculiaridades da realidade rural brasileira, valendo-se das contribuições aportadas pelos estudos de caso do projeto que deu origem à presente coletânea[1]. Pelas razões apontadas na Introdução da coletânea, a apropriação da noção requer, de início, verificar como se expressa a dimensão multifuncional da agricultura familiar em diferentes regiões do país, sendo este o foco principal do artigo. Indicações preliminares serão feitas quanto à contribuição dessa noção para o processo de reconhecimento e legitimação da agricultura familiar no Brasil.

A equipe do projeto identificou três níveis de análise requeridos pelo enfoque da multifuncionalidade da agricultura – as famílias rurais, o território e a sociedade[2]. A pesquisa realizada com famílias rurais de regiões bastante diversas do país permitiu uma rica observação das circunstâncias que afetam o desempenho das múltiplas "funções" atribuídas à agricultura, desde a ótica das dinâmicas de reprodução dessas famílias. Contudo, como ressaltado pelo enfoque da multifuncionalidade e vários outros, essas dinâmicas são localizadas no sentido de estarem inseridas em determinados territórios, ao mesmo tempo em que contribuem para a configuração dos mesmos. A incorporação da dimensão do território demandaria investigar, adicionalmente, a percepção sobre as referidas "funções" e a correspondente atuação dos atores e redes sociais relevantes na construção social dos respectivos territórios. Finalmente, tem-se o nível da sociedade cuja apreensão se faz, sobretudo, através da análise das políticas públicas dirigidas para este segmento, objetivando verificar em que medida elas reconhecem e conferem legitimidade à multifuncionalidade da agricultura familiar.

Uma formulação com profundas raízes na experiência européia não pode ser transposta mecanicamente para a realidade brasileira, entre outras, em razão do papel central atribuído pela noção de multifuncionalidade da agricultura à atividade agrícola, em especial à produção agroalimentar na conformação do rural e na reprodução das famílias rurais. Observa-se, na Europa, uma espécie de "retorno" do produtivismo na direção de privilegiar a sustentabilidade ambiental e a qualidade dos alimentos produzidos, com base no que alguns denominam de "modelo agrícola europeu". No Brasil, apesar dos sucessivos recordes da produção agrícola e do elevado grau de complexidade do sistema agroalimentar nacional, não se pode afirmar que esteja equacionada a questão da produção agroalimentar. Mais além da disponibilidade física de bens, é preciso levar em conta os aspectos socioeconômicos, culturais, espaciais e ambientais envolvidos na produção agroalimentar, no contexto de elevada heterogeneidade e desigualdade social que caracteriza o mundo rural no Brasil.

Isso é tão mais importante quando se considera que o enfoque da multifuncionalidade da agricultura abrange todas as famílias rurais, formando um universo bastante diverso que inclui aquelas famílias que praticam a atividade agrícola em condições precárias e para as quais ela é uma fonte secundária de trabalho e, principalmente, de renda. Estas últimas constituem um contingente numeroso e significativo no Brasil. Ao adotarem este procedimento, os estudos de caso aqui considerados atendem a um dos objetivos do referido enfoque que é ampliar a noção de agricultor para além dos critérios econômicos e produtivos estritos que caracterizariam o chamado "verdadeiro agricultor". Viu-se que a noção de multifuncionalidade da agricultura surgiu, justamente, para chamar a atenção para outras funções além da "função primária" de produzir bens (alimentos e fibras), convencionalmente atribuída à agricultura.

A essas observações de ordem geral, acrescente-se que a reprodução econômica das famílias rurais, nas condições brasileiras, não guarda uma relação linear com a atividade agrícola desenvolvida por essas famílias, pois a maioria delas obteve incrementos de renda por outras fontes que não sua produção agrícola mercantil. Essa talvez seja a constatação mais geral da pesquisa em questão. Embora não constitua uma novidade, será visto aqui que tal característica coloca desafios específicos para a correlação entre a atividade agrícola e a promoção das demais funções da agricultura que se pretende valorizar.

Entre as múltiplas funções atribuídas à agricultura, a equipe de pesquisa colocou ênfase em quatro expressões da multifuncionalidade da agricultura na realidade rural brasileira, a saber: a) reprodução socioeconômica das famílias rurais; b) promoção da segurança alimentar das próprias famílias rurais e da sociedade; c) manutenção do tecido social e cultural; d) preservação dos recursos naturais e da paisagem rural.

As quatro funções não se manifestam, igualmente, nos diferentes contextos socioespaciais ou territórios. A forma de manifestação de cada uma delas reflete aspectos particulares a cada contexto, assim como os territórios diferenciam-se quanto à presença simultânea de várias funções e à articulação que se estabelece entre elas. De todo modo, as quatro funções antes referidas constituem a principal referência para a avaliação da multifuncionalidade da agricultura nos estudos de caso e nas observações feitas a seguir.

Reprodução socioeconômica das famílias rurais

Esta função diz respeito à geração de trabalho e renda que permita às famílias rurais manterem-se no campo em condições dignas, função proeminente num contexto de elevado desemprego e de renda real constante ou declinante para amplos segmentos da população. A agricultura continua a desempenhar papel central na reprodução econômica e social das famílias rurais no Brasil, apesar de que, para a maioria delas, sua contribuição menos importante venha sendo a renda monetária obtida por essas famílias com a produção agrícola própria. Para desenvolver este argumento, é preciso desdobrar a menção à "agricultura" em duas dimensões. Uma delas é a "agricultura em geral", formada pelo conjunto das atividades agrícolas, pecuárias e extrativas realizadas num território, às quais está interligado um conjunto diverso de outras atividades (processamento e transporte de produtos, serviços etc). A segunda dimensão, mais restrita, é a atividade agrícola própria das famílias rurais, por sua vez, com dois componentes, o mercantil e o autoconsumo. Nestes termos, enquanto se reduz a contribuição da produção agrícola mercantil para a reprodução econômica das famílias rurais, mantém-se a importância da produção para o autoconsumo familiar, bem como a da 'agricultura em geral' como geradora de ocupação e um dos determinantes da dinâmica territorial.

O peso decrescente da renda oriunda de atividade agrícola própria na composição da renda monetária das famílias rurais deve-se a dois fatores principais. Primeiro, a tendência de queda dos preços reais dos produtos agrícolas e a conseqüente redução da renda agrícola, um fenômeno mais geral, que no Brasil foi acentuado, na última década, pelo papel da contenção dos preços agrícolas na política antiinflacionária – a chamada "âncora verde" do Plano Real. Segundo, a ausência de condições para que as famílias aperfeiçoem o processo produtivo e agreguem valor aos produtos agrícolas, devido a insuficiências relacionadas com disponibilidade de área, suporte técnico-comercial e recursos financeiros.

As características antes mencionadas estão bastante presentes nas áreas pesquisadas, sendo poucos os casos que se enquadrariam na condição de agricultura familiar "bem sucedida", no sentido de as famílias auferirem uma renda monetária da atividade agrícola significativa a ponto de colocarem esta atividade no centro da estratégia de reprodução econômica da unidade familiar rural. A composição do universo pesquisado não autoriza generalizações; no entanto, a constatação de que é decrescente o peso econômico da atividade agrícola própria na reprodução de um grande número das famílias rurais brasileiras não está em desacordo com a maioria das análises sobre a realidade rural no Brasil.

Ainda mais importante, as informações obtidas na pesquisa de campo praticamente permitem estabelecer uma correlação inversa entre o nível de renda monetária das famílias rurais pesquisadas e o peso econômico da sua produção agrícola mercantil, mesmo considerando a precariedade das informações sobre renda monetária neste tipo de levantamento. Vale dizer, quanto mais elevado o nível de renda familiar, menor a participação relativa dos ingressos monetários provenientes dessa última atividade. Essa correlação confirma o que outras pesquisas já haviam indicado quanto à importância da pluriatividade na estratégia de elevação da renda monetária das famílias rurais (Carneiro, 1998; Schneider, 2003; Silva, 1999).

Como se sabe, a estratégia de obtenção de renda monetária pelas famílias rurais caracteriza-se pelo recurso sistemático às atividades não agrícolas no interior da unidade familiar e fora dela em ocupações tipicamente urbanas, mas também inclui o trabalho temporário em atividades agrícolas realizadas em estabelecimentos de terceiros. A combinação de atividades agrícolas e não agrícolas insere a família rural em diferentes setores e amplia seu campo de atuação e de inserção social e econômica, associando o enfoque da pluriatividade, diretamente, ao da multifuncionalidade.

Retomando o argumento inicial, a atividade agrícola própria perdeu centralidade para a reprodução econômica (via inserção mercantil) de um grande contingente de famílias rurais, porém, mesmo nestes casos ela mantém papel relevante em vários aspectos da reprodução familiar. O acesso à terra e as atividades agrícolas nela desenvolvidas são elementos de garantia, entre outros, de habitação e alimentação analisada adiante. Além disso, mesmo reconhecendo o caráter pluriativo das famílias rurais, a importância da "agricultura em geral" se revela nas raízes agrícolas das principais atividades rurais classificadas como não agrícolas (processamento agroindustrial e turismo rural), no trabalho agrícola temporário em outros estabelecimentos e nas várias implicações para a dinâmica econômica dos territórios. Igualmente importante aos aspectos econômicos mencionados, a condição de agricultor mantém-se como elemento essencial para a identidade e inserção social e para as formas de sociabilidade das famílias rurais. Os enfoques da pluriatividade e da multifuncionalidade permitem questionar as fronteiras entre os diferentes setores de atividade e de emprego, convertendo a noção de ruralidade em tema privilegiado[3].

Se não há muita novidade no fenômeno aqui apontado, as questões por ele suscitadas diferenciam-se segundo o enfoque analítico adotado. Por exemplo, uma importante orientação para a política pública é saber sob que formas e em que medida o apoio às famílias rurais deveria fomentar a chamada agricultura familiar, nas atuais circunstâncias de perda de centralidade econômica da produção agrícola mercantil dessas famílias. Um olhar circunscrito à lógica de reprodução da unidade familiar rural, como no enfoque da pluriatividade, avaliaria a promoção da atividade agrícola, relativamente às demais atividades (rurais ou não), em função da sua contribuição para a reprodução econômica das famílias. Neste enfoque, a correlação observada levaria a não priorizar o fomento à produção agrícola, já que a agricultura não estaria incrementando a renda familiar.

A ótica da multifuncionalidade da agricultura, por sua vez, demandaria avaliar o desempenho das várias funções atribuídas à agricultura e sua dependência para com a atividade agrícola em si. Isto é, em que medida a preservação e a promoção de tais funções dependem de estimular a atividade agrícola própria das famílias rurais e, também, a "agricultura em geral". Assim, além da unidade familiar rural, o enfoque abrange o âmbito dos territórios em que estas unidades se localizam e também o âmbito da sociedade no qual se dá a formulação das políticas públicas. Nesses planos analíticos e de intervenção, passam a contar a forma de ocupação social do espaço agrário que se quer valorizar, bem como as já mencionadas dimensões social, ambiental e cultural da produção agrícola. Portanto, o enfoque da multifuncionalidade valorizaria o fomento à agricultura familiar, porém, através de uma abordagem multifacetada e de instrumentos diferenciados em relação às tradicionais políticas de crédito à produção.

Nas regiões Sudeste e Sul do país encontram-se os principais exemplos em que a agricultura se coloca como ponto de partida e componente nuclear da estratégia de elevação da renda monetária das famílias rurais. No universo estudado, tem-se as famílias participantes da Agreco, em Santa Rosa de Lima (SC), sendo que o processo conduzido por esta associação aproxima-se do enfoque da multifuncionalidade ao trazer subjacentes as idéias de construção de território e de desempenho de múltiplas funções fortemente enraizadas na atividade agrícola que, por sua vez, fornece o suporte e as razões iniciais do referido processo. Um caso peculiar é o das famílias de assentados rurais de Abelardo Luz (SC), das quais apenas 20% exercem outra atividade que não a agrícola, característica comum entre os agricultores da região Oeste de Santa Catarina. Aqui, a multifuncionalidade da agricultura aparece com sentido mais literal, de um lado, porque a atividade agrícola está no centro da estratégia das famílias assentadas e, de outro lado, pela condição peculiar de serem assentamentos que fazem da agricultura o instrumento de ocupação de vazios demográficos e de incorporação de um novo elemento no tecido social preexistente na região. Em contraste com os anteriores, em Araras (SP) são encontradas famílias rurais cuja renda monetária proveniente da agricultura é relativamente elevada, porém, na maioria dos casos, reproduzindo o padrão regional de integração das unidades familiares à lógica da monocultura (cana-de-açúcar e laranja) comandada por grandes agentes econômicos. Neste caso, o enfoque da multifuncionalidade suscita questões ligadas à dimensão ambiental (uso dos recursos naturais) da atividade agrícola, ao aspecto paisagístico e, em menor grau, à preservação da herança cultural, analisadas adiante.

A questão passa a ser, portanto, combinar a elevação da renda monetária oriunda da atividade agrícola (uma agricultura "bem-sucedida") com a preservação ou a ampliação das múltiplas funções da agricultura (uma agricultura multifuncional). A mesma questão se coloca quando a atividade agrícola aparece como estratégia contra a exclusão social e de inserção no desenvolvimento territorial, como a busca por entrar no "negócio do cerrado" pelos agricultores dos *baixões* piauienses. Apesar da ênfase conferida às funções não produtivas associadas à agricultura, permanece a questão sobre o tipo de produção agrícola mais propício para a multifuncionalidade. Não é difícil admitir que a agricultura realizada em bases familiares seja mais propensa à multifuncionalidade, porém, quase sempre, as unidades familiares rurais precisam de estímulo e apoio para que façam surgir as múltiplas funções associadas à atividade agrícola, inclusive várias que compõem seus "saberes".

Entre os elementos envolvidos, mencione-se a composição da produção das unidades familiares, especialmente as opções selecionadas pelos agricultores na direção da maior diversificação ou especialização produtiva, bem como as técnicas que lhes correspondem, ambos aspectos definidores do padrão de produção agrícola. Cabe destacar, no universo pesquisado, duas trajetórias contrastantes a respeito. No caso das Encostas Gerais (SC), a estratégia da associação de agregar valor aos produtos agrícolas parece estimular a especialização entre as unidades familiares, alternativa que, isoladamente, seria de maior risco para os agricultores e acarretaria implicações negativas sob a ótica da multifuncionalidade. Já na comunidade de Vargem Bonita, em S. J. do Cerrito (SC), observa-se uma combinação híbrida nas opções técnico-produtivas ao lado da tendência à diversificação da atividade agrícola, ambas as características sendo favoráveis ao aparecimento da multifuncionalidade, porém, manifestando-se num contexto de agricultura fragilizada.

As opções das famílias rurais em termos de estratégias de reprodução econômica expressam as expectativas, quase sempre pessimistas, em relação ao futuro da sua atividade agrícola e à permanência no campo, ponto a ser abordado mais adiante. Porém, quando perguntados sobre os vários usos possíveis da terra e dos demais recursos naturais de que dispõem, os agricultores entrevistados conferiram prioridade ao uso agrícola da terra e grande parte não vislumbra alternativa além da agricultura. Houve freqüentes menções ao turismo rural, com graus diferentes de importância e sem que os agricultores saibam ao certo o que desenvolver neste campo. Esse turismo pode adquirir vários significados e formas (turismo rural, agroturismo, turismo ecológico etc.) e oferece possibilidades bastante desiguais nas comunidades analisadas.

As observações anteriores sobre a função da agricultura de assegurar a reprodução socioeconômica das famílias rurais têm que ser, obrigatoriamente, complementadas com a menção ao acesso à terra, mais precisamente à propriedade da terra, fator de desigualdade social e referência obrigatória nas análises sobre o mundo rural no Brasil. Constata-se uma relação direta entre a intensidade da dedicação à agricultura pelos membros da família (e o corresponde peso econômico desta atividade) e a extensão de área das unidades familiares, relação bastante evidente nas comunidades localizadas em Bom Jesus-Uruçuí (PI), Paraty (RJ), Nova Friburgo (RJ) e S. J. do Cerrito (SC). Na fala dos próprios agricultores – comprovando o que se mencionou anteriormente – o preço dos produtos aparece como a principal dificuldade que enfrentam, mesmo nos casos em que o acesso à terra se faz pelo mecanismo da parceria. Contudo, é clara a importância da propriedade da terra e da disponibilidade de área tanto como condição para assegurar uma maior estabilidade na reprodução das famílias, quanto para favorecer o desempenho de uma agricultura multifuncional.

Promoção da segurança alimentar das próprias famílias rurais e da sociedade

Considera-se a função da agricultura de promover a segurança alimentar nos dois sentidos usuais dessa noção, quais sejam, o da disponibilidade e acesso aos alimentos e o da qualidade dos mesmos. A referida "função" foi avaliada quanto ao acesso a alimentos suficientes e de qualidade pelas famílias rurais, bem como à contribuição das mesmas para o provimento da sociedade de produtos agroalimentares com os mesmos requisitos de suficiência e qualidade.

Adquiriu proeminência, na pesquisa de campo, a produção agroalimentar voltada para o autoconsumo, que se sobressai no contexto de crise da produção familiar mercantil e do desemprego urbano e rural. Em todos os casos analisados, o peso da produção para autoconsumo como garantia da segurança alimentar das famílias rurais viu-se ampliado em face da limitada renda monetária propiciada pelo componente mercantil da atividade agrícola própria e também pelas demais atividades desempenhadas pelos membros da família. Obviamente, há diferença de grau entre as regiões que é importante ser tomada em conta. O principal caso de agricultura capitalizada abrangido pela pesquisa é o de Araras (SP), onde mesmo a produção para autoconsumo é substituída, em grande medida, pelo uso da terra para cultivos com fins comerciais e o alimento é comprado no mercado local, característica acentuada pelo contexto de monocultura.

Em virtude da conhecida dificuldade de mensurar o autoconsumo em termos do seu valor monetário, objeto de antigo debate entre os especialistas, optou-se pela avaliação feita pelos próprios entrevistados, complementada com a discriminação dos principais bens produzidos. É de se notar a disparidade dessas avaliações, agravada pela insuficiência das informações quantitativas coletadas, dificultando o aprofundamento da questão alimentar e impedindo o estabelecimento de termos de comparação entre as comunidades pesquisadas. Ainda assim, mesmo no caso de uma população que seria considerada majoritariamente pobre pelo critério de renda monetária, como na comunidade de S. J. do Cerrito (SC), somando a renda monetária declarada e a estimativa em valor do autoconsumo, quase nenhuma das famílias fica abaixo da linha de pobreza, mas a maioria vive em condições precárias.

As razões apresentadas pelos que declararam não estarem imunes ao risco da insuficiente disponibilidade de alimentos (insegurança alimentar) portam importantes significados. O maior número de agricultores que se declararam nesta condição verificou-se nas comunidades de Bom Jesus/ Uruçuí (PI), e as razões ligam-se, principalmente, às adversidades climáticas e à ocorrência de escassez de água. Fatores naturais e econômicos foram apresentados pelos agricultores da comunidade localizada em S. J. do Cerrito (SC), onde é possível observar o potencial conflito entre o tempo destinado para a produção de autoconsumo e para o trabalho externo à unidade familiar, lembrando que este último pode gerar renda suficiente para comprar os alimentos. Nas duas comunidades de N. Friburgo (RJ), por seu turno, um elevado percentual se diz não seguro contra a fome, alegando como motivos, entre outros, os preços pagos pelos seus produtos e a ação da fiscalização ambiental. Adiante será visto que, pelo relato dos agricultores entrevistados, a atuação dos órgãos de fiscalização chega a ter um efeito perverso ao estimular a pecuária em detrimento da agricultura, em áreas de preservação ambiental. Por último, chama a atenção a opinião, bastante difundida entre os entrevistados, de que a proteção contra a fome estaria assegurada pela "disposição para trabalhar".

Um aspecto bastante interessante diz respeito à opinião dos agricultores quanto à qualidade da alimentação da sua família (segurança alimentar no sentido de segurança dos alimentos). A maioria deles considera sadios os alimentos produzidos por eles próprios, independentemente do padrão alimentar em questão. Em alguns casos, a sanidade estava também associada ao fato de não usarem agrotóxicos nas roças cultivadas para autoconsumo. O aumento da participação dos bens comprados no mercado na alimentação das famílias significaria, portanto, perda na qualidade desta alimentação na opinião dos agricultores. Não se fez a verificação dos hábitos e práticas alimentares, procedimento necessário para analisar a segurança alimentar e nutricional das famílias rurais, enfoque mais abrangente e adequado às preocupações correntes entre os profissionais desta área. O enfoque da multifuncionalidade estimula, ademais, o estudo das práticas alimentares e das representações sociais a elas relacionadas, no contexto das estratégias familiares, como um meio de apreender as percepções dos agricultores sobre a agricultura e o mundo rural.

Com relação à segunda dimensão atribuída à promoção da segurança alimentar referente ao provimento da sociedade, a maioria dos entrevistados reconhece que o principal papel da agricultura é o abastecimento alimentar da sociedade (segurança alimentar como disponibilidade em quantidade), ainda que, individualmente, poucos reconheçam que conseguem cumprir com este papel devido à fragilidade das suas condições de produção e comercialização. Já o aspecto da qualidade dos alimentos produzidos (segurança dos alimentos), aparece, diretamente, nas iniciativas incipientes e localizadas na direção da agricultura orgânica e, indiretamente, nos projetos de agregação de valor aos produtos agrícolas, estes de ocorrência mais difundida no país.

Sobre o aporte do enfoque da multifuncionalidade para o tema da segurança alimentar, cabe ressaltar que esta última figura entre as várias funções atribuídas à agricultura, porém, incluída no campo dos bens públicos (junto com biodiversidade, paisagem natural e herança cultural, entre outros) e não apenas como bem privado, como é próprio dos enfoques centrados nos produtos. Já a importância atribuída ao autoconsumo na promoção da segurança alimentar das próprias famílias rurais ganha relevo como um dos elementos da adequação do enfoque da multifuncionalidade à realidade de elevada desigualdade social no Brasil.

Manutenção do tecido social e cultural

A contribuição da agricultura para a manutenção do tecido social e cultural decorre não apenas das considerações anteriores sobre o seu papel na reprodução socioeconômica das famílias rurais e para a segurança alimentar, mas também de outros fatores ligados à identidade social e às formas de sociabilidade das famílias e comunidades rurais. Estes fatores explicam o fato de os entrevistados continuarem a considerar a agricultura como sua atividade principal e a se denominar, majoritariamente, de "agricultores", mesmo nos casos em que decresceu a participação da produção agrícola mercantil na reprodução da família. Entre os referidos fatores, cabe destacar a intenção de preservar, para fins fiscais e previdenciários, o enquadramento como agricultores, ao menos, para os atuais responsáveis e cônjuges e para os membros mais idosos da família, já que a trajetória seguida pelos jovens está marcada por outros fatores abordados mais adiante[4].

Assim, pode-se afirmar que a agricultura continua sendo o principal fator definidor da identidade social das famílias rurais brasileiras e é nesta condição que se dá a inserção social destas famílias e que se definem, em grande medida, seus padrões de sociabilidade. A relação entre agricultura e identidade social, num quadro de redução da importância econômica da produção mercantil de alimentos, exige a valorização de aspectos não comumente considerados pelos analistas, tais como os modos de vida, as relações com a natureza, as relações com parentes e vizinhos (sociabilidade) e a produção de alimentos para a própria família. É possível estabelecer, a propósito, uma conexão entre o enfoque da multifuncionalidade da agricultura e as interpretações que tomam a agricultura e o rural como um "modo de vida", mais além da dimensão econômica da atividade agrícola[5].

Analogamente, a atividade agrícola desempenhada pelas famílias rurais parece cumprir, na maioria dos casos analisados, um papel importante na manutenção das respectivas comunidades e, portanto, dos seus respectivos componentes sociais e culturais. Ambas as constatações validam a incorporação, no Brasil, de um enfoque que considere a permanência dos agricultores no campo como fundamental para a preservação de redes sociais e como condição de cidadania. Claro está que não se trata de uma permanência sob quaisquer condições, como se verifica com os "caboclos" de S. J. do Cerrito (SC) que, diferentemente de outras regiões de Santa Catarina, não migraram apesar das suas condições precárias.

Ademais, as diferentes manifestações da chamada agricultura familiar – categoria analítica que se torna excessivamente genérica no presente enfoque – e, portanto, da multifuncionalidade da agricultura resultam em significativa diversidade entre os casos estudados e também, internamente, a cada um deles. Os casos das duas comunidades rurais de N. Friburgo (RJ) são exemplares. Ali, encontra-se a forte presença da pluriatividade como estratégia de ampliação da renda monetária, porém, mantendo-se a identidade de agricultor num contexto de transformações provocadas pela expansão do turismo e pelo ideário ambientalista na organização da atividade econômica no campo e no olhar sobre ela. A crise, aparentemente, irrecuperável da produção agrícola, a ambigüidade das avaliações sobre a agricultura e as mudanças nos modos de vida juntam-se para explicar os sentimentos que justificam a permanência no campo.

Sob a ótica dos agricultores não há uma coincidência entre as expectativas, quase sempre pessimistas, em relação ao futuro da sua atividade agrícola e a intenção de permanecer no campo ou "no lugar", um aparente paradoxo que se desfaz ao se diferenciar a relação dos entrevistados com o rural e com o agrícola. As manifestações de todos eles foram no sentido da valorização da vida no campo em relação à da cidade, acompanhada do desejo majoritário de que os filhos saiam do campo, apoiando-os na busca de alternativa nas cidades próximas ou nos grandes centros urbanos, visando construir uma trajetória profissional fora da agricultura. Isto se deve à referida perspectiva pessimista quanto ao futuro da atividade agrícola, acrescida, em alguns casos, da menção à inexistência de serviços considerados necessários para uma existência digna no campo.

Embora não chegue a configurar um paradoxo, essa ambigüidade nas relações com o rural e com o agrícola acarreta conseqüências importantes relativas ao patrimônio familiar e à questão sucessória. Além disto, o envelhecimento dos responsáveis pelas unidades familiares, com a saída dos jovens, reforça a já referida retração da atividade agrícola que vem sendo, parcialmente, compensada pelas rendas da previdência rural. Parece haver, em vários casos, uma dissociação entre as condições de vida das famílias rurais, beneficiadas por políticas sociais e de infra-estrutura, e as condições de produção agrícola dependentes das condições objetivas dos agricultores, dos preços e das políticas públicas. Em algumas regiões, notadamente no Sul do país, há que incluir uma diferenciação com raízes étnicas e reconhecida repercussão em termos das estratégias de reprodução adotadas pelas famílias rurais, como no caso dos "caboclos" e "gringos" (italianos, alemães etc.). De fato, contraposições análogas são encontráveis em quase todas as partes, como a existente entre "gaúchos" e os "povos dos cerrados" piauienses, ou entre os "nascidos e criados" e os "de fora" em Paraty (RJ)

A trajetória observada dos jovens coloca um aparente "dilema" para o futuro das famílias rurais, pois o acesso à educação (escolaridade), visto pelos pais como um instrumento de ascensão social, termina por reforçar o movimento de saída dos jovens do campo. A propósito, chama a atenção o fato de a educação dos integrantes das famílias rurais aparecer como recurso para o êxito fora da agricultura, mas não na própria atividade. Na comunidade de S. J. do Cerrito (SC) a saída dos jovens raramente se deve ao motivo "estudar", mas sim a razões de casamento e de trabalho. Já o retorno dos jovens é desejado por apenas 60% dos pais, conformados com a pequena perspectiva oferecida pela agricultura.

É preciso diferenciar as razões pelas quais os jovens decidem sair do campo (motivos e destinação) e aquelas pelas quais eles decidem retornar (desejo de voltar e natureza do retorno). Para ambas as questões são insuficientes as manifestações dos responsáveis pelas unidades familiares, tornando-se imprescindível entrevistar, diretamente, os jovens. Analogamente, há algumas manifestações de diferenças entre homens e mulheres quanto ao projeto futuro da família, em que as mulheres demonstram maior apego à terra e menor pessimismo com relação às condições materiais de vida da família. Sem negar a validade generalizada da expectativa pessimista quanto ao futuro da atividade agrícola, valeria a pena investigar mais detidamente este fato.

Por fim, a função de preservação do patrimônio cultural é um tema ainda pouco tratado, requerendo uma investigação específica sobre o papel da agricultura, de fato, das famílias rurais num dado território – do "mundo rural" – na preservação ou recuperação da herança cultural nos planos familiar e comunitário. Registre-se, de todo modo, as menções freqüentes dos entrevistados para o fim dos bailes e festas como principal manifestação de costumes em desaparição.

Preservação dos recursos naturais e da paisagem rural

A preservação dos recursos naturais e da paisagem rural só pode ser avaliada, plenamente, quando se considera as relações entre a agricultura praticada pelas famílias rurais e o território em que elas se localizam. Não obstante, no tocante à preservação dos recursos naturais, as entrevistas com as famílias rurais revelam ser bastante generalizados os conflitos entre este objetivo e a prática da agricultura, no caso também por parte da chamada agricultura familiar. Tais conflitos dizem respeito ao uso sustentável dos recursos naturais e, principalmente, ao confronto muito freqüente entre as práticas agrícolas e alguns aspectos da legislação ambiental vigente que são reforçados pela forma de atuação dos órgãos de fiscalização ambiental (Ibama).

Em relação ao uso sustentável dos recursos naturais, haveria que elaborar um enfoque de desenvolvimento rural sustentável adequado ao objetivo de promover a multifuncionalidade da agricultura familiar. Dois exemplos de situações opostas são a seguir considerados. Em alguns dos casos estudados, pode-se estabelecer uma correlação entre o maior uso de agrotóxicos pelos agricultores e o menor tempo de trabalho que dispõem para sua própria propriedade, em função da necessidade de o agricultor dedicar-se a outras atividades geradoras de renda. Ou seja, em princípio, uma dedicação mais intensa à agricultura, cumprindo com a função de gerar ocupação no campo ao remunerar melhor o agricultor, poderia resultar em menor uso de agrotóxicos. Outro caso diz respeito ao confronto com a legislação ambiental, pois a atuação fiscalizadora que visa a preservação ou recuperação de áreas de mata chega a gerar um comportamento, bastante freqüente entre os agricultores, de evitar que uma área deixada em repouso venha a ser caracterizada como área de mata em regeneração. Isto é, a preocupação ambiental parece estar levando a um uso intensivo desnecessário do solo.

Com relação à preservação ou recuperação da paisagem, trata-se de uma questão pouco ou quase nada tratada no Brasil. Por um lado, seria preciso ir além da consideração da paisagem natural, na direção de abordá-la como paisagem rural, de modo a incorporar os demais elementos que a compõem, como, por exemplo, as edificações e demais resultantes da ocupação social do espaço rural. De um modo geral, observa-se um menor grau de percepção no tocante à paisagem rural, talvez porque a idéia de paisagem rural esteja associada a uma imagem de natureza intocada[6]. No enfoque aqui sugerido, tratar-se-ia de identificar as contribuições (ou danos) da agricultura para a paisagem rural e o patrimônio natural.

Por outro lado, há que distinguir os olhares dos diferentes atores sociais sobre o que significa preservar a paisagem, especialmente no tocante às relações entre as atividades produtivas e a preservação da paisagem e do patrimônio, uma vez que o uso dos recursos naturais e a preservação da paisagem rural revelaram-se como sendo aspectos das condições de reprodução das famílias rurais, diferentemente do que se encontra nas visões que os colocam como questões acessórias. Cabe destacar alguns exemplos para ilustrar melhor este ponto. No caso dos agricultores familiares, eles mantêm uma relação própria com os recursos naturais, principalmente com as áreas de mata, ainda que possam haver diferenças pronunciadas entre eles a este respeito. Num dos casos estudados (S. J. do Cerrito), chega-se a falar numa relação "muito forte e personalizada" dos agricultores com a mata. Para muitos dos entrevistados, a agricultura não prejudica a natureza pois faz parte dela[7]. Já os "olhares externos" dos turistas englobam desde o turismo ecológico (sem produtores) até as formas de turismo rural que pressupõem a existência de agricultores desenvolvendo alguma atividade produtiva. No caso de Paraty (RJ), entre outros, é evidente a ascensão do preservacionismo sob influência da tendência em direção ao turismo. Já em Araras (SP), onde a presença dominante da monocultura suscitaria várias questões ligadas ao uso dos recursos naturais e ao aspecto paisagístico, não fica evidente que tais questões sejam demandas dos agricultores envolvidos.

A rigor, a consideração dos diferentes olhares dos atores sociais não se limita ao tema da preservação da paisagem, pois eles estão presentes em todos os aspectos compreendidos pela noção da multifuncionalidade da agricultura. Vale dizer que se está em presença de uma questão mais geral sobre quem demanda a multifuncionalidade da agricultura, comentada a seguir.

Observações finais

Para finalizar, vale retomar a pergunta principal da pesquisa sobre a aplicabilidade da noção de multifuncionalidade da agricultura na realidade rural brasileira. Foram destacadas quatro manifestações das múltiplas funções da agricultura no Brasil, cuja promoção defronta-se, desde logo, com o fato de a reprodução econômica da maioria das famílias rurais, nas condições brasileiras, não guardar uma relação linear com a atividade agrícola propriamente dita, colocando desafios específicos para correlacionar esta atividade com as demais funções da agricultura que se pretende valorizar. Tal característica não implica descartar a promoção de uma agricultura familiar multifuncional, embora deixe evidentes os limites de enfoques como o da OECD (2001) que focalizam as múltiplas funções como subprodutos (externalidades) da atividade agrícola[8]. É preciso ir além, também, da mera confirmação de que a pluriatividade é parte da estratégia de muitas famílias rurais.

Para tornar as coisas mais complexas, a promoção de uma agricultura multifuncional no Brasil não se desvincularia do aumento da produção agroalimentar por razões de segurança alimentar (abastecimento interno e autoconsumo das próprias famílias rurais), como parte do combate à pobreza rural e, mesmo, relacionada às exportações. Em artigo anterior (Maluf, 2002b) com base nas categorias de Poirier (1999), fez-se menção às duas orientações que se articulam no atual contexto brasileiro. Uma delas é a de "produzir melhor" nos marcos de uma agricultura multifuncional, que corresponderia à perspectiva de agregar valor à matéria-prima agrícola pelos próprios agricultores familiares, porém, sem que o incremento da sua renda dependa do aumento proporcional na quantidade produzida de bens primários. A segunda refere-se ao requisito de "produzir mais" em face da desejável superação das atuais restrições de demanda (de acesso aos alimentos) derivadas do elevado grau de iniqüidade que marca a sociedade brasileira. A perda relativa de peso econômico da produção agrícola mercantil das famílias rurais pode vir a ser contra-restada pelos impactos dos programas que estimulam a demanda interna por alimentos (recuperação do emprego e ampliação das transferências de renda previdenciárias e dos programas sociais). Na mesma direção, mas com menor amplitude, atuam as iniciativas voltadas para inserir este tipo de agricultura no fluxo exportador do país.

Assim, no plano normativo, o enfoque da multifuncionalidade valoriza a produção de alimentos, e também de outros bens, sob formas que contemplem várias "funções" (eqüidade social, diversidade cultural, sustentabilidade etc.). Esta é uma proposição habitual no Brasil, neste enfoque implicando conseqüências não triviais em termos dos instrumentos para promovê-la e do tratamento a ser dado aos que "não se enquadram na norma". Já no plano conceitual, o enfoque faz emergir a questão da caracterização do "agricultor profissional", particularmente quanto às fontes da sua legitimação social cada vez mais dependente do exercício de vários papéis que não apenas o de produtor. A propósito, muitas das carências na institucionalização do estatuto profissional do agricultor são fontes elementares de injustiça social no campo.

Não menos importante, a noção de multifuncionalidade da agricultura permite uma abordagem articuladora entre a agricultura e o desenvolvimento local, ao estabelecer uma ponte entre a atividade agrícola e o território e também ao realçar seu papel na manutenção do emprego nas zonas rurais. A experiência européia mostra que a crise econômica tornou os territórios locais verdadeiros espaços de regulação que conduzem à regulamentação das mudanças através da legislação e de acordos entre os diferentes atores sociais. O Brasil tem caminhado nesta mesma direção, inclusive e principalmente nas proposições relativas às políticas de desenvolvimento rural. Os elevados níveis de pobreza rural no Brasil, além de fatores como o acesso à terra e o nível da renda monetária auferida com a atividade agrícola própria, envolvem outros componentes que permitem relacionar o enfoque da multifuncionalidade da agricultura com o objetivo, obrigatório no Brasil, da erradicação da pobreza. A criação de condições para a permanência da população no campo representa, por si só, o desempenho de uma função com importante repercussão social.

A heterogeneidade e a desigualdade social do mundo rural brasileiro devem-se, entre outros, a importantes restrições no acesso à terra, com repercussão no acesso aos recursos produtivos em geral e no padrão de uso dos recursos naturais. Contudo, em lugar de pré-requisito, as políticas voltadas para questões como a reforma agrária, a regularização fundiária, as leis de arrendamento e os procedimentos sucessórios podem ser formuladas com a perspectiva de explorar suas contribuições para o desenvolvimento de uma agricultura multifuncional. O redesenho dos respectivos instrumentos de apoio e de intervenção define uma estratégia de desenvolvimento cujo êxito estará intrinsecamente ligado às capacidades inovadoras desencadeadas por esses processos.

Por último, cabe uma breve observação sobre uma questão inerente ao enfoque da multifuncionalidade e que perpassou todo o texto. Refere-se à demanda pela multifuncionalidade da agricultura, isto é, a intenção de apoiar (ou promover) as múltiplas "funções" da agricultura que se expressam (ou não) através de características de determinados tipos ou situações de agricultura familiar. As demandas por estas funções têm diversas origens sociais, incluindo os próprios agricultores, e distintas formulações quanto ao significado de cada uma e ao grau de articulação entre elas, não raro envolvendo conflitos. Ocorre, também, o não-reconhecimento social de "funções" tidas como relevantes, por exemplo, por analistas. Algumas das demandas foram abordadas no artigo, tendo como referência as quatro funções destacadas[9]. Colocada nestes termos, a análise das demandas da multifuncionalidade da agricultura, de um lado, remete às perspectivas dos atores sociais a respeito e aos espaços sociais em que aquelas demandas se manifestam e são legitimadas, em particular no âmbito dos territórios. De outro lado, ela introduz a questão do financiamento da multifuncionalidade e seus dois instrumentos principais, a saber, os mecanismos de mercado e a transferência de recursos orçamentários (Maluf, 2002), questão tratada no âmbito da sociedade e das políticas públicas. Estes são alguns dos temas para novas investigações, incorporando esses dois níveis analíticos – o território e a sociedade. Eles são importantes para explorar, nos termos de Losch (2002), a possibilidade da perspectiva multifuncional produzir inovações nas políticas públicas e estratégias de desenvolvimento sustentável, não se limitando ao pagamento de amenidades restritas aos países ricos.

Notas

[1] Cabe esclarecer que a utilização das contribuições dos integrantes da equipe da pesquisa não os compromete com as interpretações contidas no artigo.

[2] Sobre o marco conceitual, os níveis de análise e outras definições metodológicas, ver Maluf (2002a).

[3] Adiante será vista a articulação da noção de multifuncionalidade da agricultura com a elaboração ou redefinição de identidades sociais em territórios, incrementando a comunicação entre universos culturais, sociais e econômicos distintos que tornam mais tênues as fronteiras da ruralidade.

[4] Merece nota uma situação extrema, neste sentido, encontrada em Paraty (RJ) onde, num contexto de conflito fundiário, há vários casos nos quais se pratica uma "agricultura de fachada" com a finalidade de justificar a condição de assentado rural frente ao Incra.

[5] Modelo europeu. Observa-se, aqui, um ponto de contraste com a realidade européia.

[6] Esta observação deve-se à Maria José Carneiro.

[7] Pode-se, mesmo, identificar uma disputa simbólica dos significados atribuídos por camponeses e pela ciência para a natureza, na classificação de certas práticas como agressivas ou não etc.

[8] Mais grave, esse enfoque separa as funções e as avalia segundo um modelo cuja

solução é uma agricultura não multifuncional especializada em um dos "outros produtos" (Barthélemy et Nieddu, 2003).

[9] Essas questões permitiriam estabelecer interessantes contrastes com os países europeus, mas que ultrapassam os limites deste artigo.

OS CONTRATOS TERRITORIAIS DE ESTABELECIMENTO OU A CONVERSÃO INACABADA

Jacques Rémy

Preâmbulo

Retomaremos aqui alguns elementos de uma comunicação apresentada diante da Academia de Agricultura, no contexto de um debate organizado por Hélène Delorme e Jean-Marc Boussard, tratando da "ambigüidade e riqueza da multifuncionalidade". Esta sessão da Academia foi realizada no dia 6 de novembro de 2002, ou seja, em um momento no qual cada um sabia que os contratos territoriais de estabelecimento (CTE) estavam condenados pelo novo governo, mas sem ter certeza sequer da denominação de seus sucessores, os contratos de agricultura sustentável (CAD)[1], e ainda menos das modalidades de sua operacionalização, sempre por vir. Algumas precisões, sob a forma de observações apresentadas em itálico, foram incorporadas conservando o original da exposição, com pequenas correções de forma[2].

Apresentaremos um dispositivo original de construção da demanda social (e de oferta profissional) em matéria agroambiental. Nesta perspectiva, será preciso antes voltar à elaboração da recente Lei de Orientação Agrícola de 1999 e de seu principal instrumento, os CTE. Descreveremos, a seguir, rapidamente, o complexo mecanismo destes contratos que não cessaram de ser simplificados, de um governo a outro. Depois nos empenharemos em expor o modo como os diversos atores se encontram, se defrontam e elaboram compromissos que são traduzidos em novas normas ou referenciais que os agricultores contratantes adotam, em troca de remunerações compensatórias. Enfim, nos propomos a trazer algumas indicações sobre os pontos de convergência mais freqüentes da oferta e da demanda, bem como a examinar sua coerência antes de concluir sobre o futuro previsível da política de contratualização na agricultura e sobre as formas que ela poderia tomar.

Uma lei vinda de longe

A Lei de Orientação Agrícola votada em 1999, prometida pelo presidente da República à FNSEA na ocasião de seu cinqüentenário, em 1996, é obra de dois governos, de três ministros da Agricultura, de longos debates em comissão, depois na Assembléia nacional e no Senado, mas também de todo um trabalho de reflexão prévia conduzido com organizações profissionais agrícolas e também com outros grupos de usuários do espaço rural e da natureza. Grupos e sensibilidades aos quais a lei oferece, desde então, um estatuto no interior mesmo do projeto institucional agrícola. Destas elaborações conjuntas, particularmente com o CNJA[3], presidida então por Christiane Lambert, que propunha, já no Congresso de 1997, um "contrato de empresa" *(bastante próximo, em sua inspiração, do futuro CTE, Betrand Hervieu tendo participado largamente de uma e outra destas concepções),* irão nascer novos instrumentos e também novas orientações. Trata-se particularmente dos CTE, concebidos numa perspectiva de promoção da multifuncionalidade da agricultura, inscrita, ela mesma, na continuidade da Conferência do Rio de 1992 que recomenda um desenvolvimento agrícola e rural sustentável. Com efeito, a Lei de Orientação Agrícola (LOA), votada e promulgada em 1999, estipula, na primeira frase de seu artigo 1°, com valor de orientação geral, que: "*A política agrícola leva em consideração as funções econômicas, ambientais e sociais da agricultura e participa da gestão do território, com vistas a um desenvolvimento sustentável*"[4]. Toda a filosofia do contrato territorial de estabelecimento (CTE), instrumento desta nova política agrícola criada pelo artigo 4° da mesma lei, está assim resumida em algumas palavras. Ao reconhecer e atribuir à agricultura funções (e missões) outras que não as estritamente econômicas, a lei confere uma legitimidade social à multifuncionalidade da atividade agrícola.[5]

O que nos diz este artigo 4° da LOA?

Artigo 4

Está inserido no código rural um artigo L. 311-3, assim redigido:

"Art. L.311-3 – Toda pessoa física ou jurídica exercendo uma atividade agrícola no sentido do artigo L.311-1 pode assinar, com a autoridade administrativa, um contrato territorial de estabelecimento que comporta um conjunto de compromissos, referindo-se às orientações da produção do estabelecimento, ao emprego e seus aspectos sociais, à contribuição da atividade do estabelecimento à preservação de seus recursos naturais, à ocupação do espaço ou à realização de ações de interesse geral e ao desenvolvimento de projetos coletivos de produção agrícola.

"O contrato territorial de estabelecimento tem por objetivo incitar as unidades agrícolas a desenvolver um projeto econômico global que integre as funções da agricultura mencionadas no artigo 1º da Lei nº 99.574 de 9 de julho de 1999 de orientação agrícola.

"O contrato territorial de estabelecimento envolve o conjunto das atividades do estabelecimento agrícola. Ele define a natureza e as modalidades das ajudas do Estado e as obrigações do agricultor como contrapartida. Ele é concluído sem prejuízo do direito de terceiros (...)".[6]

Vemos o quanto se encontra ampliado o campo das relações contratuais entre o agricultor individual e o Estado, campo aberto há algum tempo – na verdade, menos de 10 anos antes – pelos primeiros contratos agroambientais, denominados então "artigo 9", *depois "operações locais agroambientais"(OLAE), sob iniciativa da comunidade européia, segundo uma primeira diretriz de 1965, depois de 1992, sem suscitar então grande entusiasmo no interior do ministério da agricultura francesa e ainda menos nas organizações profissionais agrícolas, pelo menos em um primeiro momento*. Desde então, é toda a atividade do estabelecimento agrícola, em sua diversidade, que pode, teoricamente, ser objeto de engajamentos mútuos, e não mais tal ou tal parcela situada no interior de uma zona elegível, por tal ação determinada, *como era o caso das primeiras MAE (medidas agroambientais), o que tinha o inconveniente de gerar comportamentos um tanto esquizofrênicos: os agricultores respeitando os "cadernos de encargos" sobre essas parcelas e continuando a intensificar sua produção sobre as outras partes do estabelecimento*. Teríamos igualmente passado de uma relação entre o Estado e grupos de agricultores – quer sejam referentes a profissões (grandes produtores de cereais, pecuaristas etc), a categorias específicas (agricultores de montanha) ou ainda a classes de idade (jovens agricultores) sustentando políticas adaptadas a estas "coletividades" que compartilham uma certa comunidade de destino (*e pertencem, às vezes, a sindicatos especializados*) – para a relação entre o Estado e um indivíduo isolado, com o qual ele estabelece um contrato individual único e original. O risco seria, então, provocar uma atomização das identidades e ver as solidariedades profissionais, geracionais e territoriais degradarem-se, considerando-se somente o interesse individual, encontrando-se cada um reduzido a uma melhor ou pior negociação com este importante interlocutor que é o Estado. (*Este foi o receio que havíamos externado por ocasião dos trabalhos conduzidos na região de Vercors para acompanhar as primeiras medidas contratuais deste tipo, assinadas em 1991*).

Entretanto, em torno desta relação contratual singular (*teoricamente individual*), os aparelhos profissionais se esforçaram para propor seus serviços como mediadores, intermediários ou conselhos de negociação. O agricultor contratante, diante do Estado, só está verdadeiramente sozinho se ele desejar que assim seja. Certamente, aqueles que não sabem ou não podem recorrer às redes sociotécnicas profissionais também não se aventuram a contrair um CTE[7]. Esta tendência à contratualização das relações entre o agricultor e o Estado, que a lei de orientação confirma e amplia, constitui um fato importante e se inscreve em um movimento geral observado no seio de nossa sociedade: o recurso sistemático a este instrumento "moderno" que é o contrato. Contudo, isto não deixa de suscitar certas interrogações, *a despeito da adesão da maioria dos especialistas em ciências políticas e dos adeptos da boa governança...*

Experiências

Antes mesmo da análise da lei pelos parlamentares, prefigurações de CTE foram efetuadas, a título experimental, em um grande número de departamentos[8]. A originalidade desta postura deve ser medida à luz das formas habituais de proceder das administrações públicas francesas. Os governadores tiveram aqui a missão de reunir e escutar não somente as organizações agrícolas em sua diversidade sindical, mas também os representantes dos outros grupos e associações que vão, a partir de então, ter voz, em particular as associações de consumidores e de proteção do meio ambiente[9], embora, às vezes, em arenas separadas, devido à resistência dos responsáveis agrícolas em ver "invadidos" seus domínios. Para além destas prefigurações que davam uma imagem nova dos processos de construção das políticas públicas, o instrumento CTE oferecia interessantes perspectivas de experiências e de inovação sociais a todos os atores que contribuem à sua elaboração e à sua realização. Longe de limitar-se a modificações de itinerários técnicos do estabelecimento, concebidas longe deles (nos laboratórios de pesquisa, nas fazendas experimentais ou nos campos de experiência dos institutos técnicos), a filosofia do CTE apostava de fato na inteligência e nos recursos de inovação e de invenção dos agricultores "de base" e dos grupos locais. A vontade de privilegiar o movimento de baixo para cima das iniciativas locais ou regionais, mais do que a imposição de prescrições de cima pra baixo, o desejo de ver elaborarem-se projetos de bacias hidrográficas, de localidades, de pequena região como meios institucionais de expressão, de participação e de atuação, em alguma medida, sobre as orientações departamentais em matéria de CTE, oferecidos, a partir de então, aos outros atores e usuários do espaço rural. Tudo isto abria a perspectiva de debates democráticos, e portanto incômodos, em matéria de agricultura e meio ambiente. É patente que seja justo no terreno do meio ambiente (e da segurança alimentar) onde se dá hoje o encontro – que pode ganhar o porte de um confronto, mas também de uma cooperação – entre agricultura e sociedade. O meio ambiente assume, assim, a figura do "mediador" entre grupos sociais, ou seja, de lugar de trocas e debates, de negociações e de compromissos. *A nosso ver, esta fase de discussão e elaboração, que continuou em seguida em certas CDOA, constitui uma das mais seguras aquisições desta tentativa de transformar o olhar dos agricultores sobre seu meio ambiente e seus modos de fazer, não pela regulamentação mas pelo debate com os outros grupos sociais, os outros usuários da natureza.*

Modus Operandi

Os agricultores que quiserem aderir a um CTE devem antes realizar, sozinhos ou com ajuda, um "autodiagnóstico" que tem por objetivo levar a uma tomada de consciência dos pontos fortes e das fraquezas do estabelecimento e de seu modo de conduta. Isto estabelecido, o agricultor apresenta um projeto global para seu estabelecimento, incluindo algumas ações específicas, indo além da simples aplicação da lei e da regulamentação. É este esforço suplementar que será sancionado positivamente por uma compensação financeira. O termo de compensação é bem apropriado, pois a Comunidade Européia só aceita o mecanismo do CTE na condição do agricultor suportar uma perda de lucro ou uma diminuição de ganho.

O leque de práticas suscetíveis de serem levadas em conta é definido pelo contexto geral do regulamento de desenvolvimento rural europeu (RDA)[10], o que não impede de se conceber uma grande variedade de medidas suscetíveis de serem implementadas mas que revelaram-se administrativamente muito pesadas, posto que era preciso obter sistematicamente o consentimento prévio das instâncias *ad hoc* de Bruxelas (o comitê STAR). Houve, aqui, talvez um duplo erro estratégico: ao querer financiar o CTE em parte pela modulação das ajudas diretas, a França se submetia, ao mesmo tempo, à lógica européia. Assim, o reconhecimento das "boas práticas" já existentes revelou-se impossível num primeiro momento porque, sendo adotadas anteriormente à implementação do CTE, estas práticas não ocasionaram mais um acréscimo de custo ou uma perda de ganho e, desde então, não preenchem mais as condições de atribuição. Desde o início, os promotores do CTE encontraram resistência das regiões de grande cultura submetidas à modulação.[11] Mais inesperado ainda, encontraram resistência também dos aliados potenciais desta nova política agrícola, agricultores e pecuaristas que, tendo conduzido uma reflexão pessoal ou coletiva, haviam se engajado há alguns anos na via de uma agricultura respeitosa do meio ambiente, por exemplo, reduzindo a utilização dos insumos e aumentando as áreas com pasto. Uma virtude precoce não é necessariamente uma vantagem em um dispositivo cuja lógica visa antes encorajar os operários de última hora, os *eco-oportunistas* (Busca, 2002), e foi preciso tempo para encontrar os meios de contornar parcialmente essas regras, levando-se em conta, no momento da assinatura do contrato, uma parte do esforço empreendido por esses virtuosos inovadores. Mas isto prejudicou muito a dinâmica de adesão ao CTE entre os grupos que se podia, a priori, imaginar apoiadores. *Trata-se em primeiro lugar da Confederação camponesa (o sindicato agrícola cujo membro mais conhecido é José Bové), cuja política não esteve, a nosso ver, à altura da qualidade de suas adesões e que não cansou de criticar o CTE no lugar de mergulhar em sua própria dinâmica*, nem que fosse para mudar seu rumo. *Mas não parece necessário querer expor longamente a colegas brasileiros as dificuldades e reticências que se apresentam quando se deve passar de uma cultura de oposição a uma cultura de governo...*

O projeto do futuro contratante deveria inscrever-se simultaneamente em cada uma das duas partes constitutivas de todo CTE, uma parte territorial e ambiental e uma parte econômica e relativa ao emprego, tendo sido esta ultima acrescentada ao projeto inicial a pedido dos OPA. O candidato ao CTE se empenha então a empreender certas ações que remetem a objetivos relativos, por exemplo, à proteção da biodiversidade, à manutenção e restauração da paisagem, à melhoria da qualidade da água no módulo ambiental, e também a realizar outras ações que visem a objetivos ligados, por exemplo, à qualidade dos produtos, ao emprego e à diversificação das atividades, inscrevendo-se, assim, na parte socioeconômica[12]. As ações propostas pelo agricultor (ou pelo grupo reunido sob uma demanda comum) são escolhidas em meio a um repertório de ações possíveis, estabelecidas nos âmbitos local e regional (e nacional, para algumas delas), em função de problemáticas ambientais, territoriais e socioeconômicas nas quais se inscrevem os estabelecimentos agrícolas, do mais próximo (a bacia hidrográfica, a pequena região agrícola, a localidade) ao mais distante (o departamento ou a grande região natural que cobre partes de vários departamentos). Ao escolher algumas dessas ações (ou medidas-tipo) e conforme o seu nível de engajamento (reduzir, por exemplo, a fertilização com o azoto em determinada proporção), o agricultor vê sua proposição examinada pela CDOA, no que se refere, particularmente, à coerência interna de seu projeto global e à conformidade das ações propostas no contrato-tipo departamental (conjunto de medidas-tipo das ações acordadas). O contrato tem duração de cinco anos e, já no momento de sua assinatura, um primeiro depósito é efetuado. Ele é submetido a um acompanhamento, controle e avaliação final.[13]

É, portanto, um pesado dispositivo que se emprega na realização de tais CTE. Foi preciso, depois dos pressupostos evocados acima, inventar e construir as medidas-tipo, sejam elas propostas por grupos de agricultores ou cadeias produtivas (cooperativas, por exemplo) ou elaboradas em nível regional pela Câmara de agricultura, por associações (liga de proteção aos pássaros) ou instituições como os parques regionais. Em seguida, foi preciso negociá-los no contexto da CDOA, em um processo de construção conjunta ou de co-instituição (Rémy, 2000) de novas normas profissionais. Estas medidas-tipo tiveram de ser depois harmonizadas no plano regional, validadas no plano nacional e homologadas pela Comunidade Européia.

Aqueles que se declararam então interessados foram convidados a sessões de preparação ao CTE, muito intensas e com duração de dois ou três dias, durante os quais os conselheiros da Câmara de agricultura e da Adasea[14] explicavam-lhes as complexidades do CTE - como redigir seu diagnóstico do estabelecimento, como elaborar seu projeto, quais as medidas-tipo mais adaptadas a este projeto e que investimentos recebiam ajuda. Ao longo destas sessões, as trocas entre os participantes e as contribuições dos conselheiros, como a avaliação das medidas propostas, suscitam reflexões e tornam mais perceptíveis, mais inteligíveis e, sem dúvida, também mais legítimas diante dos estagiários as expectativas dos outros grupos sociais em relação à agricultura (Rémy, 2001) *Pelo fato de ter acompanhado uma destas reuniões de três dias, em companhia de agricultores e, adotando a postura de um estagiário ordinário, podemos afirmar o interesse, ao menos na região de Maine-et-Loire, em tais formações. Elas incitam, em cada um dos participantes, processos de reflexão sobre seu próprio sistema de produção e o confronto com outras formas de conceber e de proceder.* Se o agricultor decide por bem investir no caminho do CTE, ele terá, possivelmente, de solicitar a um técnico agrícola para ajudá-lo a estabelecer solidamente sua proposta, que será em seguida trabalhada pelos agentes da Adasea, encarregados de efetuar os inúmeros cálculos necessários e de dar forma final à proposta. Este documento é então controlado pela DDAF[15], depois é examinado em uma sessão da CDOA (tendo o conjunto dos participantes recebido previamente a cópia dos principais elementos de cada projeto de contrato resumido em algumas páginas de tabela). Se a proposta é adiada devido à insuficiência de comprometimento ambiental, o que às vezes acontece, ela é submetida à assinatura do governador e à do candidato, caso este persista em sua resolução depois de ter tido o conhecimento das causas, obrigações e retribuições exatas que figuram no contrato. Só lhe resta, portanto, respeitar o "caderno de encargos" do contrato e, então, modificar suas práticas agrícolas (por exemplo, supressão de solos descobertos no inverno), repensar sua conduta de fertilização do solo (redução de insumos), substituir, ao menos parcialmente, o uso de pesticida – na vinicultura, por exemplo – pelo manejo integrado, absorção do nitrato estabelecendo áreas verdes ao longo do curso d'água, plantar, manter e podar as cercas verdes de suas parcelas etc. para ficar apenas nos exemplos de módulo ambiental do CTE.

Novos instrumentos para revelar ou construir a demanda social?

Em torno da questão ambiental, a agricultura se propõe a novos modos de "governância", através de políticas territoriais, fazendo mais amplamente um apelo ao envolvimento dos atores locais, novos ou tradicionais. A CDOA, na região que foi o objeto desta observação – trata-se de Maine-et-Loire - constituiu um exemplo esclarecedor, particularmente na elaboração das medidas-tipo desta "institucionalização da ação coletiva" e destes lugares onde "a ação pública é construída de maneira coletiva" (Duran e Thoenig, 1996), o que estes autores designam com muita propriedade como "conceituação conjunta". Este último termo parece particularmente apropriado para designar a tradução em atos, ou melhor, em repertório de atos, desta noção de multifuncionalidade, ainda pouco sólida quando se trata de se tornar operacional, da qual os CTE são, ao mesmo tempo, a expressão e o instrumento.

Todavia, temos o direito de nos interrogar sobre o conjunto deste processo. Antes de tudo, parece que ele é mais apto a organizar e dar forma à oferta do que a construir a demanda. Seria mais justo dizer que o dispositivo mostrou sua aptidão em dar forma a uma oferta sem dúvida diversificada, diante de uma demanda difusa e que nem sempre dispõe de todas as armas e qualificações para se expressar com precisão. Em outras palavras, as competências reunidas nos aparelhos profissionais agrícolas estruturam e organizam a oferta com uma eficácia que os fracos e dispersos efetivos ambientalistas, *sejam eles simples cidadãos ou mesmo associações de proteção à natureza, de defesa do meio ambiente*, estão ainda longe de atingir. Esta observação vai ao encontro das feitas por colegas ou estudantes que seguiram a realização dos CTE em outros departamentos e que são, de um lado, freqüentemente severos quanto ao funcionamento das CDOA e, de outro, céticos quanto às iniciativas locais territoriais de baixo para cima. Sobre o primeiro ponto, parece que os responsáveis profissionais de vários departamentos não têm jogado o jogo e nem permitido a demanda social se expressar verdadeiramente, mostrando-se ainda menos preocupados em escutá-la. É assumir o risco de que as aspirações que não puderam se expressar no contexto institucional das CDOA se manifestem em outros momentos e de formas menos respeitosas. Quanto ao déficit de dinâmicas locais, trata-se de pesquisar, tanto na pouca imaginação territorial das formas de organização estabelecidas, como na precipitação com que foram implementados os CTE, mais exatamente, na vontade ministerial de ver se multiplicarem as assinaturas de contratos em ritmo elevado, sob o risco de reduzir as etapas de reflexão e da construção conjunta desses novos dispositivos. *Está aí, sem dúvida, o erro maior do ministro Jean Glavany e de seus conselheiros, que não souberam, ou não puderam, "dar tempo ao tempo", como dizia François Mitterrand, e que colocaram, então, o conjunto do dispositivo sob pressão. Isso engendrou numerosos desvios e também desordem, chegando a desencorajar agentes da profissão agrícola e da administração que tinham ficado, anteriormente, entusiasmados com o lançamento dos CTE. O ministro precisava, ele próprio, de credibilidade junto ao ministério das Finanças, e junto a Bruxelas, e queria tornar o processo irreversível, daí este ativismo signatário em todas as direções, o que acelerou o passo sem contudo atingir seu objetivo: eternizar os CTE e permitir que eles sobrevivessem à alternância política.*

Entretanto, se considerarmos um desafio cuja maioria de nossos concidadãos é consciente da importância que ele reveste - o desafio da qualidade da água - segundo o documento do Cnasea, intitulado "Primeiras análises", publicado em novembro de 2001, dois anos após as primeiras assinaturas de CTE, 55% dos contratos assinados contribuem com esta tentativa de reconquista da qualidade da água. A diversidade das medidas-tipo e dos "cadernos de encargos" que estão anexados – 153 cadernos de encargos-tipo repertoriados, nessa época, no âmbito nacional – certamente não facilita o trabalho dos agentes das Adasea e das DDAF. Contudo, os quatro principais desafios nos quais estão inscritas estas medidas são: a qualidade da água, como foi dito, a proteção dos solos, a preservação das paisagens e a manutenção da biodiversidade, objetivos incontestavelmente pertinentes. Resta examinar em que medida esses "cadernos de encargos" respondem realmente a esses objetivos ambientais por suas exigências, e se as práticas que eles promovem são verdadeiramente eficazes. *Será absolutamente necessário fazer um balanço do conjunto ao término desta operação, isto é, assim que os CTE assinados entre fim de 1999, os primeiros, e agosto de 2002, os últimos, tiverem chegado ao termo de seus cinco anos de compromissos contratuais.*

Um outro indicador interessante é constituído pelo número de projetos coletivos: 1.200 em mais de 400 territórios, de acordo com o primeiro balanço do Cnasea já citado. Se dois terços destes projetos se inscrevem no contexto das cadeias produtivas, cooperativas e grupos de produtores, o que testemunha inicialmente a boa capacidade de adaptação destas estruturas e de seu dinamismo, um terço associa, segundo a pesquisa supracitada, grupos de agricultores às vezes no âmbito da comunidade, da bacia hidrográfica, da localidade, às coletividades locais, associações envolvidas na proteção do meio ambiente. Estes diversos atores, partindo de um diagnóstico comum, definem, em conjunto, objetivos que, sob a forma de medidas-tipo e de "cadernos de encargos", vão poder inscrever-se nos contratos individuais (não há contrato assinado coletivamente) de cada um dos agricultores implicados. Pode-se certamente lamentar o fato de não existirem mais estes projetos locais, territorializados, mas é preciso também considerar a novidade desses modos de abordagem segundo uma lógica ascendente em um Estado há tanto tempo e tão fortemente centralizado. Além disto, objetivos irrealistas de assinaturas de contrato incitaram a resoluções apressadas e negligência com as condutas necessariamente lentas de estabelecer contato, encontro, familiarização entre atores, em um contexto de culturas e de representações de agricultores bastante distantes umas das outras. Para o futuro, podemos temer que o novo dispositivo, ao restringir, em nome da simplificação e da eficácia, a "escolha" dos signatários com duas ou três medidas muito voltadas para o alvo dos desafios ambientais prioritários, perca toda chance de suscitar novas iniciativas e transforme esses futuros contratos, financeiramente reduzidos, em simples medidas agroambientais, certamente úteis, mas não deixando às dinâmicas locais e ao espírito de iniciativa nada além de um lugar puramente simbólico.

Balanço e perspectivas

Querer estabelecer um balanço seria prematuro, a não ser aquele que vai apresentar ao fim de 2003 a instância de avaliação presidida por Phillippe Lacombe, cujo trabalho trata das modalidades, região por região, da realização dos CTE. Podemos adiantar que este primeiro balanço será contrastado, em razão da liberdade que foi dada a cada departamento e a cada região de conduzir sua própria política contratual. O relatório da missão de auditoria, organizada pelo ministro na ocasião da troca de governo, era ele mesmo cheio de nuances e convidava, claramente, que seguisse a experiência dos CTE, sugerindo certas melhoras para limitar os descontroles financeiros e centrar novamente o contrato em seus objetivos ambientais e territoriais, reduzindo e simplificando as modalidades de adesão. Há de se convir que o montante médio por projeto, que era preconizado (23.000 euros) subiu muito para atingir um custo médio de 45.000 euros, para os CTE assinados entre 1° de janeiro e 15 de outubro de 2002, o que testemunha na verdade um nítido desvio. Todavia, isso não ocorre para o conjunto dos 44.100 CTE assinados (6.400 propostas em espera na fase transitória deverão ser revistas sobre este ponto), e a situação é muito contrastante de um departamento a outro, alguns tendo ficado atados a uma relativa auto-regulação que parece tão mais louvável quanto mais os outros tenham se deixado levar, sem presença de espírito, a transformar a "lógica do projeto" em "lógica do guichê". Sem dúvida, teria sido melhor definir os recursos dos departamentos ou tornar mais restritivas as cifras médias que, no final das contas, tinham apenas um valor indicativo. Na ausência de tais salvaguardas, os candidatos multiplicaram as medidas acordadas para suas propriedades, sob o risco de nem sempre serem capazes de manter suas responsabilidades, sendo que alguns tiraram vantagem do recurso para investimento do módulo produção-emprego para conduzir diversos trabalhos de melhoria material ou de embelezamento da sede da propriedade ou até mesmo para reforma e pavimentação das vias de acesso, o que parece bastante distanciado da lógica ou da filosofia do CTE.

Por outro lado, o peso financeiro de certos contratos muito particulares, de conversão à agricultura biológica, incidiu igualmente sobre o conjunto do dispositivo. Num primeiro momento, esses projetos não eram, aliás, submetidos a nenhum decréscimo em função da dimensão da propriedade, o que pôde incitar alguns a aproveitar a oportunidade. Foram os agricultores biológicos os que primeiro protestaram, vendo um duplo risco: o das conversões oportunistas e de caráter temporário (não indo além da duração do contrato) e o da distorção de concorrência diante dos agrobiologistas instalados que tiveram que financiar eles mesmos suas próprias conversões, além de só terem acesso aos CTE "ordinários", em condições sensivelmente idênticas àquelas que são aplicadas à agricultura convencional. Uma vez colocados estes limites, resulta que os projetos apresentados para os CTE "conversão à agricultura biológica" tornavam-se muito mais onerosos que os outros CTE, não sendo excepcional uma proposta de um milhão de francos. Convém precisar que estas conversões à agricultura biológica, concebidas inicialmente no quadro de procedimentos próprios, foram integradas ao dispositivo CTE durante o processo. É verdade que, para resolver problemas conjeturais ou específicos, se procedeu em seguida a outras ampliações, às vezes menos coerentes (CTE ovinos) com a lógica do conjunto.

Um novo dispositivo deveria ser acionado, depois da fase transitória que a circular de 10 de outubro de 2002 instaurou para os projetos em andamento cuja assinatura ou avaliação havia sido suspensa, mas as assinaturas no contexto deste novo contrato não deveriam intervir antes da primavera seguinte[16]. Poder-se-ia, portanto, supor a definição de médias departamentais a serem respeitadas, a redução do número de medidas-tipo e a simplificação dos procedimentos. A comissão de auditoria que formula essas propostas sugere igualmente o relançamento dos contratos agroambientais, a fim de ampliar e multiplicar a oferta particularmente nas zonas com problemas ambientais, onde os ativos agrícolas não podem todos subscrever um projeto global tipo CTE, mas onde é importante que o território seja coberto por compromissos de redução das práticas de risco.

A denominação vai mudar, falaremos sem dúvida de contratos de agricultura sustentável; as linhas diretrizes certamente serão bastante diferentes, reajustadas sobre certos objetivos ambientais locais; e o CTE não será mais tão interessante no plano financeiro, seja na agricultura "convencional" (ou "racional") seja na agricultura biológica, mas o processo comprometido há mais de 10 anos com as primeiras medidas contratuais agroambientais não parece suscetível de ser repensado em seu princípio. Por um lado, como se insiste no relatório de auditoria, a Comunidade Européia está envolvida em políticas ambientais e formula suas diretrizes (nitratos, habitats) e a França não saberia descuidar de suas obrigações neste domínio. Por outro lado, pôde-se constatar, desde a primeira quinzena de agosto de 2002, que o sindicalismo majoritário, originalmente reticente diante do CTE, e apesar de ter aprovado a interrupção da modulação das ajudas, levantou-se prontamente contra a suspensão dos CTE e se pronunciou claramente a favor do prosseguimento desta política contratual. Protestos contra a suspensão dos CTE foram formulados por aqueles que se tornaram principais porta-vozes da oferta agroambiental (os sindicatos profissionais agrícolas), testemunhando uma verdadeira "conversão" das organizações profissionais agrícolas e portanto – para reformular nossa questão inicial – de uma certa "*eficácia dos dispositivos franceses de elaboração e da demanda social*"? É preciso esperar que os reajustes ocorridos neste final do ano 2002 não venham destruir essas esperanças e, contribuam, ao contrário, para encorajar os debates entre grupos sociais e, desta forma, estimular a construção das demandas socioambientais, em sua diversidade.

Nota

Depois desta exposição diante da Academia de Agricultura, pouca coisa mudou. Certamente, o decreto necessário para substituir os CTE pelos CAD acabou sendo publicado em julho de 2003[17], mas a circular que devia permitir a realização efetiva destes novos contratos, sempre prometida, sempre adiada, ainda não foi difundida aos serviços concernentes. Não há portanto assinatura de CTE, e não há ainda assinatura de CAD. Esta situação não satisfaz absolutamente as organizações profissionais que haviam contratado pessoal (particularmente as Adasea) para a constituição das propostas de CTE e que tiveram de demitir. Além disto, as dificuldades financeiras com as quais o governo se defronta não deixam esperança de um verdadeiro desenvolvimento do CAD em um futuro próximo, estando o conjunto dos financiamentos disponíveis consagrados aos CTE em andamento (é imprescindível honrar os contratos assinados sob o governo precedente). Enfim, a entrada em vigor da nova reforma da política agrícola suscita numerosos questionamentos e mobiliza a energia dos dirigentes agrícolas, confrontados com a ruptura parcial das ajudas, as quais vão tomar a forma de um pagamento único ao estabelecimento, a partir de 2005 (ou 2007), com base em um período de referência (2000-2002). Se as modalidades de aplicação desta reforma são ainda incertas, o caráter condicional e a modulação das ajudas podem contribuir para multifuncionalidade[18] da agricultura, de um lado obrigando o respeito a diversas normas ambientais ("eco-condicionalidade"), de outro trazendo fontes de financiamento importantes para o "segundo pilar" da política agrícola comum, o desenvolvimento rural. Com efeito, esta modulação, denunciada pelos grandes produtores de cereais e seus aliados políticos e "suspensa" na França depois da eleição do presidente Chirac, retorna com força: terá mais de 5.000 euros de ajudas anuais, 3% das ajudas diretas destinadas aos agricultores em 2005, 4% em 2006 e 5% a partir de 2007. Os programas visando o aprimoramento da qualidade das produções, o bem-estar animal, a aplicação de normas comunitárias em matéria de meio ambiente e de saúde pública ganharão financiamentos sensivelmente ampliados no contexto do desenvolvimento rural.

Esta última reforma não foi desejada pela França, é o mínimo que se pode dizer, e isto confirma que em matéria agroambiental este país tem dificuldades de seguir em frente sem dar imediatamente um passo para trás. Como reconheceu por ocasião da implementação de todas as primeiras medidas deste tipo (artigo 19), no início dos anos 90, é somente sob a influência e pressão direta da Europa que a França avança neste domínio, com exceção notável da Lei de Orientação Agrícola de 1999 e da realização dos CTE. É ainda muito cedo para comemorar estas transferências anunciadas em direção ao desenvolvimento regional em razão das vastas incertezas abertas por esta nova situação. Essa reforma da PAC terá como efeito desterritorializar os "direitos ao pagamento", porque eles não serão mais ligados a uma produção precisa devido à desvinculação (passando a constituir de fato uma espécie de renda) e também porque poderão ser cedidos com ou sem transferência de terra. As cartas correm o risco de serem seriamente embaralhadas, tanto entre os países da Comunidade Européia, que podem escolher diversas modalidades de aplicação (regionalização das ajudas ou não), quanto entre as diversas regiões de produção no interior de um mesmo país, acentuando as disparidades e as desigualdades.

O ministro da Agricultura, ao apresentar no início de setembro de 2003 um projeto de lei rural (bastante decepcionante aos olhos dos agricultores), anunciou o início da elaboração de uma "nova lei de modernização agrícola que será preparada em 2004"[19], para dar conta, segundo ele, da nova reforma da PAC, que é flexível quanto à sua aplicação. É bem verdade que se fala muito, hoje, em "renacionalização" da política agrícola, como também vimos reaparecer, na ocasião da seca, uma espécie de Conferência anual, como no tempo antigo da co-gestão, e da qual foram, aliás, excluídos a Confederação camponesa e os outros sindicatos minoritários, como nos velhos tempos. Regressão sustentável, retorno do recuo ou simplesmente passo ao lado? Trata-se de liquidar definitivamente a Lei de Orientação agrícola de 1999 e seu preâmbulo, abandonando o princípio da multifuncionalidade da agricultura, ou até mesmo de modificar a composição das CDOA julgadas por demais amplas sobre a sociedade? Se o pessimismo é prematuro, a preocupação está colocada.

Notas

[1] Sigla para o termo em francês “contrats d'agriculture durable”. Nota do tradutor.

[2] Anais da Academia de Agricultura da França, Agricultura-Alimentação-Meio Ambiente, v. 88, n. 7, 2002, pp. 67-77.

[3] Centro Nacional de Jovens Agricultores, que ganhou a denominação de JA, jovens agricultores.

[4] Lei n. 99.574 de 9 de julho de 1999 de orientação agrícola, publicada no Diário Oficial de 10 de julho de 1999.

[5] Entretanto, contrariamente ao que é normalmente afirmado, o legislador não usou o termo “multifuncionalidade” neste artigo primeiro (e em nenhum outro lugar do texto da lei).

[6] Reprodução parcial do artigo 4º da Lei n. 99.574 de 9 de julho de 1999 de orientação agrícola. J.O. nº 158 de 10 de julho de 1999, pag.10231.

[7] Como demonstrou uma pesquisa IPSOS, na qual François Colson e eu traçamos grandes linhas, colocando em evidência a freqüente proximidade com o aparelho de enquadramento profissional e técnico dos primeiros signatários. Retornaremos, ao fim deste texto, sobre o balanço dos CTE.

[8] Nota do tradutor: *Departamento* é a unidade político-administrativa do território francês sob a autoridade de um governador – *préfet* – assessorado por um conselho de representantes; o Departamento inclui diferentes municípios e se insere em uma unidade territorial mais ampla, de recorte político-administrativo, chamada *Região*, que inclui diversos Departamentos.

[9] A lei de orientação agrícola amplia, em seu artigo 8º, a composição da Comissão departamental da agricultura (CDOA), abrindo-a a novas categorias sociais. A precisa composição destas comissões é fixada pelo decreto n. 99.731 de 26 de agosto de 1999.

[10] Regulamento (CE) n. 1257 / 1999 do Conselho de 17 de maio de 1999 envolvendo a manutenção ao desenvolvimento rural pelo Fundo Europeu de Orientação e de Garantia Agrícola (Feoga), e modificando e abrangendo alguns regulamentos, Jornal Oficial das Comunidades Européias de 26/6/1999. Este regulamento europeu se traduz por uma programação das medidas do desenvolvimento rural, os dispositivos estruturais, tomando a forma de um Plano de Desenvolvimento Rural (PDR) nacional; assim as medidas do PDR detidas no contexto dos CTE devem ser programadas neste PDRN para poder beneficiar-se deste financiamento europeu a título do Feoga.

[11] *A modulação das ajudas era sustentada por aproximadamente 2% do total das ajudas diretas, mas ela não se aplicava ao conjunto dos beneficiários, somente aos mais dotados entre eles, com progressividade. É verdade que a parte mais fraca, cerca de 3.000 estabelecimentos, dos mais ajudados, aqueles que recebiam anualmente mais de um milhão de francos da Comunidade Européia, podia ver este bolo*

diminuído de uma taxa máxima de 13 % (contra 5% em média pelo conjunto daqueles que eram afetados por esta medida de modulação tão malfalada). Cabe afirmar que nada impedia os agricultores concernentes a esta modulação de envolver-se em um processo de CTE não fosse para resgatar uma parte de seus fundos: os CTE estavam abertos a todos. Alguns grandes produtores de cereais compreenderam isso bem, e o ITCF, Instituto técnico de cereais e de forragem, rapidamente elaborou os CTE "grandes culturas".

[12] O financiamento não é repartido de forma idêntica entre o módulo ambiental e territorial e o módulo econômico e relativo ao emprego, que chega ao teto de 100 mil francos na duração do contrato (cinco anos). O módulo ambiental é submetido a um financiamento decrescente, em função da área do estabelecimento. Inversamente, os jovens e os projetos coletivos, como a manutenção prevista de uma porção de território contínuo, beneficiam-se de uma modulação positiva. Algumas regiões ainda pouco numerosas (o Maine-et-Loire particularmente) previram também privilegiar os estabelecimentos de dimensão econômica modesta.

[13] Decreto n. 99.874 de 13 de outubro, publicado no Diário Oficial em 15 de outubro de 1999 e outorgado em 8 de novembro de 1999, Diário Oficial de 9 de novembro de 1999. Notemos que as modalidades do controle e da avaliação não são fáceis de definir em matéria ambiental: os indicadores ou não existem ou são imprecisos, ou até subjetivos, enquanto o problema é, em si, bem real.

[14] *Associação regional de adaptação das estruturas de estabelecimento agrícola:* organismo profissional encarregado da elaboração do documento.

[15] Direção regional da agricultura e da floresta, serviço descentralizado do ministério da agricultura, presente em cada departamento.

[16] Trata-se, portanto, da primavera de 2003. De fato, esta avaliação do ministério revelou-se otimista, posto que até agora (outono de 2003) a circular permitindo a realização desses CAD ainda não apareceu.

[17] Decreto n° 2003.675 de 22 julho de 2003, relativo aos contratos de agricultura sustentável, que modificou o código rural, publicado no Diário Oficial n° 170 de 25 de julho de 2003, página 12.594.

[18] Palavra desaparecida da língua ministerial, com a exceção de uma breve reaparição logo antes da reunião de Cancun, setembro de 2003.

[19] Ouest-Francee, quinta-feira dia 4 de setembro de 2003 página Agriculture, artigo assinado por Hervé Plagnol.

MULTIFUNCIONALIDADE E EMPREGO NOS ESTABELECIMENTOS RURAIS FRANCESES: UM ESTUDO NAS ZONAS MONTANHOSAS DE LANGUEDOC ROUSSILLON

Bernard Roux

Estelle Fournel

Introdução

A multifuncionalidade da agricultura na França obteve seu reconhecimento formal graças à Lei de Orientação Agrícola de 9 de julho de 1999. Esse novo instrumento jurídico marca uma opção legislativa de elaboração, aplicação e direcionamento das políticas públicas aos agricultores, ao mundo rural e aos territórios. A lei concebida com vistas a atenuar a preeminência até então atribuída à produção de bens comerciais agrícolas, notadamente alimentares. Com a nova lei de orientação, a agricultura, indo além de seu papel apenas estritamente econômico, leva em conta uma realidade complexa na qual assegura, por um lado, uma função social graças à criação e manutenção de empregos, e daí também a ocupação equilibrada do território, e por outro, uma função ambiental decorrente da preservação e renovação dos recursos naturais e paisagísticos. A lei, proposta pelo governo da "esquerda plural", votada pela Câmara dos Deputados e pelo Senado, foi aplicada através do "contrato territorial de estabelecimento" (CTE), de resto seu principal instrumento. Embora a subida da direita ao poder tenha interrompido o funcionamento dos CTEs, o princípio de uma política pública favorável à impulsão da multifuncionalidade não foi de todo suprimido, de modo que aquele modelo contratual foi substituído pelo "contrato de agricultura sustentável" (CAD)[1], não resultando daí mudança fundamental de filosofia.

O fato de a lei haver conferido um caráter institucional à multifuncionalidade não fez mais que registrar uma realidade já forjada pela história e pelo funcionamento da sociedade. Isto se deve à coexistência, por exemplo, sobre um mesmo território nacional como o da França, de tipos diferentes de agricultura, dos quais alguns podem ser tomados como multifuncionais independente de assim serem reconhecidos pelos instrumentos de políticas públicas. Eles se desenvolveram de modo autônomo, encontrando espaço no mercado, na sociedade e no território, legitimando, de certo modo, a opção de política pública que busca consolidar e ampliar o campo da multifuncionalidade. Assim, seu estudo pode ser revelador sob diferentes enfoques: pela descrição das formas concretas assumidas pela multifuncionalidade, pela colocação em evidência das modalidades pelas quais as diferentes funções se exercem, pela discussão acerca das medidas de políticas públicas adaptadas à sua situação. Uma dessas realidades multifuncionais é o objeto do presente artigo, observado que o propósito não é o de estudá-lo sob todas suas dimensões, senão de aprofundar a função social da agricultura sob o prisma da criação e da manutenção de emprego.

A existência de elos entre multifuncionalidade e emprego é, sempre, posta em evidência quando se trata de caracterizar as funções da agricultura e de justificar as medidas de estímulo à multifuncionalidade, por exemplo, quando do estabelecimento dos CTEs, porém os trabalhos relativos à análise desses elos bem como sua interpretação empírica específica se fazem raros. Na literatura francesa, muito rica no tema da multifuncionalidade agrícola, se encontram, sobretudo, referências às atividades agrícolas (Laurent et al., 1998; Dedieu et al. 1999; Blanchemanche, 2000) e às combinações de atividades, ou ainda, à pluriatividade (Laurent,1999), mas muito pouco sobre a questão do trabalho em si (Harf et Lamarche, 1998; Mundler, 2002).

No presente artigo, serão apresentados os resultados de uma análise realizada a partir de estabelecimentos rurais multifuncionais da região francesa do Languedoc Roussillon, visando destacar as conexões entre trabalho e emprego de um lado, e a multifuncionalidade de outro.

O quadro do estudo

Uma empreitada empírica

A dificuldade desta empreitada impunha uma escolha acertada do campo de estudo, no qual fossem respondidos de maneira significativa os critérios da multifuncionalidade. Este trabalho, nesse sentido, foi facilitado e apoiado por estudos precedentes. Com efeito, havia uma base de dados relativa aos estabelecimentos que haviam sido selecionadas para um programa europeu destinado a analisar a dinâmica da diversificação de sistemas produtivos (IDEAS: *Innovation, Diversification and European Agricultural Situations, projet* FAIR 6-CT98-4228) realizados entre 2000 e 2002, e do qual havíamos participado. Contudo, a análise dessa base mostrou o caráter incontestavelmente multifuncional dessas propriedades, como será visto mais adiante.

• Num primeiro momento, o tratamento dos dados disponíveis sobre essa base (aqui chamada de "amostragem IDEAS") permitiu aprofundar a análise do fator trabalho e de constituir outra base, agora restrita a uma dezena de propriedades em torno da qual, num segundo momento, uma investigação foi realizada a partir de um questionário específico, cujo propósito era verificar um certo número de hipóteses. Os resultados aqui apresentados provêm, portanto, de informações recolhidas diretamente junto aos responsáveis pelo estabelecimento.

A zona de estudo e seus estabelecimentos

O campo pesquisado é caracterizado pela real probabilidade de nele encontrar estabelecimentos rurais que atendem ao critério da multifuncionalidade. Trata-se da zona montanhosa localizada em Languedoc Roussilon, pertencente ao Massivo Central e aos Pirineus, submetida durante os últimos decênios a um intenso êxodo rural. De fato, apenas em algumas partes do território em questão se encontram condições para o desenvolvimento de uma agricultura competitiva para os mercados de massa. No mais das vezes, o relevo acidentado, o clima rude, a falta de terras facilmente cultiváveis não ensejam estabelecimentos perenes suscetíveis de enquadramento ao sistema dominante e padronizado da agricultura mecanizada intensiva, carecedoras de intensa produtividade da terra e do trabalho.

Sobre esse território rural de 15.000 km2, em 1999, existiam ainda 5.900 unidades de produção agrícola (a diminuição do número de estabelecimentos deu-se num ritmo de cerca de 4% a.a.). Uma análise acurada dos sistemas de produção, realizada graças ao especialistas da área (*Chambres d'agriculture Languedoc Roussillon*, 2000), permite dividir esse efetivo em três categorias: 48,3% das propriedades respondem aos critérios clássicos de empresa agrícola especializada, maximizando sua produção e seu lucro mediante entrega de produtos padronizados à indústria agroalimentar (leite e carne sobretudo); 10,7% são propriedades que agonizam, à espera do encerramento de suas atividades; 41% seriam unidades de produção que seguem um itinerário de desenvolvimento não convencional, distanciando-se da norma produtivista pouca respeitosa do meio ambiente. Esta última é a categoria correlacionada com a agricultura multifuncional, no seio da qual se encontram os estabelecimentos que são objeto do presente estudo.

A multifuncionalidade dos estabelecimentos estudados

Os 64 estabelecimentos estudados são familiares: segundo os resultados da pesquisa IDEAS, apenas 10,8% do trabalho é assalariado (Tabela 1). Os proprietários têm em média 40 anos e as propriedades dispõem de superfícies reduzidas: 56,3% têm uma SAU (superfície agrícola utilizada) inferior à 10 ha, para uma média de 24,5 ha. Por estarem localizadas em zona de montanha seca, os estabelecimentos dispõem, em regra, de terras de percurso, isto é, terras de baixo valor agronômico, utilizáveis apenas por rebanhos (105ha em média). Elas têm, enfim, atividades extremamente diversificadas. Mas em que medida poderíamos dizer que elas praticam uma agricultura multifuncional?

O quadro conceitual adotado para abordar a multifuncionalidade é aquele notadamente aplicado pelo comitê de especialistas constituído pelo Ministério da Agricultura e da Pesca para os CTEs (Laurent, 1999): ele define a multifuncionalidade da agricultura como "o conjunto de contribuições da agricultura a um desenvolvimento econômico e social considerado na sua unidade", incluindo nessas contribuições :

- a produção e a segurança alimentar (garantia de qualidade dos produtos);
- a diversificação das atividades ligadas à atividade agrícola, notadamente através do agroturismo e pela agregação de valor através da transformação na propriedade;
- a proteção ao meio ambiente e a preservação da paisagem;
- a manutenção de um tecido econômico social e rural, como também a produção de vínculo social.

A produção de bens alimentares nos estabelecimentos pesquisados é largamente determinada por suas características estruturais (pequena superfície fértil) e pela ecologia da região (terras montanhosas de percurso). Trata-se principalmente de produtos de origem animal provenientes de criações extensivas e, mais raramente, de produtos vegetais obtidos a partir de culturas intensivas cultivadas em pequenas superfícies (frutas e legumes).

A diversificação é uma característica dos estabelecimentos da base estudada, conforme se verifica pela Tabela 1, na qual se põe em evidência a multiplicidade de situações encontradas – a partir de uma classificação em cinco categorias de atividades (atividades agrícolas de base e novas, transformação de produtos agrícolas e venda direta, atividades de serviços, atividades explicitamente ambientais), 44 combinações diferentes aparecem entre os 64 estabelecimentos. Além do acréscimo de novas produções animais e (ou) vegetais, que todos os estabelecimentos praticam, dois tipos de atividades de diversificação são muito freqüentes, tanto uma como a outra (57,8% dos estabelecimentos): de uma parte, a transformação artesanal de produtos agrícolas associada com a venda direta; de outra parte, as atividades de serviços, consistindo sobretudo na criação de ofertas turísticas (hotelaria e restaurantes). A amostra examinada se revela, pois, como antítese da agricultura especializada que domina a agricultura francesa.

No que concerne o engajamento ambiental explícito, verifica-se que ele é largamente adotado (40,6% dos estabelecimentos): a agricultura biológica constitui a principal atividade (21,9%), devendo também ser mencionada a participação em programas de defesa contra incêndios (10,9%).

Enfim, há que sublinhar uma característica essencial desses estabelecimentos: apenas por sua existência elas contribuem a manter vivo o frágil tecido econômico e social desse território pouco povoado, onde a atividade econômica se submete às fortes restrições resultantes da dificuldade de transportes e do enfraquecimento dos serviços públicos. Por si só, tal fato bastaria para qualificar de multifuncional a agricultura dos estabelecimentos estudados. Quanto ao vínculo social, o que de resto não era objeto das pesquisas, não há dúvida acerca de ser este um produto forte dessas famílias agrícolas, como se sabe por outras fontes. Com efeito, esses estabelecimentos não se caracterizam apenas pelo sistema econômico distinto do sistema dominante; elas são também, em geral, expressão de um mesmo sentimento de comportamento social: o da contestação da agricultura produtivista e, além disso, da organização global da sociedade, sendo aquelas que conduzem esses agricultores a desenvolver atividades sindicais, associativas e, mais simplesmente, relações de proximidade que reforçam a comunidade em que se inserem.

Trabalho e emprego nos estabelecimentos estudados

A compreensão dos elos entre multifuncionalidade e emprego passa necessariamente pela compreensão das condições da realização do trabalho no interior do estabelecimento. As informações disponíveis graças à pesquisa IDEAS permitem depreender uma série de dados úteis, principalmente sobre a quantidade de trabalho existente e sua divisão entre os trabalhadores.

O trabalho segundo os resultados da pesquisa IDEAS

A dificuldade de avaliação do trabalho agrícola é, há muito tempo, conhecida e, desde então, pergunta-se sobre os métodos a serem utilizados para mensurá-la (Brangeon et al., 1989; Lacroix et Mollard, 1989). Na investigação citada foram registrados, simplesmente, o que declararam os próprios agricultores, deixando uma margem de erro considerável quanto ao tempo realmente gasto para as diferentes tarefas. A unidade de medida utilizada na França é a unidade de trabalho anual (UTA), seja uma pessoa empregada em tempo integral durante todo o ano, seja a definição estrita de 2.200 horas de trabalho por ano.

O número de UTA por estabelecimento varia entre 1 e 6, sendo a média de 2,2 UTA, o que mostra um leque bastante amplo na dimensão econômica das unidades de produção, observado que o volume de valor agregado é praticamente proporcional ao do trabalho onde não existem importantes economias de escala. Analisando a contribuição de cada categoria de trabalhador, percebe-se que as quantidades de trabalho existentes dependem fundamentalmente da força de trabalho disponível e disposta a trabalhar nos estabelecimentos. Três categorias de estabelecimentos emergem (Tabela 2).

1 - Predominância do trabalho pelo responsável: Sobre uma média de 1,37 UTA de trabalho total (42,2% dos estabelecimentos), apenas o trabalho do responsável pelo estabelecimento representa 69,59% do total. Isso se deve, de um lado, a que a cônjuge, quando existe, o que nem sempre é o caso, pouco participa das atividades agrícolas, seja porque ela ocupa um outro emprego estranho ao estabelecimento, seja porque apenas acessoriamente ela toma parte dos trabalhos da propriedade, no mais das vezes envolvida com as atividades domésticas. De outro lado, o recurso ao trabalho assalariado é pouco utilizado (8,65%).

2 - Predominância do trabalho pelo casal: Para uma média de 2,10 UTA de trabalho total (31,2% dos estabelecimentos), o responsável e seu cônjuge fornecem, quase que igualmente, 89,57% do trabalho, o que limita ainda mais que a primeira categoria o trabalho assalariado (3,51%).

3 - Trabalho do casal e dos demais membros da família: Para uma média de 3,73 UTA de trabalho total (26,6% dos estabelecimentos), o cônjuge participa amplamente dos trabalhos (0,76

UTA em média por estabelecimento) mas, por outro lado, observa-se uma contribuição notável por parte dos ascendentes e descendentes: 35,24%. Uma utilização maior de trabalho pago do que as demais categorias (17,50%) mostra que um maior volume de mão-de-obra familiar pode ser um fator de incremento da atividade que obriga a recorrer assim aos trabalhadores assalariados.

Essa comparação das três categorias mostra claramente:

- a natureza eminentemente familiar dos estabelecimentos com, em média, 89,2% do trabalho exercido pelo responsável e sua família (entre 82,49% e 96,49% de acordo com a categoria);
- a relação direta entre a quantidade de trabalho exercido e a dimensão do grupo doméstico e a disponibilidade de seus membros;
- a pequena participação das crianças no trabalho, quando priorizam os estudos (entre 1,36% e 9,11%, 5,04% em média);
- a baixa presença, também, dos pais (13% em média), salvo no terceiro grupo (26,13%),
- que essa agricultura é, pois essencialmente, o negócio do casal.

Resultados de uma pesquisa complementar

Um conhecimento mais preciso do trabalho existente nos estabelecimentos foi obtido graças a uma pesquisa complementar realizada em 9 dentre eles (em média: 34 ha de SAU e 103 ha de pasto). Uma acentuada melhora no método de coleta de dados permitiu mostrar que as quantidades de trabalho estão subavaliadas na pesquisa IDEAS. Malgrado o longo intervalo que mediou as duas pesquisas, consideráveis foram as diferenças quanto à ordem de grandeza. Assim, vê-se que o trabalho do responsável é superior em 37% pela pesquisa complementar (Tabela 3). A mesma observação faz-se para o casal engajado no trabalho agrícola. Desse fato resulta que nos estabelecimentos reexaminados, a quantidade de trabalho familiar é estimada em 2,72 UTA por estabelecimento, ou seja, 23% a mais que na primeira análise. Contrariamente, não há quase diferença relativamente ao trabalho assalariado, avaliado com mais objetividade. Por fim, essas estimativas corrigidas confirmam o importante crescimento do trabalho familiar (dois pontos percentuais suplementares na pesquisa complementar).

Discussão: A multifuncionalidade e o emprego

Multifuncionalidade e quantidade de trabalho

Uma primeira questão pode ser formulada: Os estabelecimentos que se valem de mais força de trabalho são mais multifuncionais? Ou ainda: a multifuncionalidade seria favorecida por uma maior disponibilidade ou pelo acaso? Examinando a Tabela 1, onde a base de dados IDEAS foi distribuída entre três grupos de dimensão de força de trabalho, não aparece ligação evidente entre as duas variáveis. Na medida em que não dispomos de um índice quantificado de multifuncionalidade, mas apenas de uma informação sobre o número e a natureza das atividades, a apreciação é subjetiva. Entretanto, parece que ela bastaria para desenvolver a idéia de que a capacidade para introduzir atividades que conduzem à multifuncionalidade se encontra, mais ou menos com a mesma freqüência, em todos os coletivos de trabalho do leque pesquisado. Contudo, um aspecto diferenciador associado à força de trabalho se faz relevante: as situações de maior diversidade de atividades são proporcionalmente mais numerosas nos estabelecimentos de criação de animais onde a força de trabalho é mais abundante. Aliás, não há recurso específico à mão-de-obra assalariada nos estabelecimentos que dispõem de pequenos volumes de força de trabalho familiar. Em vista destas observações, pode-se adiantar que o fato de dispor de uma força de trabalho importante em um estabelecimento constitui uma vantagem para uma orientação multifuncional, mas não constitui uma condição necessária.

Criação de emprego e multifuncionalidade

Outra questão: a multifuncionalidade seria um fator de criação e de estabilização do emprego? Uma simples comparação permite trazer uma resposta: segundo o último recenseamento agrícola realizado em 2000, o número de UTA médio por estabelecimento é de 1,4 para o conjunto da França. Mas, para a base de dados IDEAS de 64 estabelecimentos, o número revisado após a pesquisa complementar seria de 2,7 UTA, vale dizer, quase o dobro do valor nacional. Mesmo se levando em conta as diferenças entre os métodos de coleta de dados e mesmo se não considerarmos a pesquisa desenvolvida em Languedoc Rousillon como representativa dos estabelecimentos multifuncionais franceses, essa diferença, apesar de tudo, é notável. Ela é um indício certeiro de que os sistemas produtivos postos em prática nas montanhas da região são criadores de empregos. Neste diapasão, as outras atividades inseridas nos estabelecimentos demandam muito trabalho, seja pela inserção de novos ateliês de produção animal ou vegetal, de sistemas de produção de agricultura biológica, de agro-turismo, da transformação da propriedade, da venda direta.

Constata-se aqui um aspecto fundamental dos estabelecimentos multifuncionais então estudados: localizados num ambiente econômico e natural distante dos centros econômicos dominantes, eles se desenvolvem a partir de seus próprios recursos e sobre os mercados locais. Eles consolidam, assim, o emprego familiar, aquele do responsável primeiramente, que finda por se tornar sobreempregado (1,37 UTA), mas também o do cônjuge, que se torna, na maior parte dos casos a parceira profissional indispensável do responsável pelo estabelecimento.

Multifuncionalidade e trabalho assalariado

A utilização da mão-de-obra assalariada jamais foi privilegiada nesses sistemas multifuncionais familiares. Ela é apenas a opção última quando a família não dá conta de fazer face às necessidades do momento. Por isso que apenas 14% das propriedades da amostra IDEAS empregam assalariados permanentes que não são, aliás, empregados de tempo integral como confirma a pesquisa complementar realizada, na qual os trabalhadores recenseados exercem em média, apenas 0,5 UTA (Tabela 4).

Multifuncionalidade e plurativividade

Os estabelecimentos aqui estudados se caracterizam por recursos limitados de terra, o que dificulta consideravelmente, *a priori,* o emprego por completo da mão-de-obra disponível. A estratégia de emprego induzida por esse tipo de situação consiste, amiúde e na medida do possível, na busca de trabalho fora da unidade de produção. O responsável pode se tornar duplamente ativo, empregando-se de modo permanente em uma empresa (freqüentemente em regime não integral). De outro lado, a cônjuge pode ter um emprego, horário integral ou não, trabalhando ou não no próprio estabelecimento. A pluriatividade das famílias pode, então, ter formas diversas mas ela é sempre identificável em número significativo de estabelecimentos. Na França, por exemplo, as estatísticas européias estimam que apenas 50% dos agricultores trabalham em tempo integral nos estabelecimentos, o que deixa uma margem enorme para a pluriatividade: estima-se que 40% desses agricultores têm uma atividade exterior lucrativa, vale dizer 20% do conjunto de estabelecimentos franceses.

Mas, que ilação se pode ter da base de dados IDEAS? De pronto, que os agricultores trabalham em horário integral na unidade de produção (0,98

UTA em média [Tabela 2], valor aliás subestimado pelos resultados da pesquisa complementar); por outro lado que a pluriatividade constatada deve-se ao trabalho externo da cônjuge, tal ocorrendo num elevado número de casos: 34,2% das famílias. A estratégia desses estabelecimentos consiste, então, em criar empregos internamente mediante a multiplicação de atividades apesar da restrição à terra. Assim, o responsável jamais é tomado como pluriativo pela base estudada, mas seu tempo de trabalho efetivo ultrapassa bastante a norma da UTA (Tabela 3). Outrossim, essa mesma estratégia permite empregar a cônjuge: 0,59 UTA em média por estabelecimento pela base de dados IDEAS. A pesquisa complementar mostrou que, sobre nove estabelecimentos, três companheiras têm um emprego exterior e que uma dentre elas trabalha também na propriedade.

A baixa taxa de pluriatividade constatada confirma, portanto, o papel proeminente da multifuncionalidade da agricultura evidenciada acima, aquele de criadora de empregos no seio da unidade de produção agrícola.

Multifuncionalidade e remuneração

Tendo em vista essas observações, algumas questões se colocam: que ganho esses estabelecimentos propiciam? Em que medida todo o trabalho exigido por esses sistemas complexos é remunerado? Uma resposta, aproximativa em razão do método pouco preciso de coleta de dados, é trazida à baila pela pesquisa IDEAS. O ganho líquido médio por trabalhador, obtido em atividades gerais nos estabelecimentos, seria de 13.700 euros por ano e por UTA (2000), um pouco inferior ao salário mínimo na França. Tal remuneração do trabalho decerto não pode ser considerada como elevada mas também não é tão reduzida como pode aparentar. Vários elementos vêm, de fato, atenuar esse resultado. Por exemplo, o autoconsumo (cultura de leguminosas) assume grande importância para sete dentre nove dos estabelecimentos analisados pela pesquisa complementar. Por outro lado, a moradia em si não representa um gasto elevado, bem menor, diga-se, ao da vida urbana. Ademais, pela escala local, as remunerações recebidas pelos outros setores não são muito maiores. Ao menos é o que indica o resultado da pesquisa IDEAS (Tabela 5): o ganho obtido nas atividades externas ao estabelecimento (15.500 euros por ano e por estabelecimento, diga-se, quase sempre pelo trabalho da cônjuge) não é muito superior ao obtido no trabalho no estabelecimento. Essa situação seria, destarte, um fator de encorajamento ao desenvolvimento de novas atividades no seio dos estabelecimentos, priorizando a multifuncionalidade em prejuízo da pluriatividade.

Multifuncionalidade e políticas públicas

Um outro aspecto relativo aos ganhos deve ser sublinhado: a participação das subvenções não deve ser desconsiderada, pois elas representam aproximadamente 30% do rendimento auferido pelos estabelecimentos conforme as nove pesquisas complementares. Com efeito, não seria legítimo ignorar o fato dos estabelecimentos se situarem em zonas de montanha, nas quais existe uma política específica para a prática de sistemas de criação animal que se beneficiam de importantes ajudas da PAC. Nem conviria abordar, aqui, os detalhes de aplicação de políticas públicas, senão de lembrar que as mesmas contribuem consideravelmente para a manutenção dos estabelecimentos nessas zonas difíceis mediante disposições que têm, na maior parte, um caráter multifuncional: recompensa pela pastagem (*prime à l'herbe*) e pelos novilhos (*prime au jeune bovin*), indenizações especiais para montanheses, incentivo à criação extensiva, CTE etc.

O ponto de vista dos agricultores acerca do papel ambiental que ostentam e multifuncionalidade

Em nossa pesquisa, queríamos conhecer a opinião dos agricultores sobre o lugar que os mesmos ocupariam no tocante ao meio ambiente e em face da multifuncionalidade. Todos os nove estabelecimentos avaliam positivamente o impacto que provocam sobre o meio em que atuam: segundo os mesmos, seus estabelecimentos respeitam muito (7 casos) ou medianamente (2 casos) o meio ambiente, tratam e mantêm a paisagem (muito: 6 casos, medianamente: 3 casos), preservam a biodiversidade (muito: 8 casos, medianamente: 1 caso). Entretanto, eles se encontram divididos quanto à idéia de reconhecimento pela sociedade do serviço que prestam. Sobre a questão da remuneração desse serviço, a maioria dentre eles (cinco) estima serem já bem pagos por conta das subvenções a que fazem jus; três pensam que não deveriam ser subvencionados e apenas um reivindica, a despeito da subvenção, a existência de salários. Essas respostas evidenciam uma remarcável consciência da relação entre agricultura e meio ambiente fundada numa prática respeitosa para com o meio e as reservas naturais, assim como numa atitude cidadã bastante positiva e generosa.

Os nove proprietários reconhecem sua ignorância quanto à noção de multifuncionalidade. Mesmo depois da explicação, eles confessam confundir multifuncionalidade e diversificação, pois tinham a crença que multifuncionalidade consistiria " fazer muitas coisas em um estabelecimento". Tais respostas levam a pensar que o intenso debate que agitou os meios agrícolas no curso dos últimos anos está longe de ter aclarado aqueles diretamente implicados: os agricultores. Os resultados de nosso estudo indicam que isso não impede que eles atuem em reforço da multifuncionalidade, sem que, necessariamente, o façam de modo consciente.

Conclusão

O estudo cujos resultados acabamos de apresentar traz vários ensinamentos. Primeiramente, ele permite verificar que o recurso a práticas multifuncionais é um modo eficaz para ajudar no funcionamento dos estabelecimentos agropecuários colocados em situações fortemente restritivas. Ao criar valor agregado e diversificar suas atividades, os agricultores logram contrabalançar os efeitos negativos da falta de terras agricultáveis. Desenvolvendo sistemas que valorizam os recursos naturais de terras pouco produtivas, eles transformam em trunfo as condições adversas do meio.

O segundo ensinamento é que essas práticas exigem muito esforço. A diversidade de atividades leva à multiplicação de tarefas e à limitação dos ateliês de produção pois, permanecendo os estabelecimentos familiares, sua dimensão econômica acaba fatalmente tornando-se modesta. Em conseqüência, a especialização dos trabalhadores se torna difícil. Daí resulta uma baixa produtividade do trabalho, que explica a forte mobilização das reservas de mão-de-obra da família e também o recurso pouco freqüente ao trabalho assalariado. Nessas regiões, a correlação entre multifuncionalidade e criação de emprego é absolutamente indiscutível.

A terceira observação se refere aos resultados econômicos dos estabelecimentos. A riqueza constatada em atividades e em trabalho se faz acompanhar de remunerações modestas, ligadas à baixa produtividade do trabalho sobre o qual se apóiam as famílias dos agricultores por razões que ultrapassam largamente o campo econômico. De fato, para acionar sistemas complexos muito exigentes em matéria de formação e de trabalho, dada a baixa remuneração, haveria que se encontrar compensações em domínios outros, tais como a qualidade de vida ou a causa ambiental. A propósito, em uma conjuntura marcada por um mercado de trabalho deprimido, não se pode negligenciar a segurança que significa o emprego em tais estabelecimentos até para explicar o porquê da aceitação de uma baixa remuneração do trabalho.

Enfim, a contribuição desses estabelecimentos para o equilíbrio do território não deve ser esquecida. Nós já relembramos, anteriormente, que a simples existência de unidades de produção em espaços pouco receptivos para a atividade econômica lhes confere um caráter multifuncional. Por suas múltiplas atividades, pela força de trabalho que elas empregam, pela ocupação de espaço que garantem, elas são atores essenciais da vida dos territórios montanhosos.

Destarte, podemos constatar que, em se criando emprego nos estabelecimentos da região estudada, a multifuncionalidade cumpre o papel que dela esperamos: aportando renda a famílias modestas e atividades econômicas respeitosas do meio ambiente em territórios marginais, ela se torna um potente fator de coesão social

Tabela 1.
Distribuição dos 64 estabelecimentos multifuncionais segundo suas atividades e a força de trabalho empregada

Atividades agrícolas		Outras atividades			Quantidade de trabalho nos estabelecimentos		
Atividades de base	Adição de novas produções vegetais e/ou criações animais	Transformação e/ou venda direta de produtos agrícolas	Atividades de serviços	Atividades ambientais	Menos de 2 UTA	Entre 2 e menos de 2,5 UTA	2,5 UTA ou mais
Criações animais (36)	Produções vegetais apenas (8)	Venda direta sem transformação (2)	Nenhuma (2)	não	1		
				sim	1		
		Transformação e venda direta (6)	Nenhuma (3)	sim	1	2	
			Hotelaria (2)	não	1		1
			Outros serviços (1)	não	1		
	criações animais apenas (17)	Venda direta sem transformação(3)	Restauração (1)	sim		1	
			Hotelaria + outro serviço (2)	não			1
				sim		1	
		Transformação e venda direta(13)	Nenhuma (6)	não		1	1
				sim	1	1	2
			Hotelaria (3)	não	1		2
			Restauração (2)	não	1		
				sim		1	
			Diversão (2)	não	1		
				sim		1	
		Nem transformação nem venda direta (1)	Hotelaria (1)	não			1
	Produções vegetais e criações animais (3)	Transformação e venda direta (2)	Hotelaria (1)	não			1
			Hotelaria + outro serviço (1)	não			1
		Nem transformação nem venda direta (1)	Hotelaria (1)	não			1
	Sem novas produções (8)	Venda direta sem transformação (1)	Nenhuma (1)	não			1
		Transformação e venda direta (3)	Hotelaria (2)	não	1	1	
			Hotelaria + outro serviço (1)	não	1		
		Nem transformação nem venda direta (4)	Nenhuma (2)	sim	1	1	
			Hotelaria (1)	não		1	
			Diversão (1)	não		1	

Tabela 1.
(Continuação)

Atividades agrícolas		Outras atividades			Quantidade de trabalho nos estabelecimentos		
Atividades de base	Adição de novas produções vegetais e/ou criações animais	Transformação e/ou venda direta de produtos agrícolas	Atividades de serviços	Atividades ambientais	Menos de 2 UTA	Entre 2 e menos de 2,5 UTA	2,5 UTA ou mais
Produções vegetais (19)	Produções vegetais apenas (9)	Venda direta sem transformação (2)	Nenhuma (2)	não	1	1	
		Transformação e venda direta (5)	Nenhuma (3)	não	1		1
				sim	1		
			Outros serviços (1)	não	1		
			Hotelaria + outro serviço (1)	não	1		
		Nem transformação nem venda direta(2)	Nenhuma (2)	não	1		
				sim	1		
	Criações animais apenas (4)	Venda direta sem transformação (1)	Hotelaria (1)	não		1	
		Transformação e venda direta (1)	Nenhuma (1)	não		1	
		Nem transformação nem venda direta+C76 (2)	Nenhuma (2)	sim	1	1	
	Criações animais e produções vegetais (3)	Transformação e venda direta (3)	Nenhuma (3)	não	2		1
	Sem novas produções (3)	Venda direta sem transformação (2)	Nenhuma (2)	sim	2		
		Transformação e venda direta (1)	Nenhuma (1)	sim		1	
Criações animais e produções vegetais (9)	Produções vegetais apenas (2)	Venda direta sem transformação(1)	Nenhuma (1)	não	1		
		Nem transformação nem venda direta (1)	Hotelaria + outro serviço (1)	não		1	
	Criações animais e produções vegetais (7)	Venda direta sem transformação (3)	Nenhuma (3)	sim	1	1	1
		Transformação e venda direta (4)	Nenhuma (3)	não			1
				sim		2	
			Hotelaria (1)	não	1		

Fonte: pesquisa IDEAS.

Tabela 2.
Repartição da força de trabalho entre categorias de trabalhadores nos 64 estabelecimentos multifuncionais

Força de trabalho nos estabelecimentos (UTA)		Chefe dos estabelecimentos (UTA)	Companheira (UTA)	Pais dos proprietários (UTA)	Filhos (UTA)	Trabalho familiar total (UTA)	Trabalho assalaria do total (UTA)	Trabalho total (UTA)
Menos de 2 UTA	Média	0,95	0,25	0,03	0,02	1,25	0,12	1,37
	N. Expl.	27	27	27	27	27	27	27
	% du total	69,59	18,51	1,89	1,35	91,35	8,65	100,00
Entre 2 e 2,5 UTA	Média	1,00	0,88	0,10	0,05	2,03	0,07	2,10
	N. Expl.	21	21	21	21	21	21	21
	% do total	47,62	41,95	4,53	2,38	96,49	3,51	100,00
Mais de 2,5 UTA	Média	1,00	0,76	0,98	0,34	3,08	0,65	3,73
	N. Expl.	16	16	16	16	16	16	16
	% do total	26,80	20,27	26,13	9,11	82,49	17,50	100,00
Total	Média	0,98	0,59	0,29	0,11	1,96	0,24	2,20
	N. Expl.	64	64	64	64	64	64	64
	% do total	44,57	26,60	13,00	5,04	89,20	10,80	100,00

Fonte: pesquisa IDEAS (Languedoc-Roussillon)

Tabela 3.
Repartição da força de trabalho entre categorias de trabalhadores nos 9 estabelecimentos multifuncionais

N° estabelecimentos*	Chefe dos estabelecimentos (UTA)	Companheira (UTA)	Pais (UTA)	Filhos (UTA)	Outros membros da família (UTA)	Trabalho familiar total (UTA)	Trabalho assalariado total (UTA)	Trabalho total (UTA)
42	1,65	1,65	/	/	/	3,30	/	3,30
57	1,01	0	0,12	0	/	1,13	0,63	1,76
61	1,47	1,47	/	0	/	2,95	0,50	3,45
64**	1,75	1,75	/	1,13	1,75	6,38	1,31	7,69
65	1,37	/	0,99	/	/	2,36	0,74	3,10
80	1,65	0,83	/	0	/	2,48	/	2,48
83**	0,7	0	/	0	/	0,70	/	0,70
87	1,42	0	0,11	0,2	/	1,73	1,67	3,40
89**	1,32	/	0,83	/	1,32	3,47	/	3,47
Média	1,37	0,63	0,23	0,15	0,34	2,72	0,54	3,26
% do total	42,00	19,30	7,05	4,60	10,42	83,39	16,54	100

* referência pesquisa IDEAS;** GAEC

Fonte: pesquisa complementar

Tabela 4.
Trabalho assalariado em 9 estabelecimentos multifuncionais

N° estabelecimentos*	Sazonais	Permanentes		Trabalho assalariado total (UTA)	Trabalho Total (UTA)	% trabalho assalariado sobre o trabalho total
	(UTA)	Número	(UTA)			
42	0	0	0	0	3,31	0
57	0	1	0,63	0,63	1,75	35,72
61	0,50	0	0	0,50	3,44	14,53
64**	0,17	3	1,13	1,31	7,69	17,03
65	0,33	1	0,41	0,74	3,10	23,91
80	0	0	0	0	2,48	0
83**	0	0	0	0	0,70	0
87	0,75	1	0,92	1,67	3,44	48,51
89**	0	0	0	0	3,47	0
Média	0,19	0,67	0,34	0,54	3,26	16,49
% do total	36,07		63,93	100		
Média UTA/assalariado			0,52			

* referência pesquisa IDEA ; ** GAEC

Fonte: pesquisa complementar

Tabela 5.
Repartição de 64 estabelecimentos multifuncionais em função de seus rendimentos

Força de trabalho nos estabelecimentos (UTA)	Estabelecimentos com rendimentos externos				Estabelecimentos sem rendimentos externos		
	Número	%	Rendimento externo média / estabelecimento (€)	Rendimento agrícola médio / UTA (€)	Número	%	Rendimento agrícola médio / UTA (€)
Menos de 2 UTA	16	59,26	15650	14130	11	40,74	17210
2 UTA ou mais	6	16,22	15120	14310	31	83,78	12210
Total	22	34,38	15520	14180	42	65,63	13520

Fonte: pesquisa complementar

Nota

[1] CAD - sigla para a expressão francesa *Contrats d'agriculture durable.* Nota do tradutor.

ANÁLISE DA RELAÇÃO ENTRE AGRICULTURA E EMPREGO: O EXEMPLO DA ILHA REUNIÃO (FRANÇA)

Philippe Bonnal
Jean-Louis Fusillier

Introdução

A noção de multifuncionalidade, ao menos em sua acepção normativa, tal como está formulada pela Organização de Cooperação e de Desenvolvimento Econômico (OCDE), considera que as funções da agricultura são designadas pela sociedade levando em conta suas necessidades econômicas, sociais e ambientais (OCDE, 2001: 10). Entre as diferentes expectativas da sociedade em relação à agricultura há aquela em que se espera que esta assuma a imagem de provedora de trabalho, de rendimentos e de emprego. Essa função reveste, decerto, uma importância particular no contexto nacional de sub emprego, seja conjuntural ou crônico, e pode, a partir daí, tornar-se o objeto de políticas públicas ativas visando ajudar os proprietários agrícolas a manterem, e até mesmo a desenvolverem, suas atividades, o que, em última análise, evitaria o êxodo rural e a exacerbação do desemprego nas cidades.

Mas se a relação entre agricultura e emprego fixa-se nesse sentido, sua caracterização não é de todo fácil, porquanto, por um lado , os empregos gerados pela atividade agrícola não se limitam somente ao setor agrícola e, por outro, porque os empregos podem assumir formas complexas (pluriatividade), as quais escapam aos dispositivos estatísticos.

Esse trabalho propõe abordar a questão da caracterização do elo agricultura-emprego a partir de um estudo de caso localizado na Ilha Reunião, Departamento francês de além-mar (Département d'outre-mer) situado no Oceano Índico[1] . Uma vez identificado os diferentes tipos de emprego gerados pela atividade agrícola e relembrado o contexto agrícola da Ilha Reunião, serão precisados os métodos empregados e, em seguida, apresentados e discutidos os resultados obtidos.

A natureza do elo entre agricultura e emprego

A agricultura gera vários tipos de emprego. A forma mais imediata é evidentemente o trabalho agrícola, em jornada integral, exercido pelos ativos familiares e assalariados agrícolas. Uma segunda modalidade, quase tão corrente quanto à precedente é o trabalho agrícola em jornada parcial, efetuado pelos ativos familiares e completado seja por atividades não-agrícolas realizadas no interior do estabelecimento, seja por atividades (agrícolas ou não) realizadas externamente. Uma terceira forma de trabalho é o emprego induzido pela atividade agrícola em outros setores de atividades econômicas (indústrias, serviços). Pode tratar-se de indústrias à montante (setor agrofornecedor) encarregadas de abastecer os agricultores em bens de produção e em serviços (insumos, ferramentas, construção, assistência técnica etc.), ou de indústrias à jusante cuja tarefa é a transformação das matérias-primas de origem agrícola em bens alimentares ou não alimentares destinados para o consumo. Enfim, pelo efeito de encadeamento, o consumo dos domicílios beneficia-se de empregos agrícolas ou induzidos e contribui, por seu turno, para a criação de empregos no conjunto dos setores fornecedores de bens de consumo e de serviços.

A combinação desses diferentes tipos de emprego e seus respectivos pesos varia conforme as características da agricultura e o nível de desenvolvimento dos setores fornecedores e agro-alimentares. Serão dadas qui três ilustrações.

Na Europa, o peso econômico e demográfico da agricultura na economia e na sociedade, no seu conjunto, é débil em comparação com o de outros setores econômicos (serviços, indústrias), malgrado os remarcáveis ganhos de produtividade obtidos pela agricultura ao longo dos últimos decênios. Há meio século que o emprego agrícola não pára de diminuir e se transformar. Assim, no curso deste período, 80% dos ativos agrícolas europeus desapareceram em resposta à política estrutural posta em prática durante a segunda metade do século XX, aos processos de modernização das técnicas de produção e à baixa tendencial dos preços agrícolas (Bonnal et al, 2003: 3). Mas, paralelamente a esta diminuição do emprego agrícola, as indústrias de aprovisionamento (insumos agrícolas, máquinas, ferramentas etc.) e as agroalimentares se desenvolveram rapidamente, criando numerosos empregos. A rapidez e a simultaneidade dos processos se explicam pelo fato de que essas indústrias captaram, em função do preço, uma grande parte dos ganhos da agricultura (Malassis, 1973, p.371). No último decênio, observamos que trabalhadores familiares agrícolas diversificaram suas atividades (nos ofícios do artesanato, da prestação de serviços ou do salário) de maneira a compensar a erosão de suas margens econômicas e evitar assim a idéia de abandonar seus estabelecimentos agrícolas. De fato, a pluriatividade das unidades agrícolas familiares é crescente mas seu reconhecimento pelas organizações profissionais agrícolas é lento e levado pouco em conta nas estatísticas nacionais (Laurent et Mouriaux, 1999).

Na América Latina, a agricultura constitui sempre um setor social cuja população agrícola continua a aumentar.[2] Em numerosos países, a agricultura é dual, composta de um setor empresarial concentrado, baseado na mão-de-obra assalariada permanente e temporária, e de um setor de agricultura familiar (famílias quase sempre numerosas), constituindo uma fonte de mão-de-obra assalariada para o setor precedente. A estrutura dos empregos gerados pela agricultura é assim diversa daquela da Europa: proporcionalmente, os empregos diretos são mais numerosos em relação aos empregos induzidos, em razão do menor desenvolvimento das indústrias agrofornecedoras e agroalimentares. A pluriatividade é igualmente crescente na Europa, ligada sobretudo à deslocalização das empresas artesanais ou industriais no meio rural. Em alguns países, notadamente no México, a pluriatividade associando trabalho agrícola e trabalho assalariado é vista como uma solução eficaz para a contenção da pobreza dos trabalhadores familiares agrícolas e do êxodo rural (Readon e Berdégué, 1999).

No Oeste africano, a agricultura constitui a ossatura da economia nacional e da sociedade, pois, segundo dados da FAO, o PIB agrícola constitui, aproximadamente, 35% do PIB total da região e a população ativa agrícola, sempre em forte crescimento, representa hoje 67% da população ativa total (Bosc et Losch, 2002: 404). Os empregos diretos continuam sendo dominantes, já que os empregos induzidos são limitados em razão da fraqueza das empresas agroalimentares e da quase ausência de indústrias de bens de consumo. A pluriatividade ali é muito importante, ligando de modo íntimo as atividades agrícolas, artesanais, comerciais e sociais. A cultura e o simbolismo aparecem inseridas no trabalho agrícola, às vezes com extrema importância, conferindo a essa atividade a condição de um dos elementos fundamentais sobre o qual se estrutura a sociedade.

Nestes diferentes casos, vê-se que o emprego gerado pela agricultura é multiforme e evolutivo. Sua avaliação requer a consideração de várias dimensões:

- a natureza do trabalho agrícola: sua quantidade (número de ativos), modalidade (tempo integral-tempo parcial), funções (produtivas, sociais, territoriais, políticas), lógica (econômica, simbólica) etc.

- as implicações do trabalho agrícola nos outros setores da economia: quantidades de empregos induzidos na cadeia de produção (tanto de transformação como de consumo), assim como os empregos gerados pela melhora do consumo dos domicílios rurais.

Essa é, pois, a análise que propomos ilustrar com o caso da Ilha Reunião.

Ilha Reunião: o contexto do estudo

A pequena Ilha Reunião (2.512 km², 741.000 habitantes) oferece, a despeito de suas características físicas extremamente constritivas – devido a seu isolamento da metrópole, relevo acentuado, clima violento e contrastante – um nível de desenvolvimento que, ainda que inferior ao da metrópole, permanece bastante superior ao da maior parte dos países da região. Esse desenvolvimento é o resultado de um processo histórico que se estendeu sobre três séculos durante o qual a intervenção pública cumpriu um papel determinante. Com efeito, após um longo período colonial baseado em uma economia de *plantation* na qual o Estado sustentou sucessivamente as produções de café e de cana-de-açúcar (1664-1946), irrompera um período de ativa recuperação econômica, marcado por uma transferência importante de recursos do Estado francês para a pequena ilha Reunião (1946-1990), completados em seguida por transferências européias (a partir de 1990) (Laudié, 2003).

A agricultura é um setor em recuo do ponto de vista da superfície explorada e da população implicada. A área agrícola diminuiu 20% ao longo dos dez últimos anos e um terço dos estabelecimentos desapareceu entre 1989 e 2000. Essa diminuição da população agrícola, casada a um crescimento demográfico ativo (0,2% a.a.) contribuiu para degradar uma situação relativa ao emprego já particularmente desfavorável, pois a Ilha Reunião é a região francesa com maior taxa de desemprego (36%). Em 1999, a superfície agrícola foi estimada em 43.350 ha, sendo que 9.272 estabelecimentos foram recenseados (INSEE, 2001).

Quatro grandes cadeias produtivas agrícolas coexistem na Ilha Reunião: (i) a cana-de-açúcar, que ocupa mais de 50% das terras cultivadas e representa mais de uma exploração em cada duas; (ii) a fruticultura e a horticultura, que empregam um grande número de pequenos produtores mais ou menos especializados; (iii) as produções animais (pecuária bovina leiteira e de corte, aves, ovos, suínos), setor muito concentrado, modernizado e bem organizado; (iv) plantas aromáticas (gerânio, vétiver), cadeia que conheceu momentos de auge no século XX, mas que agora está em profundo declínio.

Os métodos de estudo escolhidos

Por ter em conta as diferentes dimensões do emprego gerado pela agricultura assinaladas anteriormente, a abordagem do estudo privilegiou duas escalas de análise. A primeira é a escala regional, relativa ao conjunto da ilha; ela corresponde ao nível territorial mais agregado. Será nesse nível que poderemos identificar e contabilizar os diferentes tipos de emprego. A segunda é a escala da exploração agrícola, sendo o nível pertinente para compreender o comportamento dos agricultores em matéria de emprego agrícola. Dois tipos de ferramentas específicas para cada uma dessas escalas foram mobilizados: a análise macroeconômica, baseada na elaboração de uma matriz de contabilidade social (MCS)[3] no que se refere à primeira escala, e a análise socioeconômica e sistemática no que diz respeito à segunda. Lembremos brevemente a natureza de cada uma dessa ferramentas.

A Matriz de Contabilidade Social é uma ferramenta da contabilidade nacional. Largamente utilizada pelos serviços de estatística nacional, ela se insere na grande família das matrizes de análise econômica, correspondendo a uma síntese da matriz econômica geral (*Tableau economique d'ensemble*) que apresenta um estado da estrutura de uma economia nacional e da matriz insumo-produto (*Tableau entrées-sorties*) que caracteriza os fluxos econômicos. A MCS fornece, a partir da análise de um determinado território durante um ano, uma imagem do conjunto dos fluxos econômicos setoriais e intersetoriais correspondente às funções de: produção, repartição, consumo e acumulação. Concretamente, ela permite visualizar a estrutura da produção, as ligações intersetoriais, a repartição do valor agregado, as transferências públicas, a utilização dos rendimentos e as trocas com o exterior (Thorbecke, 1985).

Em relação às outras ferramentas de contabilidade nacional, a MCS apresenta a vantagem de ser bem flexível, podendo facilmente ser adaptada em função das questões postas pelo avaliador. Em primeiro lugar, ela pode ser utilizada para avaliar territórios bastante diferentes. Assim, Taylor e Adelman (1996) se valeram da MCS para caracterizar economicamente um vilarejo da bacia senegalesa; Bélières et Touré (1999) usaram-na, por sua vez, para analisar o peso econômico de perímetros irrigados de rizicultura sobre a economia nacional do Senegal. Sadoulet e de Janvry mobilizaram-na para analisar algumas economias nacionais, notadamente a equatoriana e a marroquina (Sadoulet et de Janvry, 1995). Por outro lado, temos que as diferentes contas da contabilidade nacional podem tornar-se objeto de desagregações específicas em função do objeto da análise. Enfim, a MCS se faz útil, pois permite tornar coerente os dados de origens diferentes (serviços estatísticos, contas regionais, pesquisas *ad hoc*).

A MCS é uma matriz quadrada que reproduz os equilíbrios macroeconômicos entre as receitas (representadas nas linhas) e as despesas (representadas nas colunas), ambas decompostas em grandes rubricas: Atividades, Bens e Serviços, Fatores de produção, Instituições, Contas de Capital, Resto do Mundo (Tabela I).

Os efeitos diretos ligados ao funcionamento das atividades – a agricultura, no caso abordado – são tirados de uma simples leitura das colunas correspondentes, tratando da demanda de bens intermediários e da repartição do valor agregado. No que se refere aos efeitos induzidos, deve-se distinguir (i) os efeitos à montante - chamados também efeitos primários indiretos – que são ligados à demanda de bens intermediários e que estimulam as empresas de fornecimento, e (ii) os efeitos relativos ao gasto das instituições, principalmente domiciliares – chamados efeitos secundários – que vão estimular a produção local e engendrar assim novos valores agregados e importações induzidas. Os efeitos induzidos podem ser apreendidos por um cálculo matricial específico[4] .

Os efeitos em termos de emprego da atividade "agricultura" nos outros setores de atividade (indústrias, serviços) foram deduzidos dos rendimentos distribuídos aos domicílios e das referências setoriais, considerando os rendimentos médios por empregado. Isso conduz ao raciocínio de "equivalentes ativos em tempo integral remunerados ao nível médio do setor".

No caso da Ilha Reunião, as limitações de mobilização da informação acarretaram a simplificação da estrutura da MCS e o favorecimento dos efeitos mais importantes. Os efeitos provocados são assim abordados na escala da cadeia somente para a cana-de-açúcar e pecuária que são integradas a setores à montante e à jusante significativos, e são objeto de uma estatística devidamente monitorada. No caso das frutas e legumes, parece-nos que estamos essencialmente na presença de efeitos diretos ao nível da produção agrícola, pois a transformação dos produtos é ainda marginal. Os segmentos à jusante da cadeia que correspondem às atividades de coleta e distribuição são dificilmente significativos nas estatísticas econômicas. Quanto às plantas aromáticas, elas conheceram um tal declínio que seu peso econômico é hoje marginal.

A MCS foi construída para 1998, ano particularmente favorável do ponto de vista da informação disponível. Para esse ano, havia uma análise do agroalimentar da Ilha Reunião detalhando as contas dos segmentos de atividades a partir da pesquisa anual de empresas do Instituto Nacional de Estatística e de Estudos Econômicos (INSEE). Por outro lado, as contas econômicas regionais que forneceram os dados macroeconômicos de enquadramento da MCS estão ainda disponíveis.

As contas estabelecidas pela Direção de Agricultura e Floresta (DAF) fornecem o valor agregado direto da agricultura e sua repartição até o ano de 2000. O Recenseamento Geral da Agricultura realizado em 2000 (RGA 2000) constitui evidentemente a base de referência para avaliar os empregos diretos, sendo necessária, contudo, uma reavaliação necessária para os empregos assalariados sazonais.

O segundo método de trabalho utilizado nesse estudo, a análise dos sistemas de atividades dos produtores agrícolas, tem por função identificar os comportamentos dos agricultores e dos membros das famílias rurais face ao emprego, isto é, suas estratégias para engajar trabalhadores assalariados ou, ao contrário, para oferecer seus serviços no mercado de trabalho. Tomando como base uma pesquisa aprofundada em torno de uma amostra de 80 explorações agrícolas representativas da diversidade dos sistemas de produção e das unidades familiares rurais, o estudo busca identificar a importância dos empregos diretos nas diferentes categorias de explorações identificáveis, sua estrutura (familiar, assalariados permanentes ou temporários), duração (tempo integral ou parcial) e forma contratual. Visou-se, outrossim, compreender o pensamento dos agricultores em matéria de gestão da mão de obra assalariada e também identificar o elo que pode existir entre emprego agrícola e transferências sociais e familiares.

Os resultados do estudo

Largamente influenciada pela intervenção pública, a contribuição da agricultura ao emprego pode ser considerada significativa, variando muito segundo as cadeias de produção. Apresentaremos aqui alguns aspectos dessa relação, a saber: (i) avaliação dos empregos diretos gerados pelo conjunto das cadeias agrícolas, (ii) análise detalhada dos efeitos da principal cadeia de produção, a cana-de-açúcar, (iii) análise sucinta dos efeitos da atividade pecuária, (iv) a expressão da pluriatividade dos ativos agrícolas, (v) as modalidades de gestão do trabalho assalariado nas explorações agrícolas.

(i) A agricultura gera numerosos empregos diretos com forte propensão à pluriatividade e presença do trabalho assalariado temporário e informal.

Segundo o recenseamento geral da agricultura, havia em 2000, 21.840 ativos agrícolas, isto é 7% da população ativa total, o que é elevado, já que a agricultura representa apenas 3% do produto interno bruto (PIB) da ilha. A pluriatividade é muito presente; ela envolve 43% dos ativos agrícolas . Assim, ao traduzir o conjunto dos ativos agrícolas em "equivalente de tempo integral", a população ativa se reduz a apenas 12.300 empregos, dentre os quais 9.475 são garantidos por ativos familiares e 1.870 por assalariados permanentes (4% da população ativa total).

Aos empregos precedentes convém acrescentar os assalariados temporários (sazonais) cuja atividade é geralmente informal. Esta forma de trabalho é particularmente importante para a produção de cana-de-açúcar, onde a colheita é manual em 85% dos casos. Estima-se que 60% da produção de cana-de-açúcar seja coletada por empregados temporários, o que representa o equivalente a 2.000 empregos ocupados durante 6 meses. A horticultura (leguminosas e floricultura) ocupa igualmente uma mão-de-obra informal numerosa.

O emprego agrícola total aproxima-se, então, de um efetivo de 14.000 equivalentes de tempo integral, vale dizer, 8% do emprego total da ilha (6% de ativos familiares, 1% de assalariados permanentes e 1% de trabalhadores temporários).

(ii) A cadeia da cana-de-açúcar: criação bastante elevada de empregos diretos à montante e indiretos pelo consumo dos domicílios rurais.

Os diferentes produtos gerados por esta cadeia produtiva são a cana-de-açúcar, o açúcar (a partir da cana), o rum (a partir do melado) e a eletricidade (a partir do bagaço) (Tabela II). A produção de cana-de-açúcar gerou, em 1998, 70 M€ (milhões de euros) de rendimento às instituições, dos quais 46 M€ correspondem aos rendimentos agrícolas das famílias rurais e 12 M€ dos assalariados. As subvenções do Estado atuam consideravelmente aqui, porquanto o valor agregado bruto da produção da cana-de-açúcar não ultrapassa 35 M€.

A produção de açúcar representa a parte mais importante da cadeia. As indústrias sucroalcooleiras distribuem uma importante massa salarial, embora em 1998 elas tivessem sido afetadas por um baixo abastecimento de cana-de-açúcar bem como seus rendimentos tenham sido bastante inferiores ao dos anos anteriores, em que pese consideráveis subvenções (6,5 M€) da Organização Comum do Mercado de açúcar (*OCM sucre*). As destiladoras, contudo, tiveram um rendimento bruto de 3 M€, sendo o segmento mais rentável da indústria sucroalcooleira. No total, os assalariados da indústria à jusante receberam 27,4 M€ em 1998.

Os efeitos secundários são particularmente significativos, sobretudo os efeitos de encadeamento provocados pelo consumo das unidades familiares.

A cadeia da cana-de-açúcar comprou, em 1998, 96 M€ de bens intermediários, excluindo o consumo de insumos interno à própria cadeia e o melado. Esses consumos intermediários geraram um valor agregado local indireto – a título das atividades de distribuição de energia, transporte, manutenção de instalações, distribuição de água, trabalhos de organização, comércio – e ensejaram um valor agregado incorporado no cálculo do multiplicador da MCS. Uma vez aplicados os multiplicadores[5] aos valores totais das produções, o valor agregado direto e indireto da cadeia atinge aproximadamente 90 M€, ou seja 1,6 vezes o valor agregado direto. Para um valor de produção correspondente ao nível de 2 milhões de toneladas de cana-de-açúcar, o efeito provocado sobre a economia alcança a cifra de 110 M€; observado que a cadeia cana-de-açúcar representa 1,6% do PIB da Ilha Reunião.

Entre os efeitos de encadeamento, os efeitos nos setores à montante da cadeia são relativamente limitados, pois a cana-de-açúcar não carece de muitos insumos agrícolas. Em contrapartida, os efeitos redistributivos à jusante têm uma amplitude muito maior, tanto mais por integrarem os efeitos das subvenções.

Os rendimentos indiretos induzidos pela cadeia são estimados em 38 M€ para 1998. O efeito distributivo global atinge 137 M€. Os ganhos indiretos se dão nos 40% de salários brutos distribuídos aos domicílios, gerando cerca de 2.000 empregos de tempo integral remunerado pelo SMIC (salário mínimo na França).

Assim a cadeia produtiva distribui, de modo direto e indireto, praticamente, iguais rendimentos às famílias assalariadas e aos produtores agrícolas (respectivamente, 43 e 46 M€ em 1998). O efeito sobre o emprego é relevante, já que os 90 M€ distribuídos em 1998 às famílias representam o equivalente a 7.000 empregos no total, isto é, 4% da população ativa total divididos entre 4.500 equivalentes tempo integral para a produção da cana (3.200 ativos familiares e 1.300 trabalhadores assalariados temporários), 500 equivalentes tempo integral para a indústria açucareira e 2.000 empregos gerados pelos efeitos daí decorrentes.

Observou-se mirando o foco além do impacto sobre o emprego, que a coletividade (Estado e organismos sociais) beneficia-se igualmente de retornos significativos sob a forma de taxas e cotizações recebidas, avaliadas em pouco mais de 30 M€. O balanço para as finanças públicas e sociais não é assim tão desequilibrado como deixam parecer isoladamente os efeitos diretos. A contribuição líquida dos fundos públicos e sociais para a cadeia produtiva (desconsideradas as prestações sociais versadas) é estimada em 10 M€. Tal contribuição parece finalmente modesta considerando-se os empregos criados pela cadeia produtiva.

(iii) A criação animal: uma geração de empregos significativa à montante e à jusante da cadeia produtiva

Sem detalhar as contas das cadeias de criação de animais, porque estas apresentam características outras, bem distintas da cadeia cana-de-açúcar. Elas são densamente integradas tanto à montante às indústrias agrofornecedoras (ração bovina, produtos veterinários, infra-estruturas de produção), quanto à jusante às indústrias agroalimentares (açougue, casa de frios, pratos preparados) (Tabela II). Mas os efeitos à jusante são relativamente limitados, pois as indústrias agroalimentares utilizam em larga proporção animais importados.

Os empregos diretos ligados à cadeia são estimados em 3.800, dos quais, aproximadamente, 3.000 em atividades de criação, 250 no setor de transformação e 550 no setor de consumo. Os rendimentos distribuídos dividem-se em 33 M€ de ganhos brutos da propriedade dos criadores e em 15 M€ de salários brutos pagos pelas indústrias. A cadeia produtiva, assim, traz resultados importantes aos trabalhadores familiares[6].

(iv) A expressão da pluriatividade dos ativos agrícolas

As estatísticas regionais permitiram sublinhar a importância da pluriatividade. As pesquisas precisam bem as modalidades de estabelecimentos. A pluriatividade pode ser considerada como um caso particular de diversificação das atividades dos trabalhadores familiares que abrange mais de 75% das unidades analisadas. A multiplicação das espécies animais e vegetais é um ato natural para a maioria dos produtores e se insere numa tradição já estabelecida. A introdução de atividades não agrícolas e suas funções devem, assim, ser julgadas em relação ao conjunto das demais atividades e reposicionadas num projeto a longo prazo pelo produtor. Para os trabalhadores familiares mais desprovidos (jovens agricultores, pequenas explorações em cadeias produtivas em declínio), a atividade não-agrícola gera o complemento de reservas necessárias à manutenção do estabelecimento agrícola e da unidade familiar. Para os trabalhadores familiares um pouco mais favorecidos, a atividade agrícola permite a diversificação dos riscos e o melhor gerenciamento dos investimentos, melhorando, assim, o rendimento familiar. Interessante constatar que os melhores resultados econômicos das unidades pesquisadas são os obtidos pelas famílias pluriativas.

(v) Modalidades diversas de recurso ao assalariado agrícola

A análise macroeconômica precedente ressaltou a importância do trabalho assalariado formal e informal. A questão abordada aqui trata das razões que levam os chefes das explorações agrícolas a utilizarem uma ou outra dessas formas de trabalho. Essa questão é ainda mais importante para o poder público, que quer saber se o nível das subvenções seria importante ou inoportuno pelo fato de essas transferências poderem gerar um trabalho que escape ao fisco.

A pesquisa junto aos proprietários agrícolas revela a existência de 3 modalidades diferentes de recurso ao trabalho assalariado. O primeiro é o recurso exclusivo ao assalariado permanente declarado. Essa modalidade se dá, essencialmente, nas unidades de produção que alcançam resultados econômicos importantes e que são submetidas a um controle fiscal. Essas unidades são pouco numerosas, representando apenas 15% da base estudada. A segunda modalidade é a ausência total de uso da mão-de-obra assalariada, seja a formal ou a informal. Várias razões justificam esse comportamento: a escassez de recursos financeiros disponíveis (estabelecimentos em vias de instalação, estabelecimentos com problemas estruturais importantes), a não necessidade de força de trabalho complementar (é o caso notadamente dos pequenos sistemas de criação), enfim, as unidades nas quais a gestão das necessidades de trabalho se resolve pela ajuda mútua (sobretudo, nos sistemas baseados na cana-de-açúcar). Esse tipo é realmente usual, pois representa 47,5% da base examinada. A terceira modalidade – que tem a mesma importância do grupo anterior – é a que recorre à mão-de-obra informal, seja para alguns trabalhos específicos, seja, ao contrário, para cobrir um déficit estrutural de mão de obra. O primeiro caso, o mais importante, corresponde essencialmente às unidades de produção de cana-de-açúcar, enquanto o segundo ocorre geralmente na horticultura e na criação de animais.

O uso da mão-de-obra informal é quase sempre demandado pelo trabalhador que deseja complementar seu orçamento sem perder seus direitos sociais (auxílio-desemprego, salário-mínimo de inserção). As referências identitárias que estruturam as relações de trabalho devem ser buscadas no ambiente próximo dos estabelecimentos que é, freqüentemente, aquele do local (noção de vizinhança, proximidade, extensão da família). Assim, a mão-de-obra necessária ao corte da cana-de-açúcar é usualmente ativada no círculo familiar e na vizinhança. Os trabalhos de corte são representados e vivenciados como sendo o elo de sociabilidade e proximidade.

Conclusão

Do ponto de vista econômico, a agricultura tem um efeito bastante positivo sobre o emprego pois os empregos diretos agrícolas se elevam a 14.000 equivalentes tempo integral, ou seja, 8% da população ativa, ao passo que a produção agrícola participa em apenas 3% do PIB. O efeito é ainda mais marcante se levarmos em conta a pluriatividade dos ativos agrícolas, que atinge a marca de 43%, e se considerarmos o fato de as atividades não-agrícolas desses ativos poderem ser colocadas em questão caso sua atividade agrícola venha a desaparecer.

De outro lado, a análise da cadeia cana-de-açúcar da Ilha Reunião mostra que a agricultura gera empregos diretos assalariados e realizados pelas famílias. O efeito da agricultura sobre o emprego não agrícola é claro, pois 2/3 dos empregados assalariados se situam fora do setor agrícola.

A estrutura do emprego direto e indireto gerado pela agricultura na Ilha Reunião apresenta três notáveis diferenças em relação à metrópole (França continental): os efeitos de encadeamento à montante da cadeia produtiva são menos percebidos, em razão da pouca necessidade de insumos agrícolas para a cana-de-açúcar, a pluriatividade é mais corrente e o trabalho informal é bastante superior. O recurso ao trabalho informal pelos proprietários é um fenômeno complexo que não pode ser reduzido à simples busca de lucro fácil. Ele nos remete para a gestão de redes de solidariedade que têm uma expressão bastante localizada. A atividade agrícola temporária vem habitualmente completar o rendimento dos domicílios menos favorecidos, beneficiários, por outro lado, de transferências sociais.

As subvenções do estado e da Comunidade Européia a título de apoio às cadeias de cana-de-açúcar e de criação animal têm um papel incontestável sobre os empregos gerados pela agricultura, mas elas não são inteiramente compensadas pelos impostos e cotizações geradas por essas atividades. Por outro lado, os efeitos das subvenções vão bem além da mera manutenção do emprego, pois permitem a permanência de formas de valorização do território e de formas institucionais existentes no meio rural.

Tabela I.
Estrutura de uma matriz de contabilidade social
(adaptada de Thorbecke, 1985)

		GASTOS						TOTAL
		Atividades de produção	Bens & serviços	Fatores	Instituições residentes	Acumulação de Capital	Resto do Mundo	
RECEITAS	Atividades		Produção doméstica		Subvenções às atividades			Receitas
RECEITAS	Bens & serviços	Consumos Intermediários			Consumo Final	Investimento (formação de capital)	Exportações	Empregos de B&S
RECEITAS	Fatores Trabalho Capital Terra	Massa salarial VBP Propriedade						Rendimento dos fatores
RECEITAS	Instituições Famílias Empresas Ajudas públicas	Impostos	Taxação sobre produtos	Salários VBP Encargos sociais	Transferências Impostos		Rendimentos provenientes do exterior	Rendimento das instituições
RECEITAS	Acumulação de Capital				Economia doméstica		Balanço de pagamentos de contas correntes	Economia total
RECEITAS	Resto do Mundo		Importações		Transferências			Importações totais
TOTAL		Produção doméstica após subvenção	Reservas em B&S	Pagamento dos fatores	Gastos das instituições	Investimento total	Total das exportações	

Tabela II.
Distribuição das atividades e dos bens por cadeia e por nível na Ilha Reunião

Níveis	Cadeia criações animais		Cadeia açúcar		Produções de diversificação vegetal	
	Atividades	Bens	Atividades	Bens	Atividades	Bens
Agrícola	Criação bovina Avicultura Suinocultura	Bovinos, Leite bruto, Aves, Porcos	Plantação	Cana de açúcar	outras atividades agrícolas	outros produtos agrícolas
À montante específico	Provisões Serviços de aprovisionamento e coleta para os criadores	Alimentos gado Serviços				
À montante comum			Aprovisionamento de insumos agrícolas (adubos, plantas) Prestações de trabalhos agrícolas, organizações das propriedades			
À jusante específico	Ind. transformação carne bovina, suína e de aves Laticínios	Carnes para açougue Carne de aves Laticínios	Doces Destilaria	Açúcar, bagaço, melado, rum		
Acompanhamento	Transporte, Manutenção de equipamentos, Fornecimento de água, Eletricidade, Combustíveis, Outras indústrias agroalimentares, Indústria química e de embalagem, Construção-Obras públicas, Comércio, outros bens & serviços					

Notas

[1] Este trabalho se insere em um estudo mais amplo realizado pelo Ministério da Agricultura, da Alimentação, da Pesca e dos Negócios Rurais da França (MAAPAR) de janeiro/2002 a janeiro/2003 (Bonnal e al, 2003).

[2] Salvo no Brasil, onde a taxa de crescimento se invertera desde o início dos anos 80, marcando assim o começo de uma transição agrícola (Bosc e Losch, 2002, p. 405).

[3] SAM, em inglês, (*Social Accounting Matrix).*

[4] O cálculo consiste em transformar a matriz bruta, que é um quadro tipo *[Xij]*, em uma matriz de coeficentes técnicos A *[aij=Xij/X.j]* para depois inverter a matriz I-A com vistas a obter uma matriz dos multiplicadores que incorporam os efeitos induzidos (Pyatt et Round, 1985).

[5] Os multiplicadores resultantes da MCS-1998, exceto subvenções, para os fluxos versados às instituições pelas produção sucroalcooleira são, respectivamente, de 0,617 e 0,459.

[6] Os efeitos indiretos da cadeia serão objeto de uma avaliação em uma fase posterior da pesquisa.

VIAGEM A PARATY

Ana Maria Galano, in memoriam

Ana Maria aimait et craignait les voyages. A deux reprises, j'eus la chance de lui servir d'élément déclencheur, tout d'abord pour une excursion à Salvador de Bahia et dans la région, où elle avait reculé le moment de revenir sur les traces d'un passé heureux vécu avec un compagnon disparu, et l'année suivante, à Paraty. Ce voyage, le dernier de son vivant hélas, elle l'entreprenait à la fois pour me faire mieux approcher la diversité et la richesse de la paysannerie brésilienne et parce qu'elle méditait d'entreprendre une nouvelle enquête, dans le cadre de cette recherche commune sur la multifonctionnalité. Elle fit preuve lors de cette brève incursion dans les campagnes de Paraty de l'acuité de son regard d'ethnographe, de sa coutumière alacrité d'esprit, parfois décapante, et même d'une certaine intrépidité, comme le montre une photo de sa traversée d'une rivière sur un pont suspendu. Elle prit, je crois, grand plaisir à ce séjour et je pense en particulier à trois moments; tout d'abord, lors de la visite d'une distillerie presque clandestine, fonctionnant par la force d'un cours d'eau et au moyen d'une antique machinerie ; ensuite, au cœur d'une riche flore agro forestière délicatement et ingénieusement cultivée, enfin en retrouvant nos interlocuteurs paysans lors d'une cérémonie et découvrant l'un d'entre eux, la veille pieds nus et la machette à la ceinture et là appliqué à nous prendre à son tour en photo, malicieux clin d'œil qui doit nous inciter à éviter de figer, de naturaliser nos interlocuteurs paysans dans des statuts et des rôles univoques. La profondeur du regard d'Ana Maria, caméra ou carnet en main, n'a pas fini de nous manquer.[1]

Jacques Rémy

3ª feira, 30 de abril de 2002

A viagem era cansativa, quase quatro horas de estrada.

O tráfego estava pesado e confuso na Avenida Brasil. O engarrafamento parecia ser por causa de alguma obra: vendedores de garrafas d'água e refrigerantes estavam a postos. Mas era acidente. Um carro calcinado. O caminho desconhecido. Uma única indicação: bifurcar na altura do posto da polícia rodoviária. Antes ou depois do quê? Eduardo, aluno do CPDA preparando seu mestrado sobre Paraty, dizia que talvez já tivéssemos ultrapassado o posto: "de repente, já passamos". Quase sempre viajou de ônibus e não prestava atenção no caminho.

Jacques Rémy, diretor de pesquisa do Inra, ao volante de um carro que alugara, diz que era preciso *mettre un peu d'animation dans cette voiture.* Conversa com Eduardo. Junto com amigos, é proprietário de um sítio. Provocando, por humor, Rémy pergunta se terá 600 ha. Sequer traduzo. Tem 24 ha e praticam permagricultura. O aproveitamento total dos recursos, Eduardo explica. O galinheiro localizava-se em cima do poço de criação de carpas (ou trutas) para alimentá-las com esterco. A conversa não progride.

Passamos por instalações muito protegidas. Alguma ligação com a usina nuclear? Eduardo arrisca um palpite: o porto de Sepetiba. Não sei quando começamos a ver o mar. Um litoral sempre com ilhas e ilhotas próximas. Da estrada, parecem apenas cobertas de densa vegetação. Passamos por Mangaratiba, onde fica o Club Mediterranée, digo a Remy. Depois, os hotéis luxuosos de que sempre ouvi falar: Hotel do Frade, Portogallo. Eduardo diz que num destes hotéis estão investindo em plantação de palmito juçara.

O estaleiro Verolme. As usinas nucleares. As vilas de funcionários de Furnas. Eduardo diz que o ônibus Rio de Janeiro-Paraty vai parando nas vilas.

Em torno de Angra dos Reis existem enormes favelas. Qual será a ocupação de tanta gente? Turismo, o estaleiro?

Já era quase de noite e ainda restava mais uma hora até Paraty. A estrada era precariamente sinalizada depois de Angra dos Reis. Já no escuro, Eduardo ia apontando onde ficavam os assentamentos, as comunidades, bem como o relevo que tornava tão difícil o contato entre a população dispersa do campo.

J. Rémy quis saber quais eram as especialidades gastronômicas de Paraty, ao que Eduardo prontamente respondeu: banana e mandioca! Acrescentei peixe, obtendo apenas uma fraca aquiescência de Eduardo.

A primeira rua, a da entrada, a primeira impressão e, de imediato, a dúvida se eu conseguiria fazer algum trabalho no lugar. As pessoas vestiam short ou bermuda, como se fosse um lugar de praia – e que é de praia. Na lanchonete, uma moça de pés descalços e vestido indiano, sinais de coisa *hippie*, comprava cigarro. Muitos jovens andavam de bicicleta.

Eduardo telefona de um orelhão para seu amigo. Estava chegando da zona rural e viria nos encontrar.

Para esperar o amigo, andamos pelo centro histórico de Paraty. Eduardo comenta como é legal que todas as noites as ruas fiquem cheias de gente. O chão pavimentado com pedras de tamanho e altura desiguais. No centro das ruas, pedras regulares que recobrem o espaço por onde corria o esgoto (Remy diz que também era assim na França). Casas térreas com fachadas restauradas, aparentemente preservadas. Restaurantes e lojas com artesanato para turistas.

(Lembro de uma rua em Zagreb, na Croácia, antiga Iugoslávia, também com casas térreas, muito menores e sem qualquer comércio. No Brasil, semelhanças e diferenças são com Tiradentes, onde há ainda residências entremeando lojas e restaurantes. A cidade muito menos transformada em moldura. Jacques também não teve uma boa impressão inicial. Depois dirá *qu'il y a quelque chose de trop lechée, que la ville est chichiteuse*).

Voltamos à entrada do centro histórico com correntes de ferro arrastando no chão. A circulação é restrita a bicicletas e carros da polícia. Eduardo corre em direção a uma *pick-up* e conversa bastante tempo com a moça ao volante. Vem pedir emprestado uma caneta. Cedo a contragosto minha Parker, avisando que não pode deixar cair no chão. O amigo de Eduardo nos reconhece e vem falar conosco. A altura de Remy deve ter servido para a identificação. O amigo apresenta-se: Claudemar. Está acompanhado de uma jovem. Sua mulher?

Vestido de calça comprida e camiseta, Claudemar é a primeira pessoa que não parece estar de férias em Paraty. Logo propõe nos levar a uma pousada. Iria em casa tomar banho, dar comida aos cachorros e voltaria para nos buscar. Durante estes acertos, Eduardo reaparece satisfeitíssimo com seu encontro.

De carro, a caminho da pousada por ruas calçadas com pedras, Remy diz que os solavancos eram só o que ainda faltava para seu lumbago. A pousada, muito confortável, nos faria um preço especial devido aos acordos que tinha com o Idaco (Instituto de Desenvolvimento e Ação Comunitária), ONG para a qual trabalha Claudemar. Nas portas da caminhonete Gurgel estavam gravados o nome Idaco e a inscrição Apoio Comunidade Européia.

Relato de Claudemar sobre trabalhos desenvolvidos em Paraty

Claudemar diz que veio para Paraty com o objetivo de fazer sua "residência", estágio não obrigatório após o final do curso de Agronomia, da Universidade Federal Rural do Rio de Janeiro (UFRRJ). A "residência" realiza-se em convênio com a Prefeitura do município.

Rodrigo, "residente" anterior a Claudemar, foi quem iniciou o estabelecimento de um mapa agroecoturístico de Paraty. Ao fim de algum tempo, desistiram do mapa, porque chegaram a conclusão que era preciso primeiro desenvolver a agricultura ou haveria risco de perdas para atividades turísticas: vendas de terras, construção de residências secundárias, pousadas, etc, e perda de identidade por parte de agricultores.

Claudemar diz que o GAE (Grupo de Agricultura Ecológica), da UFRRJ, é outro ator que tem de ser sempre lembrado. Desde a época de elaboração do projeto do mapa agroecoturístico, as atividades foram desenvolvidas em parceria com o Conselho Municipal de Associações de Moradores do Município de Paraty (COMMAMP).

A agricultura tem pouco apoio tanto de órgãos públicos como da população da sede do município. A secretaria da Agricultura reserva verbas relativamente muito maiores para a pesca. Há atualmente programas de cultura de ostras em viveiros. Quando da realização de um *show* de música, o mercado do produtor agrícola esteve completamente cercado por um tapume.

Terminado o período de "residência", Claudemar passou a trabalhar para a ONG Idaco.

Desde que começaram as atividades de agrofloresta, houve cursos de treinamento para seleção e colheita de sementes, e marcação de matrizes. Depois de viagem ao Vale da Ribeira, em São Paulo, há reuniões com membros de "comunidades" todas as 5ªfeiras, à noite, para troca de sementes. Claudemar chama estas reuniões de "mutirão". Fala das dificuldades para que os produtores cheguem à sede do município: o relevo e a dispersão territorial, como assinalara Eduardo.

Rémy pergunta o que são "comunidades"? Grupos constituídos por parentes, membros de uma mesma família, que têm práticas de cooperação no trabalho e para realização de cerimônias religiosas. Claudemar diz também que as "comunidades" são chamadas de "bairros" (aparentemente coincidem com os bairros de *Parceiros do Rio Bonito*, descritos por Antônio Cândido).

Rémy pergunta ainda se os agricultores que seguem os princípios da agrofloresta – como o plantio direto de muitas espécies vegetais sem nenhum desmatamento – consideram obter rentabilidade satisfatória. Claudemar propõe que se faça a pergunta aos produtores que íamos visitar.

4ª feira, 1º de maio de 2002

O programa previsto começava às 7h45min. Claudemar não iria conosco. Tinha uma visita marcada com antecedência em Ubatuba, estado de São Paulo. Ficávamos com Eduardo e Érica, que não era mulher de Claudemar, mas mestranda em Engenharia Florestal da UFRRJ.

Havia pressa para chegar à casa de *seu* Eraldo, o primeiro produtor a ser visitado. Ele pedira que se chegasse cedo. Estava muito ocupado com os preparativos para a cerimônia do dia seguinte, quando haveria entrega de certificados de marcadores de matrizes e colhedores de sementes.

Apesar da pressa, Eduardo insistiu para que visitássemos antes o Mercado dos Produtores. Já sabíamos que poucos agricultores estavam trazendo seus produtos para o Mercado. Em meio a um grande terreno vazio, o Mercado é uma construção térrea e retangular em alvenaria. Eduardo voltou a lembrar que estivera cercado por um tapume por causa do *show* de música. Dentro, há uma dezena de boxes, separados por meia parede e poucos deles estavam ocupados.

Um dos produtores vendia em pequena quantidade chuchu, quiabo, tomate, aipim, banana e um fruto que não conhecíamos. Disse chamar-se caramuela, que "dava na rama" e era bom de comer no café da manhã. A conversa girou em torno das dificuldades para a comercialização dos produtos no Mercado.

A primeira dificuldade referida era sua localização inadequada. Deveria ficar na "feirinha": mercado tipo feira livre, a talvez menos de um quilômetro adiante, numa rua de casas térreas. Na "feirinha", há barracas que vendem roupas, artesanato, produtos para turistas (filmes para máquina fotográfica).

Outro problema relatado pelo produtor era que a maioria da população de Paraty não se interessa por saber se o que vão comer tem "veneno". Suponho que se refere a agrotóxicos e que, eles, os que vendem no Mercado são produtores assistidos, recebendo orientação para produzir alimentos orgânicos ou biológicos.

A maioria da população também considera que são caros os preços do Mercado, ou seja, são iguais aos praticados em supermercados e outros comércios da cidade.

A variação sazonal da demanda foi também considerada um entrave. Nessa época do ano o movimento é fraco. "De repentemente, o produtor nem vem". O movimento aumenta com a afluência dos turistas, a partir de setembro até março.

O declínio da produção agrícola em Paraty é um dos assuntos recorrentes nas conversas que tivemos. Uma de suas versões tem dimensão histórica: houve um tempo em que o abastecimento da cidade era praticamente assegurado pelos produtores locais e, depois, passou-se a importar alimentos de São Paulo e de outros lugares.

No caso da explicação desse produtor, combinam-se portanto três fatores para o declínio: a localização inadequada do Mercado; o não-reconhecimento das vantagens de alimentos orgânicos e de seu justo preço em face de produtos não orgânicos vendidos em supermercados; a dependência do mercado em relação a períodos de afluência de turistas.

Em outros boxes do Mercado, além de frutos, legumes e tubérculos, vendiam-se cachaça, doces e artesanato de palha (cestos, peneiras, etc). Segundo as placas de matrícula dos produtores, alguns vêm de Cunha, em São Paulo.

Num dos lados da "praça" do Mercado, havia o muro de um conjunto de casas para turistas e, de outro, a rodoviária.

A caminho da casa de *seu* Eraldo

Érica ia à casa de *seu* Eraldo para tentar identificar algumas árvores. A caminho, contou que no Brasil não há legislação sobre sementes florestais e que ela mesma prepara dissertação de mestrado sobre a árvore pau-mulato (disse-lhe que há um belo exemplar no Instituto Moreira Salles, na Gávea). Estávamos atravessando a região chamada Costa Verde. Segundo Érica, "de Coroa Grande para cá, é onde há maior número de remanescentes da Mata Atlântica".

Eduardo mostrou a casa da festeira do Divino do ano passado; entradas para uma aldeia indígena e para uma comunidade de quilombolas. Num dos pontos de ônibus – abrigo de alvenaria – o nome quilombo.

Ainda segundo Eduardo, a casa de *seu* Eraldo "pertence ao Patrimônio" (terras que teriam pertencido ao patrimônio de uma igreja). Disse ainda que era muito comum as pessoas morarem juntas e sua roça ser mais longe.

Da estrada, via-se um conjunto de casas em meio a árvores. Por trás, a mata cobrindo a montanha. Um rapaz com uniforme de alguma viação saltou do ônibus e desceu o caminho em direção às casas. Uma delas, plenamente visível, pintada de amarelo claro, tinha dois andares e varanda com puxado na fachada. Um aspecto de bom gosto despretensioso. Outras casas eram pintadas de cores vivas, verde ou azul na fachada, empenas sem reboco e laje no teto. Isolada, já na encosta, outra casa de dois andares, construída em níveis diferentes: um volume compacto mais alto; uma varanda coberta por telhas, mais baixa.

Depois de alguma demora, Eduardo e Érica reapareceram com a notícia que *seu* Eraldo não estava. Tinha ido a Paraty e deveria estar de volta com o ônibus das 11h40min. Não houve desencontro devido a nosso atraso. Saíra muito antes da hora combinada. Érica decidiu ficar ali e esperar. Nós seguimos caminho para a segunda visita do dia.

Alambique e "casa de farinha"

Debaixo de uma chuvinha fina, voltamos à entrada de Paraty e tomamos a estrada para Cunha. Passamos por um lugar chamado Ponte Branca, um aglomerado de casinhas pequenas e alguns restaurantes aparentemente luxuosos (pensei que como, em Itaipava, eu poderia ter visto apenas os restaurantes). Eduardo comentava o trajeto: uma casa de fazenda do século XIX que fora comprada pela Globo; a "comunidade" de Cachoeirinha, que não aceitou ser visitada pelo "pessoal do agroecoturismo". Ecologistas haviam feito um relatório desfavorável e a "comunidade" teria tido problemas com o Ibama.

(Ao chegarmos no lugar chamado Penha, a alguma altitude, J. Rémy comentou que deveria estar terminando a manifestação de Le Pen, em Paris, na estátua de Jeanne d'Arc. E perguntava – na verdade para si mesmo – se a manifestação dos outros já estaria começando. Deviam ser 11h aqui e 16h lá).

Do outro lado da estrada, havia um armazém e um bar numa construção de alvenaria. Dali se via melhor a igrejinha construída bem em cima de uma pedra escura e redonda. Eduardo fora novamente procurar o produtor. À sua espera, entrei no bar e uma senhora logo me propôs tomar cafezinho servido no balcão. Não teria reparado em nada, tudo condizente com a imagem de vendinha do interior (ou de algum subúrbio mais afastado do Rio), se não fosse a surpresa com a aparência superurbana do "produtor": bermuda curta, camiseta e sandália de tiras e velcro.

Do nível da estrada, começamos a descer por um caminho de terra. Passamos por uma casa muito grande de alvenaria, de dois andares. Uma construção parcialmente sólida e concluída. No térreo, duas redes penduradas numa varanda aberta. Uma escada lateral interrompida sem que desse para saber se alguma coisa desabara ou algum projeto fora abandonado.

O produtor – Norival Penha Carneiro, conforme depois ficamos sabendo, quando nos deu seu cartão de visita – logo nos informou que em seu sítio a nascente d' água tinha um máximo aproveitamento integrado e contínuo. De um barracão de madeira escura, um monjolo bombeando a água para um rego em declive que, por sua vez, através do uso alternativo de uma placa de ferro, represa a água em duas direções.

No barracão, havia ainda um pilão de milho, um tipiti – o cesto de palha indígena para prensar a mandioca – e outros utensílios tradicionais. À saída do barracão, Norival nos mostrou um pé de mandioca para uso medicinal, um pé de fumo e alguns palmitos juçara. Atada às palmeirinhas, uma prancha vazada onde cresce maracujá e, debaixo da prancha, pilhas de pequenas achas de madeira. Havia ainda galinhas por todo lado.

(Como J. Rémy é grande apreciador de mamão, mostrei-lhe um mamoeiro e contei como Georges Duhamel, em visita ao Brasil nos anos 30, pediu *ce cocasse fruit jaune*, conforme está no poema *La possession du monde*, de Carlos Drummond de Andrade).

No "engenho", o pai de Norival, de calção e torso nu, e um homem negro idoso, com roupa bastante esfarrapada, moíam cana. Ao lado da moenda, um recinto fechado com cubas de fermentação. Num nível abaixo, o forno da destilaria e barris de carvalho – importados da Bélgica, segundo Norival – e um tronco de árvore-mesinha com garrafas de cachaça. Ainda debaixo do mesmo galpão, prensas de ferro e o forno para torrar mandioca.

O sítio tem 52 ha comprados pelo avô de Norival. Além do pai de 80 anos, moram no sítio Norival e a irmã, dona do café-bar. Ambos são solteiros.

Esse é o primeiro ano que moem cana plantada no sítio, antes comprada de outros produtores. Não perguntamos nem Norival se referiu a outros trabalhadores. Além da cana, plantam mandioca e milho. O que vimos cultivado parecia ter sido feito em plantio direto. Norival foi um dos produtores que fez a viagem ao Vale da Ribeira, para demonstração de práticas agroflorestais.

O alambique não é legalizado e as garrafas de cachaça (as puras de dois tipos: amarela e branca/azul e a marrom, que leva melado) não têm rótulo. Norival diz que a legalização é muito cara. Só há venda no alambique, que parece receber um número considerável de visitantes. Norival falou de uns franceses que estiveram no alambique há pouco tempo. Nós mesmos compramos quatro garrafas. Durante nossa visita, chegou um conhecido que teve direito a uma prova num dos "copinhos" de coco.

De volta ao nível da estrada, no espaço em frente ao armazém e café-bar, Norival protesta porque não tem acesso a crédito do Pronaf e porque a Telemar não instala linhas de telefone na localidade.

Seu cartão de visita explicita intenções. No canto superior esquerdo, lê-se "Penha Sítio Cultural e Ecológico". A presença de utensílios e máquinas tradicionais visa deliberadamente a constituição de um espaço "cultural" destinado à visitação. O equipamento do sítio, assim como as práticas de preservação da água e técnicas de plantio direto, faz entrever o que é denominado agroecoturismo. E, neste caso, sem prejuízo da produção agrícola, nem alijamento de agricultor.

No canto superior direito do cartão, figura o nome completo de Norival Penha Carneiro. O nome da localidade vem do de sua família, provavelmente do avô materno. Mais abaixo, o e-mail: engenhodouro@ieg.com.br. Embora Norival considere caro legalizar seu alambique, o empreendimento não está fora de suas cogitações. Ao perguntar-lhe se a marca da cachaça seria Penha, ele respondeu que seria "engenho d'ouro", porque Penha está na rota do antigo caminho do ouro.

Enquanto conversávamos com Norival, chegou uma senhora do local querendo comprar farinha de mandioca na venda da irmã.

Ao sairmos, Eduardo comentou que "tudo vem a partir da agricultura", uma de suas idéias prediletas, mas que tem dificuldade para desenvolver e expor. Em relação ao sítio de Norival, começava uma reflexão sobre a "multifuncionalidade da agricultura", ressaltando como o turismo cultural se apoiava no complexo cana/alambique e mandioca/"casa de farinha". A esta articulação, contrastava a que realizaria *seu* Eraldo, apoiando-se na prática da agrofloresta.

*(Ao comentar mais tarde esta observação de Eduardo com Claudemar, o agrônomo, ele disse-me que havia muita diferença entre Norival e *seu* Eraldo: o primeiro se teria tornado agricultor por deliberação pessoal; o segundo, por sua origem social. A mim, parecia-me que, apesar das trajetórias diferentes, a reflexão de Eduardo não perdia seu interesse).

Eduardo propôs-nos subir até o adro da igrejinha. De lá, mostrou caminhos nas montanhas para duas "comunidades", mais uma vez escondidas pelo relevo e deixando imaginar as dificuldades de comunicação, transporte, etc.

Uns dez minutos depois de deixarmos o sítio e o alambique, com nossas quatro garrafas de cachaça não legalizada, fomos parados para um controle de polícia. J. Rémy já havia comentado as penalidades aplicadas na

França pelo transporte de álcool ilegal (uns 700 F), além das pressões para denunciar o fabricante. Os dois policiais olharam a mala do carro, vasculharam o porta-luvas, abriram minha bolsa e a mochila de Rémy. Pelas garrafas de cachaça, no chão do carro, não se interessaram absolutamente.

Agrofloresta em palavras e inesperado viveiro de mudas

De volta à casa de *seu* Eraldo e, depois de Eduardo para novamente estabelecer as relações, os dois chegaram à estrada. *Seu* Eraldo, de botas e facão à cinta, trazia copos e uma garrafa de suco de açaí. Comentei como o açaí se tornara uma bebida tão apreciada no Rio de Janeiro. *Seu* Eraldo: acrescentou que era no país todo, ressaltando, no entanto, que o que servem é uma mistura. Um homem a cavalo parou e ficou olhando muito para nós.

Seu Eraldo contou que fora de manhã cedo a Paraty para tratar das sobremesas a serem servidas no almoço da comemoração – entrega de diplomas a marcadores de matrizes e colhedores de sementes – do dia seguinte. Iam servir tortas de maracujá e sorvete de mandioca.

J. Rémy manobrou o carro, fomos para o outro lado da estrada e logo entramos num caminho de terra. Um trator estava estacionado a alguns metros de montes de areia sendo tirados do rio.

Para visitar a experiência de agrofloresta de *seu* Eraldo era preciso atravessar o rio a pé. Empaquei, não queria ficar com a calça molhada de água que chegava até acima do joelho. Eduardo, muito à vontade, já deixara os sapatos no carro. Apesar de minha resistência, *Seu* Eraldo começou a cortar com o facão galhos de uma espécie de palmeirinha para que J. Rémy, com um pé já descalço, não pisasse na areia e em formigas. O cômico cenário de domingo de ramos com travessia do mar vermelho acabou se desfazendo: eu disse que não atravessaria mesmo o rio, agradecendo a *seu* Eraldo a proposta de me carregar em seus braços. Ainda bem que recusei porque, logo depois, mostrou-nos a cinta que estava usando devido a um excesso de peso carregado.

Começamos então a conversa a beira-rio. Desde 2001, *seu* Eraldo diz que está plantando de tudo: 176 variedades de plantas em 3.000 metros quadrados na floresta – 26 variedades de madeira de lei (quatro tipos de ipê; seis tipos de canela); maçaranduba, bicuíba vermelho, pau-mulato, jequitibá, araribá, jatobá, copaíba, angico. Árvores frutíferas: ingá, laranja pera, laranja baía, limão taití, limão galego, cupuaçu, jaca, abacate, manga, banana (nove qualidades), mamão (seis variedades), jenipapo, fruta do conde, graviola, jaboticaba, cambucá, lichia, camucamu, abil, pêssego, goiaba. Planta ainda cacau e café para passarinho. Antes, plantava apenas laranja e banana.

Diz que tem registro por escrito de matrizes e sementes. Perguntei se aprendera a fazer essa escrituração com técnicos "da agrofloresta", mas *seu* Eraldo já tinha experiência anterior de registro de gado.

Seguindo a sugestão de Claudemar, perguntamos a *seu* Eraldo se estimava obter rentabilidade adequada com a experiência de agrofloresta. Disse que a experiência era muito recente, apenas 12 meses, e "ainda não tinha retorno". Mas já estava obtendo outro "resultado": "pessoas querendo ver"; a "amizade das pessoas" (J. Rémy traduziu por novas redes de sociabilidade).

Além disso, colhe mandioca, batata-doce, banana e mamão consorciado com palmito juçara. Diz que "é mais para consumo" e, quando vende, "é por aqui mesmo". Planta três mudas por cova e usa adubo verde.

Em todo caso, diz que há algum tempo quis vender parte de sua terra na várzea e não conseguiu mil reais por hectare. Recentemente já lhe ofereceram 10 mil por hectare.

Seu Eraldo nasceu no Espírito Santo e veio para Paraty com cinco anos de idade. "Foi no tempo do Getúlio. Meu pai ficou sabendo que estavam distribuindo terras devolutas aqui. Acreditem se quiser, eu andava 60 km para ir a escola".

De seus três filhos, uma é enfermeira em Paraty e os outros dois são professores em Ubatuba e Caraguatatuba, São Paulo, onde paga-se melhor do que em Paraty. Considera que, com a mulher, eles são cinco pessoas a trabalharem na exploração. Os filhos trabalham em todo período de folga e férias, assim como ajudam financeiramente.

No Patrimônio, onde mora, há 43 casas e só quatro não pertencem à sua família.

J. Rémy pede que eu pergunte sobre a forma de sucessão: "No caso, minha sogra ainda está viva. Comprei dela parte de várzea". Herdou do pai 1.200 ha na montanha (onde, no dia seguinte, haveria marcação de matrizes).

Já teve 40 cabeças de gado (não anotei a quantidade de litros que tirava uma só vez por dia). Vendeu quase tudo para pagar despesas de tratamento médico de sua sogra e um irmão, ao sofrerem um acidente. Ainda pretende ter duas ou quatro vacas, "para um queijo, um leite".

O trator começava a avançar para a areia do rio e o carro ficaria sem espaço de manobra. Já estávamos diante da entrada para a casa de *seu* Eraldo quando ele perguntou se queríamos ver o viveiro de mudas. A cinco minutos de distância, saímos da estrada e entramos num caminho de terra. O mesmo rio nos separava do viveiro, mas desta vez havia uma pinguela – ponte estreita de tábuas de madeira, emendadas por superposição, sustentada por cabos de ferro. A ponte, balançando, só dava passagem para uma pessoa de cada vez.

Do outro lado do rio, vimos os estragos da enchente de quatro dias atrás: muita vegetação próxima à margem parecia irremediavelmente retorcida. Por uma trilha paralela ao rio subimos até o viveiro: um milhar de mudas de várias espécies de palmito em saquinhos de plástico preto. A cheia não chegara até o viveiro. As sementes tinham sido compradas em Ubatuba, São Paulo.

Eduardo perguntou se Ernst, um suíço alemão que, há vários anos, desenvolve uma experiência de agrofloresta no sul da Bahia, visitara o viveiro. Seu nome constitui uma referência obrigatória no universo das ONGs que se dedicam a trabalhos de apoio à pequena produção, de incentivo à agricultura orgânica e, evidentemente, à agrofloresta.

Ernst, que é chamado apenas pelo primeiro nome, visitara o viveiro e criticara o uso dos saquinhos de plástico, incentivo à proliferação de lixo. Mas, *seu* Eraldo disse que pelo momento ia continuar usando aquela técnica.

A terra onde está o viveiro não pertence a *seu* Eraldo, mas a alguém mais jovem que vive na cidade. Subindo o barranco, passamos por um pé de urucum e Eduardo, como fizera antes algumas vezes, pediu autorização para apanhar sementes. J. Rémy ficou encantado com a flor encarnada. Eduardo pintou traços em seu rosto para mostrar como fazem os indígenas. Mais à frente surgiu uma casa de adobe e pau-a-pique aparente numa das empenas. J. Rémy disse um nome em francês que não guardei. *Seu* Eraldo anunciou que vai ser destruída. A mulher do proprietário da terra não quer aquela coisa feia e suja perto da casa que pretendem construir em breve.

Com certeiros golpes de facão, *seu* Eraldo cortou e descascou roletes da cana plantada perto da casa de adobe. Disse que usa dentadura no lugar dos dentes superiores e sente muita saudade do tempo que podia chupar cana. Nem reparei quando esgueirou-se atrás de uma das paredes semidestruídas da casa de adobe, mas voltou dizendo que a cana não era das mais doces.

Quando cruzamos novamente a ponte, vários rapazes negros também saíam do lugar. Dava para ver ao longe algumas das construções onde moram. Eduardo diz que são descendentes de quilombolas.

Seu Eraldo tinha comentado que se tivesse desmatado em volta do viveiro de mudas, a enchente teria levado tudo de roldão. Quando nos despedíamos, voltou a tratar do assunto: alguém que possuía uma parcela colada a sua, depois do rio, tinha quase varrido a terra em que plantara. A cheia inundara a parcela e levara as mudas.

Já passava de uma hora da tarde. Agradecemos a atenção de *seu* Eraldo. Não insistiu para que ficássemos, a não ser se quiséssemos conhecer seu "modesto barraco". Rémy, que não compreende quase nada de português, espantou-se: "*modeste barraque*"!? Era a mesma expressão, a mesma graça irônica em língua francesa.

No carro, Rémy pediu a Eduardo que descrevesse a casa de *seu* Eraldo. Uma casa simples, feita de cimento, com laje. Se fosse construí-la hoje, talvez *seu* Eraldo não fizesse a mesma casa. (Só entendi o sentido da observação, ao escutar mais tarde uma conversa entre Eduardo e Claudemar. Ao voltar de Ubatuba, Claudemar comentava a beleza da casa de alguém que visitara: "toda de pedra e madeira". Parece haver uma estética (e uma ética?) dos materiais de construção entre os adeptos da agricultura orgânica e da agrofloresta). Eduardo disse ainda que na casa de *seu* Eraldo havia poucos móveis e uma grande mesa. Pessoas da Universidade Rural gostavam muito de ir lá, ficar conversando.

No assentamento de São Roque

A chuvinha fina não estiava mais. Não me lembro de ter visto qualquer placa assinalando a entrada do assentamento da reforma agrária. Pela estrada de terra, iam passando pequenas casas separadas por sebes ou grades de madeira. Uma delas, com antena parabólica. Aparentava ser um loteamento de baixa classe média.

Íamos visitar dona Maria, que Eduardo dizia ser uma pessoa muito legal. Alguém tinha comentado que este assentamento não tinha nada a ver com o MST. Ou seja, não sabíamos realmente quase nada sobre a situação a ser observada.

Depois de se enganar uma primeira vez, Eduardo localizou a casa de dona Maria. A sua frente, estava estacionado um caminhão da prefeitura de Paraty. Eduardo voltou ao carro dizendo que "estavam todos encolhidinhos na sala".

Os "todos" eram muitos. Exceto dona Maria – grande, corpulenta, negra e, de fato, uma pessoa que irradiava simpatia – era difícil situar tanta gente e se situar entre eles. A sala era coberta de imagens: um poster da Mona Lisa e outro de Carlitos (Charles Chaplin); retratos de família coloridos a mão. Um cachorrinho logo veio se enroscar em meus pés. Sentados em dois sofás encostados em paredes paralelas ou no banco ao longo de uma mesa grande, deviam estar conversando com calma intimidade. Tive nítido sentimento de intromissão e, pior, uma estranha preguiça de começar uma entrevista. Nem mesmo sabia por onde começar.

Resolvi elogiar o bom aspecto do que vira até chegar à casa de dona Maria e a própria casa, que era bastante ampla. Um assentamento que parecia ter dado certo. Os dois homens presentes - um, mulato alto e forte, de óculos; o outro, branco, mais baixo, meio calvo - não pareciam dispostos a falar de reforma agrária. Não consegui saber se houvera ocupação de terras inicialmente. A própria cronologia do assentamento foi reconstituída em meio a acertos sucessivos de datas entre os dois: "As últimas barracas de lona acabaram em 1992." Então, não foi o que eu disse? Quatro anos depois..."

O assentamento começara em 1988 e já está "independente" do Incra. Tive a impressão que me diziam – ou seja com todas as necessárias e evidentes ressalvas – que não haveria mais algo como o sentimento de pertencer a um assentamento, uma identidade coletiva.

O lote de dona Maria tem 3 ha. Haveria lotes maiores em áreas com solo menos fértil. Falou-se de um vizinho que tem 2,8 ha. Um homem sozinho e que faz tudo meio errado. Está tentando vender seu lote, mas não acha comprador.

Dona Maria serviu suco de maracujá. Pensei que em Minas serviriam café e biscoito de polvilho.

Veio à baila o assunto sobre a preferência da população pelos produtos vendidos em supermercados. Glauco, como se chamava o homem branco, disse no entanto que ninguém dispensa a farinha de mandioca local para fazer certos pratos. Não consegui entender a relação entre o fato de que em Paraty não se faz polvilho e a qualidade da farinha de mandioca.

Aos poucos, íamos situando as pessoas presentes na casa. O mulato alto era filho de dona Maria e também tinha um lote no assentamento. A mulher e a criança brancas, eram, respectivamente, sua esposa e filha. Glauco trabalhava na secretaria de Agricultura do município – o que explicava a presença do caminhão – e morava em terras da fazenda desapropriada quando da criação do assentamento. Brincou que foi com a expectativa de uma superfície bem maior que se casara. Uma moça magrinha e a mais quieta era apenas hóspede da casa. Viera de São Paulo trabalhar numa pousada em Trindade. Tinha gostado muito, mas a pousada fechara para obras e ficara desempregada. Achava que ia voltar para São Paulo, onde deveria ser mais fácil achar emprego de novo.

Da porta da cozinha, entrevi inesperados e esplêndidos gansos no quintal. Pedi licença para visitarmos. Além de galinhas em liberdade, havia um galinheiro e uma criação de coelhos. O filho de dona Maria explicou-me que eram restaurantes franceses, ou de franceses, que mais compravam coelhos e gansos.

Já não foi surpresa o aspecto da plantação de palmito, mandioca, milho, pés de mamão, tangerina, laranja e bananeira numa superfície coberta de vegetação. Dona Maria pediu a Glauco que lhe trouxesse mudas de palmito.

Aos sábados, dona Maria vende produtos de seu lote no Mercado de Paraty. Não fiquei sabendo como era feito o transporte.

Viúva, comentou que em sua casa só há mulheres. Só tínhamos visto uma delas, sua irmã, mongolóide, que varria desajeitadamente o quintal. Quase a nossa saída, conhecemos uma de suas filhas. Jovem, mulata, vestida como uma estudante universitária do Rio de Janeiro, disse-nos que, pela manhã, é professora de escola primária e, às tardes, trabalha num programa de treinamento de adolescentes para enfrentar problemas de drogas e de violência. São adolescentes selecionados que recebem uma bolsa de 65 reais por mês.

Saímos da casa de dona Maria presenteados com bananas e tangerinas.

Eduardo nos perguntou se queríamos visitar ainda outro morador do assentamento. J. Rémy disse que já era tarde, quase de noite, iríamos incomodar. Voltamos a Paraty quase em silêncio.

A manifestação de 1º de maio, em Paris, contra Le Pen, já estaria terminada. Pelos telefonemas internacionais de J. Rémy, soubemos que a polícia calculava em 400 mil o número de manifestantes na Bastille e quatro milhões em toda a França.

....

Na pousada, começavam a chegar as pessoas que vinham participar da reunião do dia seguinte: Marcus Vinícius, "gerente executivo" (conforme nos foi apresentado) da ONG Idaco e a jornalista da instituição. Tinham viajado do Rio de Janeiro numa caminhonete como a que já conhecíamos, com o logotipo da ONG nas portas e a referência Apoio Comunidade Européia.

Desde a véspera, havia o acerto de jantarmos com Claudemar depois das visitas aos produtores. O que não tínhamos previsto, e estava definitivamente se delineando, era um jantar de confraternização entre pessoas que não conhecíamos.

Foi um alívio quando reapareceu Érica, a mestranda em Engenharia Florestal, de quem nos tínhamos separado na entrada para a casa de *seu* Eraldo. Desistira de esperar por sua volta e tomara o ônibus para Paraty. Ao reencontrar Érica parecíamos rever uma conhecida de longa data. Érica, muito satisfeita, disse que eu ia conhecer sua orientadora, Fátima Piña-Rodrigues, professora da Universidade Rural e especialista em sementes florestais. E eu, muito preocupada, me perguntava o que poderia conversar com sua orientadora.

O jantar de confraternização, com pelo menos 10 pessoas, foi num restaurante que costumavam freqüentar. Fátima comentou que deveria ser o restaurante com a melhor relação qualidade/preço em Paraty e, em todo caso, muito adequado às diárias que pagava o Idaco.

Afinal, com Fátima não foi difícil conversar. Ensina há 30 anos na Universidade Rural e sempre trabalhou com sementes. Depois do doutorado no Brasil, fez cursos de especialização na Alemanha e na Costa Rica. Falou destes assuntos correntes entre professores universitários brasileiros, inclusive de aposentadoria: ainda que já tivesse tempo suficiente, achou que não valeria a pena. Parece ser uma professora muito estimada por seus alunos, como demonstravam as duas mestrandas à mesa: Érica e Juliana, bióloga.

Entre Marcus Vinícius – o "gerente" do Idaco, agrônomo também formado pela Universidade Rural – e Jacques Rémy, não havia essa espécie de terreno comum. O cargo de "diretor de pesquisa" do Inra não parecia dizer muita coisa a Marcus Vinícius. Uma de suas primeiras perguntas foi se J. Rémy efetuava trabalhos de educação na França. J. Rémy respondeu que não, apenas observava, tomando logo a dianteira na conversa: sucessivas questões sobre técnicas e concepções de agricultura orgânica; possibilidade de conciliar pecuária, pastagens e não desmatamento, etc. E, quando J. Rémy falou em agrofloresta, Marcus Vinícius riu, desarmado, e disse que ele parecia estar sacando um revólver como John Wayne.

Com Marcus Vinícius, conversamos ainda sobre possíveis evoluções desastrosas, a curto prazo, da política brasileira em relação a transgênicos. No final da tarde, ao chegar à pousada, a televisão estava como sempre ligada e assistia-se uma novela da Globo. Ele e Claudemar viram uma tirada sobre transgênicos, sem pé nem cabeça, em cena ambientada numa universidade. Como se a Monsanto estivesse iniciando uma sutil campanha de propaganda.

5ª feira, 2 de maio de 2002

Sobre a reunião, sabíamos pouco: haveria marcação de matrizes numa área credenciada de colheita de sementes - nas terras altas de *seu* Eraldo, o que já nos era relativamente familiar -; entrega de diplomas de credenciamento de colhedores treinados e um almoço "comunitário".

De manhã cedo, um senhor muito branco e gordo, acompanhado de sua esposa, tinha vindo nos perguntar se pertencíamos à rede de Sementes Florestais. Novamente declinamos nossas respectivas ocupações profissionais, nossa condição de observadores e soubemos que ele era produtor de sementes, em Ubatuba, São Paulo. Logo chegaram seus interlocutores mais adequados, agrônomos da Embrapa, de São Paulo, e conversaram sobre trajetos e estradas para chegar a Paraty.

O hotel Perequê, local da reunião, com gramados e jardins, era muito mais espaçoso que nossa pousada. Impossível deixar de pensar que, não fosse uma reunião promovida por ONG-Universidade-Embrapa, agricultores pobres, negros e mulatos em sua maioria não entrariam naquele lugar, exceto, se pela porta de serviço, para o atendimento de hóspedes turistas.

Mas, no caso, eles, os agricultores, estavam lá. Ocupavam todo o fundo da sala de reunião. As primeiras filas de cadeiras ainda quase vazias. Marcus Vinícius, Claudemar e a jornalista usavam camisetas do Idaco. Fátima e suas mestrandas, Érica e Juliana, com roupas de festa. Assim, os agricultores *endimanchés*, como depois diria J. Rémy, não destoavam em nada do figurino geral. Só um deles usava chapéu de feltro e aba larga. Sobre a mesa do café e biscoitos, a do *cofee-break*, alguém deixara de fora outro chapéu.

Pela lista de presença, dava para ver várias assinaturas desenhadas, de semi-alfabetizados.

Quase não reconheci *seu* Eraldo, vestido de branco e com máquina fotográfica em punho. Nem Glauco, sentado logo a nossa frente, que J. Rémy disse-me a tempo que cumprimentasse.

A reunião começou pela projeção de um vídeo, curta-metragem, produzido pelo Idaco, sobre cursos de colheita de sementes. Fátima, muito presente na tela. Alguém diz viver "em área remota" e estar participando de algo entendido como empreendimento de ponta. Várias pessoas presentes puderam se ver no vídeo: vulgarização do procedimento de restituição do cinema etnográfico inaugurado por Jean Rouch.

Em seguida, os discursos do secretário da Agricultura do município de Paraty, do "gerente" do Idaco e do presidente do Conselho Municipal das Associações de Moradores (Commamp). O secretário de Agricultura despediu-se dizendo que tinha de receber dona Rosinha, mulher do ex-governador Garotinho, em visita a Paraty. Marcus Vinícius citou Betinho a respeito de parcerias ("união de fortes e fracos"). O presidente do Commamp lembrou o lema "vamos salvar os quintais", dizendo que era bairrismo mesmo. Sobre Paraty tornar-se patrimônio da humanidade, diz que é preciso antes ser patrimônio da cidade e do agro, para o qual não existe política agrícola bem definida. Metade da população vive na zona rural, mas o PIB depende do turismo. Com a denúncia de casos de febre amarela em Paraty, o turismo caiu a zero.

Durante o intervalo, conheci mais uma filha de dona Maria, gordinha, mais velha e menos bem-tratada que a irmã. Disse que ano passado participara de muita reunião, mas que este ano resolveu trabalhar e ganhar dinheiro. Aparentemente em Trindade, daí ter conhecido a moça de São Paulo, que encontramos como hóspede na casa de dona Maria. Voltei a falar com a jovem bióloga, mestranda na Universidade Rural, que também trabalha na prefeitura de Caxias em algo ligado a áreas de proteção ambiental. Fátima, a professora, disse-me que, ao fazer o curso de especialização na Costa Rica, fora a Sociologia que lhe abrira caminhos! Um prazer sentir-se "adotada", bem recebida, ainda que num encontro tão rápido.

Quando a reunião retomou, houve as apresentações de todos os presentes. Infelizmente, só tomei poucas anotações:

- um homem negro, alto e forte, de certa idade: topógrafo prático, do Patrimônio. *Seu* Eraldo pediu a palavra para dizer que sabia subir até o topo de altas árvores;
- três jovens sobrinhos de *seu* Eraldo, como para assegurar que haveria empenho em dar continuidade aos empreendimentos do tio;
- um sargento da Polícia Militar, representando seu comandante, vindo de Campos ("vim de muito longe, atravessando quase todo o estado do Rio de Janeiro");
- uma senhora mulata, que se apresentou como mulher do "grande Pedro" e que diz fabricar doces de todas as sementes da mata (ao traduzir, J. Rémy disse que era preciso saber escutar a multifuncionalidade). Havia ainda uma filha e um filho adolescentes do "grande Pedro" e ele próprio: "Sou agente de saúde e me chamam grande Pedro porque tenho 1,83m";

- a presidenta da associação de moradores de São Roque;
- uma mulher idosa e seu marido, negros. Ela, de coque, vestindo uma espécie de blusão diferente das roupas dos demais agricultores. Os dois "prantam" flores. Tinham sabido da reunião por um motorista de ônibus, que os deixara ali, e achavam que tinham chegado no lugar certo;
- o presidente da associação dos guias de turismo;
- um senhor idoso vindo do sertão do Periqui que falou da "colheita das alves" (árvores) ;
- o Sr. Valentim, do Quilombo, membro do sindicato dos trabalhadores rurais de Paraty, que declarou: "Não é só destruir. Nosso Paraty era tão rico. Parece que estamos ficando esquecidos."
- uma senhora branca, baixinha: ("eu sou pequena para ajudar, mas tenho minhas duas mãos") que falou de seus filhos, de como os viu crescer, e de seu desejo que o mesmo ocorresse com as plantas. Foi a única a ser aplaudida. Tinha uma capacidade retórica, apoiada por gestos, que nos perguntamos se era aprendida em alguma prática religiosa.

Já nos levantávamos quando Marcus Vinícius convidou J. Rémy a entregar um dos diplomas de "credenciamento de colhedores treinados". Pediu que ficássemos mais uns 15 minutos. Com uso de data-show, Fátima fazia uma palestra sobre a produção de sementes e as redes de sementes florestais. Marcus Vinícius viu que teríamos de ficar mais tempo e nos desobrigou de esperar, convidando para que voltássemos outra vez.

* Ao fim de nosso jantar de 4ª feira, 30 de abril, Claudemar andara a meu lado enquanto caminhávamos de volta à pousada. Eduardo lhe dissera que eu me interessava por paisagens e ele até pensara que eu seria arquiteta. Mas, uma socióloga?! Em todo caso, falou-me do programa "Vamos salvar os quintais", que logo que imaginei poderia ser uma pista interessantíssima. E, mais ainda, um trabalho que está sendo feito por uma mestranda da Esalq, de Piracicaba: desenha *croquis* de quintais. Mais não falamos, no entanto. No dia seguinte, Eduardo entregou-me um número do jornal do Commamp, tendo na 1ª página chamada para o programa "Vamos salvar os quintais". E Claudemar aconselhou-me consultar toda a coleção de números do jornal.

Nota

[1] Ana Maria gostava e temia as viagens. Duas vezes, tive a sorte de me tornar um elemento propulsor, primeiro, durante uma excursão em Salvador da Bahia e na região onde seus passos iam ao encontro de um passado feliz com um companheiro hoje desaparecido, e no ano seguinte em Paraty. Esta viagem, infelizmente a última nesse mundo, era para ela uma maneira de me apresentar, com mais cuidados, à diversidade e à riqueza do mundo rural brasileiro, assim como o ponto de partida de uma nova pesquisa, a ser realizada no contexto desta parceria sobre a multifuncionalidade. Durante essa breve incursão no campo de Paraty, a mente sagaz de Ana Maria provou a acuidade de seu olhar etnográfico, além de mostrar uma certa intrepidez, como o demonstra uma foto dela andando numa ponte suspensa acima do rio. Essa viagem lhe proporcionou muita alegria. Lembro-me, em particular, de três momentos especiais: de início, a visita de um alambique quase clandestino, funcionando com um equipamento antiquado movido pela força da água corrente; ulteriormente, no meio de uma rica flora agroflorestal cuidadosa e engenhosamente manejada; enfim, durante uma cerimônia com agricultores na qual um deles, encontrado um dia antes andando sem sapatos e com um facão na cintura, mostrava muita aplicação para tirar fotos da gente, uma forma maliciosa de nos convidar a fugir das representações unívocas sobre os agricultores. O olhar profundo de Ana Maria, com a câmera ou com a caneta na mão, é um motivo de muitas saudades.

Jacques Rémy

REFERÊNCIAS BIBLIOGRÁFICAS

ABRAMOVAY, R.. *Do setor ao território:* funções e medidas da ruralidade no desenvolvimento contemporâneo (primeiro relatório de pesquisa). IPEA. Projeto BRA/97/013 – Inter-relações entre as transformações demográficas e a agenda social, São Pàulo/Rio de Janeiro: IPEA,1999.

__________ *Subsídios e multifuncionalidade na política agrícola européia.* São Paulo, 2002.

AGRECO. *Regimento Interno.* Santa Rosa de Lima, 1996.

ARAÚJO, J. G. F.; MARQUES, M. A. F.. Turismo rural como uma ferramenta do desenvolvimento rural: um estudo de pesque-pague numa área da Zona da Mata, Minas Gerais, Brasil. ANAIS do XXXVIII Congresso Brasileiro de Economia e Sociologia Rural, Rio de Janeiro: IRSA/ SOBER, 2000. CD Rom.

ARAÚJO, T. B. Herança de diferenciação e futuro de fragmentação. *Estudos Avançados*, São Paulo, n. 29, 1997.

BARTHÉLEMY, D. e NIEDDU, M. Multifonctionnalité agricole: biens non marchands ou biens identitaires?. *Economie rurale*, 2003.

BAZIN, G. et al. La politique de la montagne: rapport d'évaluation. Paris, La *Documentation Française,* v. I e II, 1999.

BELIERES, J.F.; TOURE EL HADJI, A. *Impact de l'ajustement structurel sur l'agriculture irriguée du delta du Sénégal.* ENSAM (Fr), 1999. Tese de Doutorado.

BLANCHEMANCHE, S.; LAURENT, C.; MOURIAUX, M-F.; PESKINE, E. Multifonctionnalité de l'agriculture et statuts d'activité, *Économie rurale,* 260, 2000.

BNB. *Pólos de desenvolvimento integrado no Nordeste:* Projeto do Banco do Nordeste com apoio do Ministério do Planejamento. Fortaleza: BNB/ Brasil em Ação, jan. 1998.

BONNAL, P.; BOSC, P.M.; DIAZ.J; LOSCH, B. "Multifonctionnalité de l'agriculture" et "Nouvelle Ruralité". Quelle refondation des politiques publiques à l'heure de la mondialisation ? Trabalho apresentado no

Seminário Internacional "El mundo rural: transformaciones y perspectivas a la luz de la nueva ruralidad". Universidad Javeriana. Bogotá, 15-17 octobre 2003. CD-ROM.

BONNAL, P.; PIRAUX, M.; FUSILLIER, J.L.; GUILLY D. *Approche de la multifonctionnalité de l'agriculture à la Réunion. Les modèles agricoles, la relation agriculture-emploi et la perception des CTE par les acteurs locaux.*. Montpellier (Fr.): Cirad, 2003.

BOSC, P.M.; LOCH, B. Les agricultures africaines face à la mondialisation. Le défi d'une autre transition. OCL, vol 9, N°6, 2002.

BOUILHOL, M. e PAGANELLI, C. *Synthèse des audits stratégiques régionaux pour le développement de l'agriculture biologique*. Clermont-Ferrand, Enita, mai 2000.

BRANDÃO, C. R. *O afeta da terra:* imaginários, sensibilidades e motivações de relacionamentos com a natureza e o meio ambiente entre agricultores e criadores sitiantes do bairro dos Pretos, nas encostas paulistas da serra da Mantiqueira, em Joanópolis. Campinas: Ed. da Unicamp, 1999.

BUSCA, D. *Agriculture et environnement.* La mis en œuvre négociée des dispositifs agri-environnementaux.Université Toulouse-le-Mirail, 2002. Tese de Doutorado.

CAMARGO, L. et al. O caráter de complementaridade do Banco da Terra frente à reforma agrária. In: *Anais do Simpósio Lation-americano sobre investigação e extensão agropecuária.* Florianópolis: IESA, 2002. 1 CD-Rom.

CARDOSO, J.H. *Reforma agraria y conservación forestal en el oeste de Santa Catarina, Brasil.* El caso del municipio de Abelardo Luz. Córdoba (Espanha): ISEC – Universidad de Córdoba, 2002.

CARMO, M. S. As bases familiares do desenvolvimento sustentado e a segurança alimentar. *Raízes,* n. 16, março. Campina Grande: UFPB, 1998.

CARNEIRO, M.J. Pluriactivité: l'hétérogénéité cachée. *Cahiers d'Economie et Sociologie Rurales*, 1996.

________ Ruralidade: identidades sociais em construção. *Estudos Sociedade e Agricultura*, n. 11, 1998 a.

________ Memória, esquecimento e etnicidade na transmissão do patrimônio familiar. In: CARNEIRO, M.J. et alli; 1998 b.

________ *Multifuncionalidade da agricultura e ruralidade: uma abordagem comparativa.* In: MOREIRA, R.J. e COSTA, L.F.C. Março/2002 a.

________ *Ruralidades Contemporâneas: modos de viver e pensar o mundo rural na sociedade brasileira.* Programa de bolsas CLACSO-Asdi para pesquisador sênior em Ciências Sociais da América Latina e do Caribe de 2000. Buenos Aires, CLACSO, 2002 b (no prelo).

CARNEIRO, M.J. GIULIANI, G.M.; MEDEIROS, L. S. e RIBEIRO, A.M.. (orgs.) *Campo aberto, o rural no estado do Rio de Janeiro.* Rio de Janeiro: Contra Capa, 1998 b.

CARNEIRO, M.J. & TEIXEIRA, V.L. Para além das dualidades: o rural não-agrícola no estado do Rio de Janeiro. In: CARNEIRO, M.J. 2002 b.

________ De terra de plantação à terra de lazer. In: CARNEIRO, M.J. 2002 b.

CAZELLA, A.A. Cooperativismo de crédito rural: lições de uma experiência. In: MONTOYA, M.A. (org.), 2002a.

________ *Développement local et agriculture familiale*: les enjeux territoriaux dans le département de l'Aude. Thivernal-Grignon, INRA, Mémoires et Thèses, N°36, 2002b, 372 p.

________ *A função de "coesão social" da agricultura no processo de desenvolvimento rural*: o caso do município de São José do Cerrito- SC. Florianópolis: NEAD/MDA, 2002c, Relatório de pesquisa.

________ *A multifuncionalidade agrícola numa zona rural "desfavorecida"*: o caso da comunidade Vargem Bonita- São José do Cerrito (SC). Florianópolis: CNPq/COAGr, Relatório de pesquisa, 2003.

CAZELLA, A. A., MATTEI, L. Multifuncionalidade agrícola e pluriatividade das famílias de agricultores: novas bases interpretativas para repensar o desenvolvimento rural. Florianópolis, 2002.

CIDE. *Anuário estatístico do Estado do Rio de Janeiro.* Rio de Janeiro, 2002.

CORRÊA, H.B.S. *Nova Friburgo: o nascimento da indústria (1890-1930).* Niterói: UFF,1985. Dissertação de Mestrado.

COSTA, R.G. R. *Visões do "Paraíso Capitalista": hegemonia e poder simbólico na Nova Fribrugo da República.* Niterói: UFF,1997. Dissertação de Mestrado.

CPT. *Trabalhadores migrantes no Piauí.* Teresina: CPT, 2003.

CURIÓ, Pedro. *Como surgiu Nova Friburgo.*2a. ed. Rio de Janeiro: s/editora, 1974.

DENARDI, R. A. et al. *Fatores que afetam o desenvolvimento local em pequenos municípios do estado do Paraná* (versão resumida). Curitiba, 2001. (mímeo).

DIEGUES, A. *O mito moderno da natureza intocada*. São Paulo: Hucitec, 1998.

DURAN, P.; THOENING, J.-C.. L'Etat et la gestion publique territoriale. *Revue française de science politique* 46 (4), 1996.

ELLIS, F. *Peasant economics:* farm house-holds and agrarian development. Cambridge: Cambridge University Press, 1998.

FLEXOR, G. *Desenvolvimento regional e trajetória das convenções no Oeste Catarinense*. R. Janeiro.CPDA/UFRRJ, 2002. Tese de Doutorado.

FUNDAÇÃO CEPRO. *Cerrados piauienses:* estudo preliminar de suas potencialidades. Teresina: Fundação CEPRO, 1992.

FURLANETTO, G. R. *A associação de produtores rurais de São José do Cerrito na dinâmica de desenvolvimento rural*: importância das feiras de gado. Florianópolis: UFSC/CCA, 2003, Trabalho de conclusão de curso.

FUSILLIER, J-L.; BASQUIN H.; BENOÎT-CATTIN, M. Les effets d'entraînement de la filière de production de sucre sur l'économie réunionnaise évalués par une Matrice de comptabilité sociale. Communication au colloque international sur la canne à sucre 2-5 octobre 2002, Muséum de Stella Matutina.

GARCIA Jr. A. *Sul: o caminho do roçado*. Brasília/Rio de Janeiro: Ed. UnB/CNPq/MCT/Ed. Marco Zero,1990.

GARCIA, E.H.Algumas considerações sobre a evolução recente do setor agroalimentar fluminense. In CARNEIRO, M.J. et alli (org.), 1998.

GIVORD, D. *Le modèle rural européen*. http://europa.eu.int/comm/archives/leader2/rural-pt/biblio/model/art02.htm, acesso em 07/02/02.

GODELIER, M. Racionalidade e irracionalidade na economia. Rio de Janeiro: Tempo Brasileiro, s/d.

GONÇALVES, C. *O turismo e a reconstrução social do espaço rural:* o *Causo* do Arraial da Conceição do Ibitipoca (MG). Rio de Janeiro: CPDA/UFRRJ, 2001. Dissertação de Mestrado.

GUIVANT, J. S. Encontros e desencontros da sociologia rural com a sustentabilidade agrícola; uma revisão temática. In: *BIB - ANPOC'S 38*. Rio de Janeiro: Relume-Dumará, 1994.

GUZZATTI, T. C. *O agroturismo como instrumento de desenvolvimento rural*: sistematização e análise das estratégias utilizadas para a implantação de um programa de agroturismo nas Encostas da Serra Geral Catarinense. UFSC, Florianópolis, Programa de Pós-Graduação em Engenharia de Produção, Dissertação de Mestrado, 2003.

HERNANDEZ-ZAKINE, C. Analyse juridique de la multifonctionalité de l'agriculture: l'intérêt générale au coeur de l'agriculture. *Revue de Droit Rural*. n. 283, 2000.

HEUSER, D.M.D. *Repercussões do agroturismo na qualidade de vida de núcleos familiares receptores de Santa Rosa de Lima (SC)*: Um Processo Criativo e Solidário. Florianópolis, Programa de Pós-graduação em Engenharia de Produção, Universidade Federal de Santa Catarina. 2002. Dissertação de Mestrado.

IBGE. *Censo Agropecuário: Rio de Janeiro*. Rio de Janeiro, n.16, 1995-1996.

IBGE. *Censo Demográfico*. Rio de Janeiro, 2000.

INSEE. Tableau Economique de la Réunion. Edition 2000/2001.

LAMPKIN, N. Organic farming in the European Union – preview, policies and perspectives. In: *L'agriculture biologique face à son développement*. Lyon, 6-8 décembre 1999. Paris, Inra (Série Les colloques, n. 95), 2000.

LAUDIÉ, N. *Le compromis agricole réunionnais*. Logiques institutionnelles et stratégies d'acteurs à la Réunion. Université de Montpellier, Faculté d'Economie. 2003. Tese de Doutorado.

LAURENT, C. *L'agriculture et son territoire dans la crise*. Paris, Paris VII.1992, Tese de Doutorado.

________ L'exploitation agricole au coeur du développement local français et européen. Paris, *Revue d'Economie Régionale et Urbaine*, n°3, 2000.

________ *La multifunctionalité de l'agriculture*. Paris, Inra-SAD, 2000.

________ L'Exploitation agricole ao coeur du développement local français et européen. *Revue d'Économie Régionale et Urbaine*. N.3, 2002.

LAURENT, C.; MOURIAUX, M.F. La multifonctionnalité agricole dans le champ de la pluriactivité. *La lettre*. Centre d'Etudes et de l'Emploi. N°59, 1999.

LEITE, S. (org.). *Políticas Públicas e Agricultura no Brasil*. Porto Alegre. Editora da Universidade/UFRGS, 2001.

LIMA, D.M. de A. e WILKINSON, J. (orgs). *Inovação nas tradições da agricultura familiar*. Brasília, CNPq - Paralelo 15, 2002.

LIMA-AYRES, D. de M. *The social category caboclo*. History, social organization, identity and outsider's social classification of the rural populacion an amazonian region (the Middle Solimões). Cambridge, King's College, 1992, Tese de Doutorado.

LINHARES, E.; MEDEIROS, L.; PADRÃO, L.; ALENTEJANO, P. *Conhecendo assentamentos rurais no Rio de Janeiro*. Rio de Janeiro: CPDA/UFRRJ, 2002.

LOCKS, G. A. *Identidade dos agricultores familiares brasileiros de São José do Cerrito-SC*. Florianópolis: UFSC/PPAS, 1998. Dissertação de Mestrado.

LOSCH, B. La multifonctionnalité face aux défis des agricultures du Sud: une perspective de réfondation des politiques publiques? Communicação no Colóquio SFER, Paris, 2002, 21-22 mars.

MALASSIS, L. Economie agro-alimentaire. Tome I. Economie de la consommation et de la production agro-alimentaire. Paris: Ed. Cujas.

MALUF, R.S. Segurança Alimentar e Desenvolvimento Econômico na América Latina: o Caso do Brasil. *Revista de Economia Política,* S. Paulo, 15, 1995.

________ Políticas Agrícolas e de Desenvolvimento Rural e a Segurança Alimentar. In: LEITE, S. (org.), 2001.

________ Produtos agroalimentares, agricultura multifuncional e desenvolvimento territorial no Brasil. In MOREIRA, R. J. e COSTA, L.F.C. (orgs.), 2002.

________ O enfoque da multifuncionalidade da agricultura: aspectos analíticos e questões de pesquisa. In LIMA, D.M. e WILKINSON, J. (orgs.), 2002 a.

________ *Estratégias de desenvolvimento rural, multifuncionalidade da agricultura e a agricultura familiar: identificação e avaliação de experiências em diferentes regiões brasileiras.* Relatório de Pesquisa.Rio de Janeiro, 2003. Cd Rom.

MALUF, R.S. et al. *Estratégias de desenvolvimento rural, multifuncionalidade da agricultura e a agricultura familiar: identificação e avaliação de experiências em diferentes regiões brasileiras*. Projeto de pesquisa – CNPq/COAGr Chamada 001/2001, Rio de Janeiro, 2001.

MALUF, R. S. et al. O enfoque da multifuncionalidade da agricultura: aspectos analíticos e questões de pesquisa. *I Seminário de pesquisa sobre estratégias de desenvolvimento, multifuncionalidade da agricultura e agricultura familiar no Brasil*. Rio de Janeiro: CPDA/UFRRJ, 2002.

MATTEI, L. Agroturismo: situação e perspectivas no Estado de Santa Catarina. ANAIS do_XXXVIII Congresso Brasileiro de Economia e Sociologia Rural, Rio de Janeiro: IRSA/SOBER, 2000. CD Rom.

MEDEIROS, L. S. Trabalhadores rurais, agricultura familiar e organização sindical. *Revista São Paulo em Perspectiva*: Brasil Agrário, 1997.

MINISTÈRE de L'Agriculture et de la Peche – MAP. Circulaire 7024, 17 mai 2000 (Mise en oeuvre des contrats territoriaux d'exploitation pour l'agriculture biologique). Apud SADDIER, M., 2003

MOLLARD, Amédée. Multifonctionnalité, externalités et territoires. *Les Cahiers de la Multifonctionnalité*. nº 1, 2002.

MONTOYA, M.A. (org) *Aspectos regionais do crédito rural*: governo, cooperativas e informalidade. Passo Fundo: Ed. UPF, 2002.

MORAES, M. D. C. *Da terra voluntária à terra arrendada*. Trabalho apresentado no XI Congresso Nacional de Sociólogos, Salvador – BA, de 11 a 14 de maio, 1999.

________C. *Memórias de um sertão desencantado* (modernização agrícola, narrativas e atores sociais nos cerrados do sudoeste piauiense). Universidade Estadual de Campinas. Campinas: UNICAMP, 2000. Tese de Doutorado.

________. Modernização agrícola e verticalização do território (o *novo* Nordeste dos cerrados). ANAIS do XXXIX Congresso Brasileiro de Economia e Sociologia Rural. Recife: SOBER, 2001. (Cd Rom).

________O *negócio do cerrado*: inclusões e exclusões (ou dos impactos da modernização agrícola nos cerrados piauienses). ANAIS do XXXIX Congresso Brasileiro de Economia e Sociologia Rural. Recife: SOBER, 2001. (Cd Rom).

________Vivências entre o *baixão* e a *chapada*. ANAIS do V Simpósio IESA/SBSP, Florianópolis: (IESA/SBSP), 2002. CD Rom.

________Le nouveau Nordeste des cerrados dans les nouvelles dynamiques territorialles. In: SABOURIN, E.; TEIXEIRA, O., 2002.

MORAES, M. D. C. et al. *Agricultura Familiar nos cerrados do sudoeste piauiense*: impactos da fronteira de grãos e desafios para a sustentabilidade. Projeto de pesquisa, Chamada CNPq/COAGR 001/2001. Atividades Rurais não-agrícolas, Multifuncionalidade e Desenvolvimento, 2001.

MORAES, M. D. C.; VILELA, S. L. O. Agricultura familiar nos cerrados do sudoeste piauiense: impactos da fronteira de grãos e desafios para a sustentabilidade. Relatório final Teresina, 2003.

________ Estudo de caso no Estado do Piauí: Agricultura familiar e multifuncionalidade nos cerrados piauienses: indicações de uma identidade positiva e de densidade do tecido social local. In: MALUF, R. 2003.

_______ Multifuncionalidade, sustentabilidade da agricultura e a reprodução de grupos familiares:passos de pesquisa nos cerrados do sudoeste do Piauí. *ANAIS do VI Congresso da Associação Latino-Americana de Sociologia Rural:* Sustentabilidade e Democratização das Sociedades Rurais na América Latina, Porto Alegre, RS, de 25 a 29/11/02, 2002. CD Rom.

MOREIRA, R. J. e COSTA, L.F.C. (orgs.). *Mundo rural e cultura.* Rio de Janeiro, Ed. Mauad, 2002.

MOREIRA, R.J.; GAVIRIA, M. Pluriatividade e ruralidade: enigmas e falsos dilemas. *Estudos Sociedade e Agricultura,* N. 18, Rio de Janeiro: CPDA/UFRRJ, 2002.

MOTA, D.M. et al (orgs.) *Agricultura familiar*: desafios para a sustentabilidade . Aracaju: Embrapa-CPATC, SDR/MA,1998.

NEVES, D. P. A agricultura familiar e o claudicante quadro institucional. *IV Encontro da Sociedade Brasileira de Sistemas de Produção*, Belém, 22/março. Mimeo, 2001.

________ O econômico e o familiar: interdependências, potencialidades e constrangimentos. In: MOTA, D. M. et al. (orgs), 1998.

NICOLIN, Martin. A Gênese de Nova Friburgo. Emigração e colonização suíça no Brasil (1817-1827). Rio de Janeio/ Nova Friburgo, Fundação Biblioteca Nacional/ Prefeitura Municipal de Nova Friburgo, 1996 [1973].

OBSERVATOIRE national de l'agriculture biologique - Onabio. Résultats 2000. Paris, MAP/FNAB/APCA/BioConvergence, 2001.

OCDE. Multifonctionnalité, élaboration d'un cadre analytique. Paris, 2001.

OECD. Multifunctionality – towards an analytical framework. Paris, OECD, 2001.

OLTRAMARI, A.C. et al. *Agricultura orgânica em Santa Catarina.* Florianópolis: Instituto Cepa/SC, 2002.

PECQUEUR, B. Politiques publiques, action publique et spécificités territoriales *Les Cahiers de la Multifonctionnalité.* nº 1, 2002.

PYATT, G.; ROUND, J.I. *Social Accounting Matrices.* A basis for planning. Washington: The World Bank, 1985.

POIRIER, G. Du plan de développement durable au contrat territorial d'exploitation. *POUR*, Paris, 164, déc/1999.

POLI, O. *Leituras em Movimentos Sociais*, Grifos, Chapecó, 1999.

RACAPÉ, Joseph. Multifonctionnalité et environnement. *POUR*, 164, 1999.

RÉMY, J. Les contrats territoriaux d'exploitation ou la découvert de la multifonctionalité. Comunicação apresentada ao *I Seminário de pesquisa sobre estratégias de desenvolvimento, multifuncionalidade da agricultura e agricultura familiar no Brasil.* Rio de Janeiro, CPDA/UFRRJ, abril 2002.

_______ Les contrats territoriaux d'exploitation ou la découverte de la multifonctionnalité, In SYLVESTRE et al. (ed.), 2002.

_______ La co-institution des contrats territoriaux d'exploitation. *Ingénieries*: 45-54, 2001.

_______ Multifonctionnalité agricole et pluralité sociale: les contrats territoriaux d'exploitation. *Aménagement et Nature*:25-36, 2000.

RENK, A. A. *A luta da erva mate:* um ofício étnico da "nação brasileira" no oeste catarinense. Rio de Janeiro: UFRJ/Museu Nacional, 1990. Dissertação de Mestrado.

_______ *Sociodisséias às avessas*. Chapecó, SC: Grifos, 2000.

ROMEIRO, A.R. Meio Ambiente e Produção Familiar na Agricultura In: *Agricultura Familiar. Desafios e Sustentabilidade.*, Brasília: SDR/ EMBRAPA , 2000 (no prelo).

SANTA CATARINA. SEPLAN/SEDOC. *Programa integrado de desenvolvimento sócio-econômico: diagnóstico municipal de Abelardo Luz.* Florianópolis: SEPLAN/SEDOC, 1990.

SABOURIN, E. *Novos atores rurais e multifuncionalidade no semi-árido brasileiro.* Conferência no Colóquio internacional "Desenvolvimento Rural no Semi-Árido Brasileiro". Campina Grande: UFPB, 17-18/setmb. Mimeo. 2001.

SABOURIN, E.; TEIXEIRA, O. *Planification du développement territorial au Brésil*, Montpelier: Cirad, 2002.

SABOURIN, E. & DJAMA, Marcel. Pratique paysanne de la multifonctionalité - Nordeste brésilien et Nouvelle-Calédonie. *Economie rurale*, 273/274, 2003.

SABOURIN, E.; DUQUE, G. *Agricultura familiar e sustentabilidade*: alguns passos de um grupo de pesquisa. Campina Grande. Mimeo, 2000.

SADDIER, M. *L'agriculture biologique en France: vers la reconquete d'une première place europeènne.* (Relatório ao Primeiro Ministro) Paris, juin 2003. Disponível em http://www.agriculture.gouv.fr/pdf/saddier200307. Acesso em 11 de setembro de 2003.

SADOULET, E.; DE JANVRY A. *Quantitative Development Policy Analysis.* Baltimore (USA): The Johns Hopkins Press Ltd., 1995.

SALAME, J.; LE GOFF, Ph.. Economie publique et demanda de multifonctionnalité. *Les Cahiers de la Multifonctionnalité.* nº 1, 2002.

SARACENO, E. La experiência europea de desarrolo rural y su utilidad para el contexto latinoamericano. Seminário Internacional sobre Agricultura Familiar Sustentável, de 21 a 23/1, Brasília-DF. (D/700440). Mimeo, 2001.

SCHMIDT, W. *A Região das Encostas da Serra Geral (Sudeste de Santa Catarina)*; análise da noção de multifuncionalidade a partir de pesquisa junto a agricultores familiares organizados, inseridos em um projeto de construção de território baseada em proposta de desenvolvimento rural solidário e sustentável e na produção orgânica. Florianópolis, abril 2003. (Relatóriode Pesquisa). In: Maluf, R.S. (org), 2003.

SCHMIDT, W. et al. Associativismo e cooperativismo: o terceiro setor no desenvolvimento rural catarinense. In: VIEIRA, P.F., 2000.

SCHNEIDER, S. *A pluriatividade na agricultura familiar.* Porto Alegre: Ed. da UFRGS, 2003.

SCHNEIDER, S. *Agricultura Familiar e Industrialização.* Pluriatividade e Descentralização Industrial no Rio Grande do Sul. Porto Alegre, Ed. UFRGS, 1999.

SCOTT, J. *The moral economy of peasants*: rebelions and subsistense in the southeast Asia. New Hawen, Conn: Yale University Press, 1976.

SEN, A. *Desenvolvimento como liberdade.* São Paulo: Companhia das Letras, 2000.

SILVA, J. G. da. *A nova dinâmica da agricultura brasileira.* Campinas: Ed. da Unicamp, 1996.

________ O novo rural brasileiro. Revista Nova economia, 7(1):43-81, 1997.

________ *O Novo Rural Brasileiro.* Campinas, São Paulo: Unicamp/I.E. Coleção Pesquisas, 1, 1999.

STRAPAZZON, J. P. *E o verbo se faz terra: movimento dos trabalhadores rurais sem terra SC (1980-90)*, Grifos, Chapecó, 1997.

SYLVESTRE et al. (ed). *Agriculteurs, ruraux et citadins, les mutations des campagnes françaises*, Dijon, EDUCAGRI éditions, CRDP, 2002.

TAYLOR, J.E.; ADELMAN,I. *Village Economics*: the design, estimation and Use of villagewide economic models. Cambridge, Cambridge University Press, 1996.

TEXEIRA, V.L.. *Pluriatividade e agricultura familiar na região serrana do estado do Rio de Janeiro.* Rio de Janeiro: UFRRJ/CPDA, 1998. Dissertação de Mestrado.

THOMPSON, E. La economia moral de la multitud en la Inglaterra del siglo XVIII. In:——. Tradición, revuelta y consciencia de classe: estudios sobre la crisis de la sociedad pre-industrial. Barcelona: Crítica, 1984.

THORBECKE, E. The social accounting matrix and consistency type planning models. In G. PYATT and J.I. ROUND, 1985.

VEIGA, J. E. da et al. *O Brasil rural precisa de uma estratégia de desenvolvimento*. Brasília: CNDRS/MDA/NEAD, 2001.

VIEIRA, P.F. *A pequena produção e o modelo catarinense de desenvolvimento.* Florianópolis, Aped, 2002.

VILELA, S. L.O. *A importância das novas atividades agrícolas ante a globalização: a apicultura no Estado do Piauí.* Teresina, 2000.

________ La teritorialité des nouvelles activités agricoles dans l´État du Piauí. In: SABOURIN, E. 2002.

VOUNOUKI, E. L´agriculture grècque: multifonctionnalité, politique agrícole e réseaux sociaux informelle. *Economie rurale,* 273/274, 2003.

WANDERLEY, M.N.B. A agricultura familiar no Brasil: um espaço em construção. Revista *São Paulo em Perspectiva*: Reforma Agrária, 25, 1996.

WILKINSON & MALUF (coord). *A Secretaria de Estado da Agricultura e a produção agroalimentar no Estado do RIo de Janeiro - desempenho recente e perspectivas. Rio de Janeiro*: SEAAP/UFRRJ-CPDA, 1997.

WOLF, E. *Sociedades camponesas*. Rio de Janeiro: Zahar, 1976.

WOLF, E. *Guerras camponesas no século XX.* São Paulo: Global, 1984.

Para saber mais sobre nossos títulos e autores, visite nosso site:
www.mauad.com.br

Este livro, da MAUAD Editora,
foi impresso em papel pólen soft 70g,
na gráfica Sermograf